物質・材料テキストシリーズ　藤原毅夫・藤森　淳・勝藤拓郎 監修

酸化物薄膜・接合・超格子

界面物性と電子デバイス応用

澤　彰仁 著

内田老鶴圃

物質・材料テキストシリーズ発刊にあたり

現代の科学技術の著しい進歩は，これまでに蓄積された知識や技術が次の世代に引き継がれて発展していくことの上に成り立っている．また，若い世代が先達の知識や技術を真剣に学ぶ過程で，好奇心・探求心が刺激され新しい発想が芽生えることが科学技術をさらに発展させてきた．蓄積された知識や技術の継承は世代間に限らない．現代の分化し専門化した様々な学問分野は常に再編や融合を模索しており，複数の既存分野の境界領域に多くの新しい発見や新技術が生まれる原動力となっている．このような状況においては，若い世代に限らず第一線で活躍する研究者・技術者も，周辺分野の知識と技術を学ぶ必要性が頻繁に生じてくる．とくに，科学技術を基礎から支える物質科学，材料科学は，物理学，化学，工学，さらには生命科学にわたる広範な学問分野にまたがっているため，幅広い知識と視野が必要とされ，基礎的な知識の十分な理解が必須となってきている．

以上を背景に企画された本テキストシリーズは，物質科学，材料科学の研究を始める大学院学生，新しい研究分野に飛び込もうとする若手研究者，周辺分野に研究領域を広げようとする第一線の研究者・技術者が必要とする質の高い日本語のテキストを作ることを目的としている．科学技術の分野は国際化が進んでおり学術論文は大部分が英語で書かれているので，教科書・入門書も英語化が時代の流れであると考えがちである．しかし，母国語の優れた教科書はその国の科学技術水準を反映したもので，その国の将来の発展のポテンシャルを示すものでもある．大学院生や他分野の研究者の入門を目的とした優れた日本語のテキストは，我が国の科学技術の水準，ひいては文化水準を押し上げる役目を果たすと考える．

本シリーズがカバーする主題は，将来の実用材料として期待されている様々な物質，興味深い構造や物性を示す物質・材料に加えて，物質・材料研究に欠かせない様々な測定・解析手法，理論解析法に及んでいる．執筆はそれぞれの分野において活躍されている第一人者にお願いし，「研究室に入ってきた学生に最初に読ませたい本」を目指してご執筆いただいている．本シリーズが，学生，若手研究者，第一線の研究者・技術者が新しい分野を基礎から系統的に学ぶことの助けとなり．我が国の科学技術の発展に少しでも貢献できれば幸いである．

監修　　藤原毅夫　　藤森　淳　　勝藤拓郎

まえがき

20世紀の終盤から，情報通信技術はもっとも重要な社会インフラの一つとなっており，われわれは，日常生活のさまざまな場面で情報通信技術の恩恵を受けている．その情報通信技術の基盤となっているのが，薄膜作製技術をフル活用して作られる集積回路である．シリコンをベースとする半導体集積回路の高性能化は，素子の微細化によって支えられてきたが，その微細化は物理的限界に近づきつつある．そのため，素子構造の工夫や，新材料の導入により高性能化を持続する技術の開発が進められている．その新材料の一つとして，酸化物半導体や強誘電体などの機能性酸化物が，トランジスタ，不揮発性メモリ等に導入され始めている．

機能性酸化物を用いたデバイス作製には，高品位の酸化物薄膜を作製する技術が不可欠である．酸化物薄膜の作製技術は，20世紀の終盤から急速に発展したが，その契機となったのが，1986年のK. A. MüllerとJ. G. Bednorz両博士による銅酸化物高温超伝導体の発見である．電気抵抗がゼロになる超伝導体は，薄膜化することでジョセフソン素子や超伝導トランジスタなどの超低消費電力の電子デバイスに応用できることから，高温超伝導体発見直後から，薄膜化とデバイス作製の研究が精力的に行われた．それらの超伝導デバイスを作製するためには，絶縁体を超伝導体で挟んだトンネル接合や，超伝導体とゲート絶縁膜の積層構造を作製する必要がある．その際，トンネルバリアの厚さ，接合界面の平坦性を，超伝導体のコヒーレンス長と同程度か，それ以下にする必要がある．高温超伝導体のコヒーレンス長は，超伝導転移温度(T_c)が高いことに起因して数ナノメートルと短いため，デバイス作製に用いる高温超伝導薄膜は，分子層レベルで膜厚を制御することが求められていた．そのような要求に応えるため，分子層レベル，さらには原子層レベルで酸化物薄膜の成長を制御する技術の開発が精力的に進められた結果，現在では，酸化物薄膜の作製技術は半導体薄膜と同レベルに達している．それを表す一例が，酸化亜鉛の界面において観測される整数および分数量子ホール効果であろう．量子ホール効果は，ガリウムヒ素(GaAs)など，電子の散乱が極限まで抑制されたクリーンな半導体界面の2次元電子系において観測されてきた．そのような量子ホール効果が，酸化亜鉛の界面においても観測されたということは，今日の酸化物薄膜作製技術を使えば，半導体と同レベルのクリーンな界面を酸化物薄膜でも作製できることを表している．

薄膜作製技術の発展により，原子レベルで平坦かつ電子的にクリーンな表面，界面を持つ酸化物薄膜が作製できるようになった結果，機能性酸化物のヘテロ界面，超格子に特有の現象も発見されるようになってきた．特に，電子の電荷，スピン，軌道の自由度が協調することにより多彩な電子相が出現する強相関電子系酸化物の接合界面において，半導体接合界面では決して見られない現象が発見されている．

高品位の薄膜と接合は，前述の2次元電子系など，物性研究の重要なツールとなっているが，やはり，薄膜研究の本流は，電子デバイスなど，応用研究であることは言うまでもない．そのようなことから，本書では，酸化物薄膜の応用研究を主眼に置きながら，代表的な薄膜作製技術をその原理とともに紹介した後，半導体物理のモデル・理論をベースに，機能発現の舞台である各種接合界面の電子状態・バンド構造を説明する．それに続いて，酸化物接合界面の特徴と，そのデバイス応用の研究例を紹介する．酸化物薄膜の応用は，電子デバイス，光触媒，2次電池や燃料電池の電極，光電極など，さまざまな分野に広がっており，その研究開発は日進月歩であることから，応用研究の最前線を全て概観することは難しい．そのため，本書では，著者の専門である電子デバイス応用を中心に紹介したい．酸化物薄膜の研究を網羅して紹介することはできないが，酸化物材料の薄膜化と，界面機能のデバイス応用に関する基本的な考え方をお伝えできればと願っている．

本書の執筆にあたって，藤原毅夫先生，藤森淳先生，勝藤拓郎先生，内田老鶴圃の内田学氏から多大なご支援を頂きました．また，産業技術総合研究所の山田浩之氏，渋谷圭介氏には，本稿をまとめるにあたって有益な議論といくつかの図面を提供して頂きました．ここに感謝申し上げます．

2017年2月

澤　彰仁

目　　次

1

薄膜作製・評価・微細加工技術

半導体エレクトロニクスは，高度な薄膜作製・微細加工技術により成り立っている．それらの技術は，基礎研究にも導入され，特に量子物性研究の発展に大きく貢献している．第4章以降で紹介する，精密な組成および膜厚制御技術を駆使して作製されたトンネル接合や量子井戸等がその例である．また，半導体エレクトロニクスにおいて高度な薄膜作製・微細加工技術が開発できた背景には，薄膜や接合界面のミクロな構造，電子状態の高精度な分析・評価を可能にする技術の発展があった．本書で紹介する高品位の酸化物薄膜・接合は，これら半導体エレクトロニクスで開発されてきた薄膜作製・評価・微細加工技術をベースに，酸化技術など，酸化物薄膜の作製に不可欠な技術の開発が加わることで実現されている．本章では，まず酸化物薄膜の作製に用いられている代表的な薄膜作製法，次に薄膜・接合の構造，電子状態等の評価技術，最後に一般的な微細加工技術を紹介する．

1.1　薄膜作製法

薄膜の作製方法には，物理気相堆積法(Physical Vapor Deposition；PVD法)，化学気相堆積法(Chemical Vapor Deposition；CVD法)，化学溶液堆積法(Chemical Solution Deposition；CSD法)など，さまざまな方式がある[1)]．これらの方式は，原料の供給方法などにより，さらに細かく分類される．例えば，PVD法には，代表的なものとしてスパッタリング法(スパッタ法とも呼ぶ)，分子線エピタキシー法(Molecular Beam Epitaxy；MBE法)，パルスレーザー堆積法(Pulsed Laser Deposition；PLD法)などがある．本節では，これら数ある薄膜作製法の中から，酸化物の薄膜作製に用いられている代表的な薄膜作製法を紹介する．

1.1.1　スパッタリング法

数百 eV 以上の高いエネルギーを持つイオンまたは原子などの粒子が固体表面に衝突すると，衝突した粒子との運動量交換により，固体表面から原子が放出される．この現象をスパッタリングと言い，この現象を利用して，ターゲットと呼ばれる固体の原料から原子を放出させて，基板に薄膜を堆積する製膜方法を，スパッタリング法と呼ぶ．

ターゲットに1個のイオンが衝突した際に，ターゲットから放出される原子数の統計的確率はスパッタ率(S)と呼ばれ，薄膜の堆積速度(成長速度)を見積もる際などに用いられる[1)]．このスパッタ率は，衝突するイオンの種類(質量)とエネルギー，ターゲットの物質と材質に依存する値であり，イオンのエネルギーと共に増加する(ただし，必ずしもエネルギーに比例して増加するわけではない)．ターゲットに衝突するイオンの電流密度を j(mA/cm^2) *1，ターゲットの密度と原子量をそれぞれ ρ(g/cm^3)と M，素電荷を e とすると，ターゲットのエッチング速度 E は[1)]，

$$E = S\frac{j}{e}\frac{M}{\rho} = 6.24Sj\frac{M}{\rho} \quad \text{(nm/min)} \tag{1.1}$$

となる．ターゲットから放出された原子はターゲットと基板の間で，スパッタガス(イオン)やスパッタされた原子同士で衝突散乱されるため，スパッタされた原子すべてが基板に到達することはできない．そこで，スパッタされた原子が基板に到達する割合を F とすると，薄膜の堆積速度 D は，$D = FE$ と表される[1)]．

スパッタリング法は，スパッタガスをイオン化する放電方式，イオンの加速方式などにより，いくつかの方式がある．もっとも一般的な方式は，対向した一対の電極の陰極にターゲット，陽極に基板を設置し，電極間に電圧を印加してグロー放電を発生させる方法である．この方法では，グロー放電により，ス

---

*1　真空装置内でのイオンの入射量の測定には，ファラデーカップなどが用いられ，イオンの入射量は電流密度として測定される．ターゲットに衝突するイオンの価数(絶対値)を m，単位面積および単位時間当たりの衝突量を Φ(/cm^{2}s)とすると，イオンの電流密度 j は $j = em\Phi$ であり，(1.1)式は $m = 1$ の場合に対応する．

パッタガスが正イオンになり，印加電圧に加速されて陰極のターゲットへと入射する．スパッタガスには，ターゲットの物質と反応しないArなどの不活性ガスを用いるのが一般的であるが，酸化物のスパッタリングの場合には不活性ガスにO_2を加えることがある．

・RFマグネトロンスパッタリング

電圧の印加方式は，直流電圧(DC)と高周波電圧(RF)の二通りがあり，それぞれDCスパッタリング，RFスパッタリングと呼ばれている．RFスパッタリングは，ターゲットと基板の間に交流電圧を印加するため，本来，陽極と陰極が定義できない．しかし，RFスパッタリングでは，プラズマ電位に対して電極にDCセルフバイアスがかかり，イオンは，このDCセルフバイアスにより加速されてターゲットに衝突する．DCセルフバイアスの発生は，電子は高周波(通常のスパッタリング装置では13.56 MHz)の交流電場に追従して動くことができるが，イオンは追従して動くことができないことに起因している．通常のスパッタリング装置では，基板側の電極は接地されており，電極の面積がターゲット側の電極よりも大きい．この電極面積の違いにより，ターゲット側に負のDCセルフバイアスが発生する．DCスパッタリングは導電性の物質しかスパッタリングできないのに対し，DCセルフバイアスによりイオンが加速，衝突するRFスパッタリングは，絶縁性の物質でもスパッタリングできるという特長を有している．そのため，誘電体や強誘電体など，絶縁性の酸化物の薄膜作製にはRFスパッタリングが用いられている．

グロー放電によるスパッタリングでは，ターゲットと基板の電極間に印加された電圧により，電子が基板に入射してしまい，基板温度の上昇や，場合によっては薄膜表面の劣化などが起こる．このような電子の基板への入射を抑制できる方法として，マグネトロンスパッタリングがある．電極間に印加される電場と直行した方向に磁場を印加すると，ローレンツ力により電子は電場と磁場に直行した方向にドリフト運動する．この電子のドリフト運動が円運動になるように磁場を印加したのが，マグネトロンスパッタリングである(**図1.1**)．この方式は，比較的低い圧力と低い電圧でも，大きなイオン電流密度を得ることができるため，スパッタリング速度を大きくできるという利点もあり，酸化物の薄膜作製でも広く用いられている．

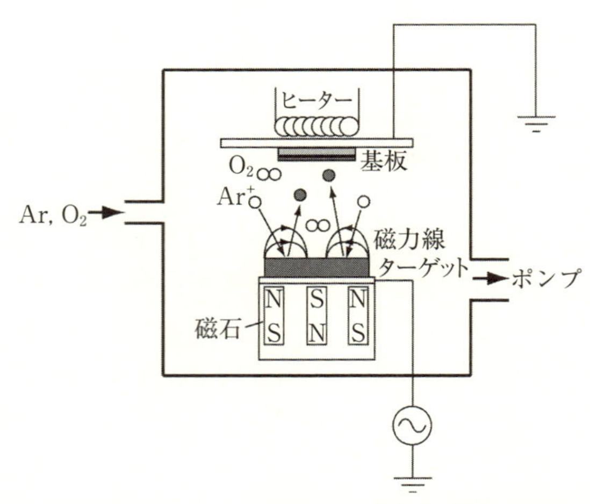

図1.1　RFマグネトロンスパッタリング装置の概略図.

・反応性スパッタリング

酸化物のスパッタリングのターゲットには，通常，薄膜化したい物質の焼結体(セラミックス)が用いられる．焼結体ターゲットを用いた複合酸化物のスパッタリングでは，元素毎のスパッタ率や基板への付着率の違いにより，薄膜の組成がターゲットの組成と異なる場合があるため，組成をずらしたノンストイキオメトリー・ターゲットを用いることもある．また，二元系酸化物など，組成が比較的単純な酸化物の場合には，金属をターゲットに用い，スパッタリング中にスパッタガスに含まれる酸素と反応させて，酸化物薄膜を作製することもできる．この方法は，反応性スパッタリングと呼ばれ，酸化物のほか，窒化物などの薄膜作製でも用いられている．反応性スパッタリングでは，酸素ガスの流量を増やしていくと，薄膜の蒸着速度や放電電圧などの急激な変化が見られる(**図1.2**)．酸素ガス流量が少ない領域では，ターゲット表面から金属がスパッタされ，基板に金属薄膜が成長する．これを金属モードと呼んでいる．一方，酸素ガス流量が多い領域になると，金属ターゲットの表面が酸化され，酸化物がスパッタされるようになる．そのため，蒸着速度が遅くなるが，基板には酸化物薄膜が成長する．これを酸化物モードと呼んでいる．

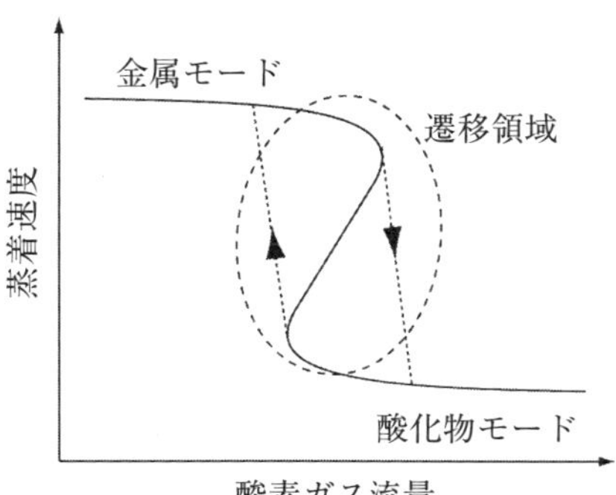

図 1.2　金属ターゲットを用いた反応性スパッタリングの酸素ガス流量と蒸着速度の関係の模式図．酸素流量が少ない領域では蒸着速度が速く，金属薄膜が成長する(金属モード)．酸素流量を増やすと蒸着速度が急激に減速し，酸化物薄膜が成長する(酸化物モード)．

・イオンビームスパッタリング

グロー放電以外の方法として，イオン源から発生させたイオンビームをターゲットに照射してスパッタリングを行う，イオンビームスパッタリング法がある(**図 1.3**)．この方法は，通常の放電法のスパッタリングに比べて低い圧力で薄膜作製ができることや，イオンのエネルギー，ターゲットへの入射角度などを制御できるなどの特長がある．イオンビームスパッタリング法による酸化物薄膜の作製例はあまり多くないが，超伝導テープ線材を作製する際に，ジルコニウム酸化物系バッファ層の作製などに用いられている．

イオンビームをスパッタ源として用いる以外に，薄膜の配向制御にも利用されている．100〜200 eV の Ar イオンビームを，基板に対してある特定の角度で入射しながら YSZ(Yttria-stabilized ZrO_2)，CeO_2，MgO 等の酸化物薄膜を製膜すると，イオンビームの入射方向に特定の結晶軸が配向して薄膜が成長する(**図 1.4**)[2)]．この現象を利用すると，多結晶等の無配向の基板の上にも面内に配向した配向膜を作製することができる．このような薄膜作製法は，Ion-Beam-Assisted Deposition(IBAD)法と呼ばれている[2)]．この IBAD 法とイオンビームスパッタリング法を組み合わせた薄膜作製法は，$YBa_2Cu_3O_7$ 等の銅

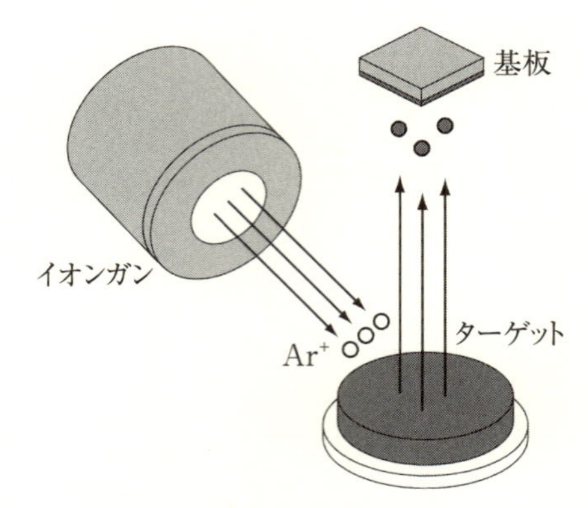

図 1.3　イオンビームスパッタリング法の概略図．イオンガンから Ar イオンを照射してターゲットをスパッタリングし，製膜を行う．

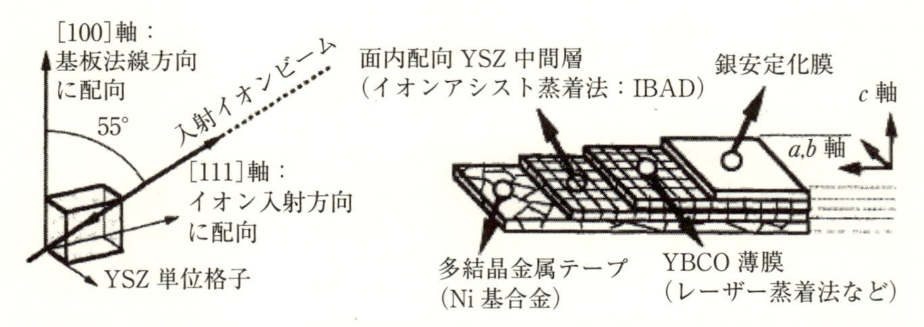

図 1.4　(左)IBAD 法におけるイオンビームの入射方向と YSZ 薄膜の配向軸の関係[2)]．Ar イオンビームの方向に YSZ 薄膜の [111] 軸が配向し，基板面に垂直方向に [100] 軸が配向する．(右)IBAD 法により YSZ 中間層を作製した $YBa_2Cu_3O_7$ 超伝導テープ線材の模式図[2)]．

酸化物超伝導テープ線材を作製する際の中間層作製に用いられている(図 1.4)．IBAD 法を用いて無配向の金属テープ基板上に面内配向した YSZ などの中間層を作製することで，その中間層の上に配向した銅酸化物超伝導体薄膜を成長させることができ，その結果，高い臨界電流密度を得ることができる．

1.1.2 パルスレーザー堆積法

パルスレーザー堆積法(Pulsed Laser Deposition；PLD 法)は，ターゲットに紫外線レーザー光を照射することにより，ターゲットから蒸発(昇華)した原料を，基板に堆積させて薄膜を作製する製膜方法である(**図 1.5**)．赤外線レーザー光をターゲットに照射して，局所加熱することにより原料を熱蒸発させる従来型のレーザー蒸着法と異なり，紫外線レーザー光を用いた PLD 法では，紫外光のエネルギーによって原子間の化学結合が切断(アブレーション)されることで，ターゲットから原料(元素)が蒸発すると考えられている．そのため，PLD 法はレーザーアブレーション法とも呼ばれている．酸化物薄膜の作製で用いられるパルスレーザーは，通常，KrF(波長：248 nm)または ArF(193 nm)等のガスを用いたエキシマレーザーである．しかし，近年，エキシマレーザーよりもランニングコストが低い固体レーザーである YAG レーザーの高出力化が進んだこともあり，YAG レーザー光の 3 倍波(355 nm)や 4 倍波(266 nm)も PLD 法に用いられるようになってきた．用いるレーザー光の波長，パルス幅が短いほど，熱の影響が小さく，アブレーションの効果が大きいと言われている[3)]．

レーザー光がターゲットに照射された瞬間，ターゲット上にアブレーションされた原料を含んだプルームと呼ばれるプラズマが発生する．ターゲットから

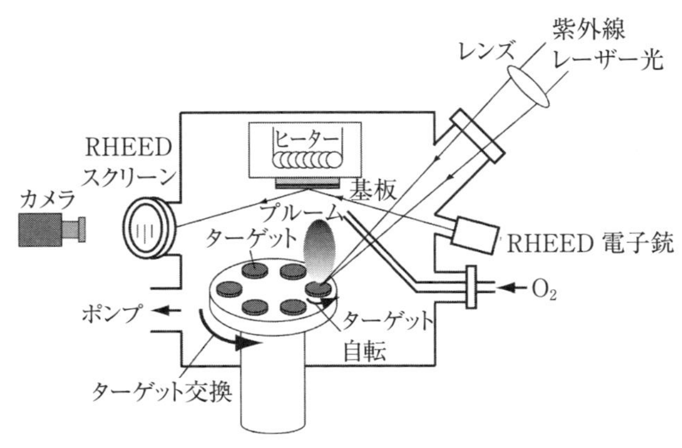

図 1.5　パルスレーザー堆積(PLD)装置の概略図.

アブレーションされた原料は，プルーム内で酸化性の反応ガスと衝突，反応しながら基板に到達する．このプルームの大きさと発光強度は，レーザー光のエネルギー，反応ガス(通常は酸素)の圧力，ターゲットの密度などにより大きく変化する．また，プルームの色(発光波長)はターゲットに含まれる元素に依存する．

薄膜作製条件を最適化した後は，毎回，同じレーザー光エネルギーに設定して薄膜作製を行うが，薄膜作製を繰り返し行うと，レーザー光を導入する合成石英製のビューポートに薄膜原料が蒸着され，ターゲット表面に照射されるレーザー光の実エネルギーが低下することがある．後述するように，複合酸化物の場合，基板に蒸着される薄膜の組成は，ターゲット表面でのレーザー光のエネルギー密度に依存して変化する．そのため，薄膜組成の再現性を得るには，ターゲット表面でのレーザー光のエネルギー密度を，毎回，同じにする必要がある．しかし，ターゲット表面でのレーザー光の実エネルギーを，製膜毎に測定することは非常に困難である．ここで，ターゲット表面でのレーザー光の実エネルギーの変化の一つの目安となるのが，プルームの大きさと発光強度である．レーザー光の実エネルギーが低下すると，プルームの大きさは小さくなり，発光強度が低下する．そのようなことから，PLD 法による薄膜作製では，毎回，プルームの状態を確認することが重要である．

通常，レーザー光は平凸レンズを用いてターゲット表面に集光して照射する．そのため，ターゲット表面でのレーザー光のエネルギー密度は，レーザー光のエネルギーと集光面積を変えることで調整することができる．一般的に，PLD 法は，ターゲットの組成とほぼ一致した薄膜が得られると言われている．しかし，複数の金属元素から成る複合酸化物の場合，薄膜の組成はターゲット表面に照射したレーザー光のエネルギー密度に依存して変化することがある．例えば，酸化物超伝導体 $YBa_2Cu_3O_7$ 薄膜の場合，レーザー光のエネルギー密度がターゲットから原料のアブレーションが始まる閾値程度か，それよりも少し高い領域では Cu の組成比が多い薄膜が成長し，エネルギー密度が高くなると Y の組成比が多い薄膜が成長すると報告されている[4]．

作製した薄膜の組成は，誘導結合プラズマ発光分析などにより分析するが，その定量性は測定試料の体積に依存する．そのため，体積の小さい薄膜の場合，一般的な組成分析技術では，薄膜組成の化学量論比からのわずかなずれを検出することは難しい．そのような薄膜組成のわずかなずれを検出する方法として，X 線回折による格子定数測定を利用することができる．薄膜の組成が化学量論比からずれると，薄膜に層状欠陥，空孔，金属元素のサイト置換などが生じ，それら欠陥の周辺では結晶格子が変形する．薄膜内に，そのような欠陥がある程度の密度で存在している場合，それら欠陥の存在は，X 線回折測定から求まる薄膜の平均の格子定数の変化として確認することができる．この方法を用いて，Ohnishi らにより，レーザー光のエネルギー密度と $SrTiO_3$ 薄

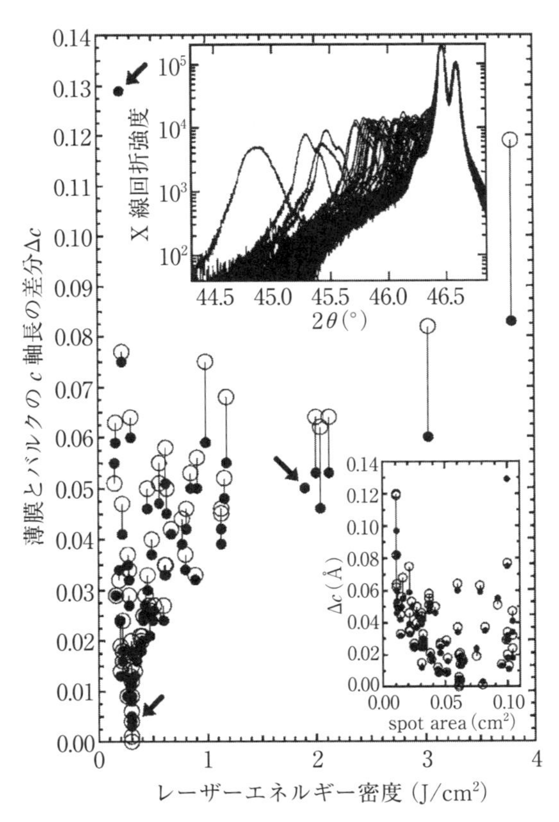

図 1.6　レーザー光のエネルギー密度と $SrTiO_3$ 薄膜の格子定数の関係[5]．0.3 J/cm^2 付近で化学量論比の $SrTiO_3$ 薄膜が成長し，薄膜の格子定数がバルクと一致．

膜の組成の関係が詳細に調べられている(**図 1.6**)[5]．エネルギー密度が 0.3 J/cm^2 付近で，薄膜の格子定数はバルクと一致するが，0.3 J/cm^2 より低い場合も，高い場合も格子定数が長くなっている．このような格子定数の変化は，低いエネルギー密度では Sr の組成比が多くなり，一方，高いエネルギー密度では Ti の組成比が多くなり，欠陥が生じたことに起因している．

複合酸化物の薄膜では，組成比がレーザー光のエネルギー密度に依存して変化する場合があるものの，他の製膜方法と比べて，組成制御は比較的容易である．この他に，他の PVD 法と比べて，高い酸素分圧と高い基板温度で製膜することが可能であり，その結果，結晶性の良い薄膜を得ることができるという特長もある*2．また，ターゲットのサイズが 20-30 mmϕ と，スパッタのターゲットと比べて小さく，実験室の電気炉を使って容易に作製することができる．そのため，薄膜化する物質を容易に変更でき，元素置換量を系統的に細かく変化させた物質の薄膜を作製する場合などに適している．さらに，反射高速電子線回折(Reflection High Energy Electron Diffraction；RHEED)を用いることで，RHEED の回折強度の振動を見ながら 1 単位格子層の精度で膜厚を制御することも可能であり，複数の異なる物質の超薄膜を交互積層した超格子の作製などに適している．以上のような特長から，PLD 法は，酸化物薄膜の研究で最もよく用いられている．しかし，PLD 法は大面積の薄膜作製の点で，他の手法よりも劣っており，大面積薄膜が必要な生産の現場ではあまり用いられていない．

1.1.3　真空蒸着法と分子線エピタキシー法

真空中で原料を加熱して蒸発させ，基板上に薄膜を堆積させる製膜方法を真空蒸着法と呼んでいる．真空蒸着法は原料の加熱方法により分類され，原料の入ったるつぼを周囲に設置した抵抗ヒーターで加熱する，または原料の乗った金属ボートを通電加熱する抵抗加熱法，ハースライナーと呼ばれるるつぼに入った原料に電子ビームを照射して原料を局所加熱する電子ビーム(Electron Beam；EB)蒸着法などがある．酸化物は，一般的に昇華点や融点，沸点が高

---

*2　酸素分圧および基板温度と酸化物薄膜の成長については，第 2 章で議論する．

いため，酸化物自体を原料として加熱蒸発させることは難しい．そのため，真空蒸着法では，通常，薄膜化しようとする物質を構成する金属元素を蒸着源に用いて各々独立に蒸発させ，酸素など酸化性ガスと反応させることにより酸化物薄膜を作製する．原料元素とそれに含まれる不純物元素で沸点(昇華点)に違いがあると，蒸着源の温度を精密に制御することで，蒸発の際に目的の原料元素だけを選択的に蒸発させることも可能であり，結果として，薄膜中に含まれる不純物元素の濃度を低減することができる．

・MBE 法

真空蒸着法の中でも，クヌーセンセル(K-cell)等を用いて原料を分子線または原子線にして基板に入射させ，基板上にエピタキシャル薄膜を作製する方法は，分子線エピタキシー法(Molecular Beam Epitaxy；MBE 法)と呼ばれている(**図 1.7**) *3. MBE 法は，GaAs など化合物半導体の薄膜作製法として発展してきたが，現在では，金属や酸化物など種々の物質の薄膜作製に用いられている．指向性のある分子線として原料を基板に供給する MBE 法では，余計な原料の消費を抑制することが可能である．他の特長として，クヌーセンセルに

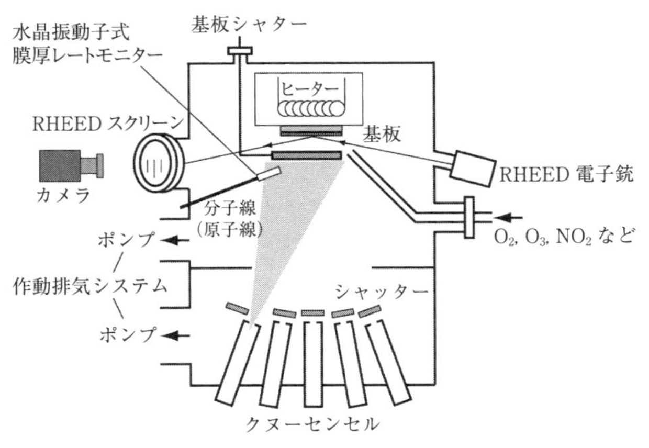

図 1.7 分子線エピタキシー(MBE)装置の概略図.

*3 エピタキシャル成長は第 2 章で詳しく述べる.

設置したシャッターの開閉と，RHEEDの回折強度振動の観察を組み合わせることにより，原子層または分子層レベルで薄膜成長を制御でき，急峻な界面を持つヘテロ接合や超格子，急峻なドーピング分布(δ ドープ)を持った積層膜などを作製することができる．

上記のMBE法の特長を実現するためには，分子線を長時間安定させて基板に供給する必要がある．分子線の安定化には，クヌーセンセルから蒸発した原料が基板に到達するまでに，全く散乱されないことが理想的である．そのためには，製膜装置内での元素の平均自由行程が，セルと基板の間の距離よりも長い必要がある．気体の平均自由行程(l)は，その気体分子の速度がマクスウェル分布に従うと仮定すると，

$$l = \frac{1}{\sqrt{2}\,n\sigma} \tag{1.2}$$

で表される．ここで，n は気体分子の密度，σ は気体分子の散乱の有効断面積(気体分子の半径を r とすると，$\sigma = 4\pi r^2$)である．ここで，理想気体の状態方程式より，圧力(p)と n の関係は，$p = nk_{\mathrm{B}}T$ (k_{B} はボルツマン定数，T は温度)であるので，(1.2)式は，

$$l = \frac{k_{\mathrm{B}}T}{\sqrt{2}\,p\sigma} \tag{1.3}$$

となる．したがって，セルと基板の間の距離が0.5-1.0 mの場合，l をその距離以上にするためには，圧力は0.01 Pa(7.5×10^{-5} Torr)以下にする必要があることがわかる*4．しかし，酸化物薄膜の作製には，通常，酸化性ガスを製膜装置内に導入する必要があり，物質によっては，上記のような高い真空度で製膜することが難しい場合がある．この問題の解決方法として，次節で詳しく述べるように，オゾン(O_3)や NO_2 など[6,7,8,9]，酸化力の強い酸化性ガスを酸化源として用いることにより，高い真空度での酸化物薄膜の作製が実現されている．他に，製膜装置内を作動排気することにより，基板付近だけを高い酸素圧力にして，蒸着源付近は高い真空度を維持するような工夫がなされた装置も開発されている(図1.7)．

---

*4　気体分子として窒素を想定し，直径を0.4 nm程度とした場合．

・組成制御

複数の金属元素を独立に蒸発させて製膜する真空蒸着法では，薄膜の組成制御が高品位の薄膜作製に不可欠な要素である．真空蒸着法では，基板への金属元素の供給量(フラックス)により，薄膜の組成が決まるため，薄膜成長前，または薄膜成長時に金属元素の供給量を正確に測定し，制御する必要がある．供給量の測定には，水晶振動子式の膜厚レートモニターが，一般的に用いられている．この膜厚レートモニターは，水晶振動子の電極表面に物質(金属)が付着すると，その質量変化に応じて水晶振動子の共振周波数が下がることを利用している．共振周波数の変化から得られた単位時間当たりの質量変化を，金属元素の原子量と水晶振動子の電極面積で割り，アボガドロ数を掛けると，単位時間・面積当たりの金属元素の供給量を得ることができる．

この他に，原子吸光式分子線強度モニターも金属元素の供給量の測定に用いられている．原子吸光式分子線強度モニターは，原子線(分子線)に照射した光の透過スペクトルの強度が，原子線内の原子の体積密度に応じて変化することを利用している．原子は各々固有の発光・吸収スペクトルを持っていることから，透過光のスペクトルから目的の金属元素(原子)の体積密度の情報を得ることができる．

理想的な場合，薄膜化したい酸化物を構成する金属元素の組成比と，上記の手法で測定した各金属元素の供給量の比が一致するように，各蒸着源の温度を調整することで，目的の酸化物薄膜を得ることができる．ただし，酸化物薄膜の作製では，酸化性ガスを導入するため，原子線内の金属元素の一部(または全部)が酸化性ガスと反応して酸化物になっている場合は，上記の測定方法で見積もられる金属元素の供給量は，実際の供給量と異なってしまうことに注意する必要がある．また，各金属元素の基板への付着率も考慮して金属元素の供給量を調整する必要がある．

MBE 法による GaAs 薄膜の作製では，Ga と As の供給量の比を精密に制御しなくても化学量論比の GaAs 薄膜を得ることができる[1]．これは，As の高い揮発性に起因して，薄膜組成の自己調整機能が働くためである．MBE 法による酸化物薄膜の作製においても，薄膜組成の自己調整機能を利用した方法が開発されている．Stemmer らは，MBE 法による $SrTiO_3$ 薄膜の作製において，Ti の原料として有機金属の TTIP($Ti(OC_3H_7)_4$；Titanium Tetra Isoprop-

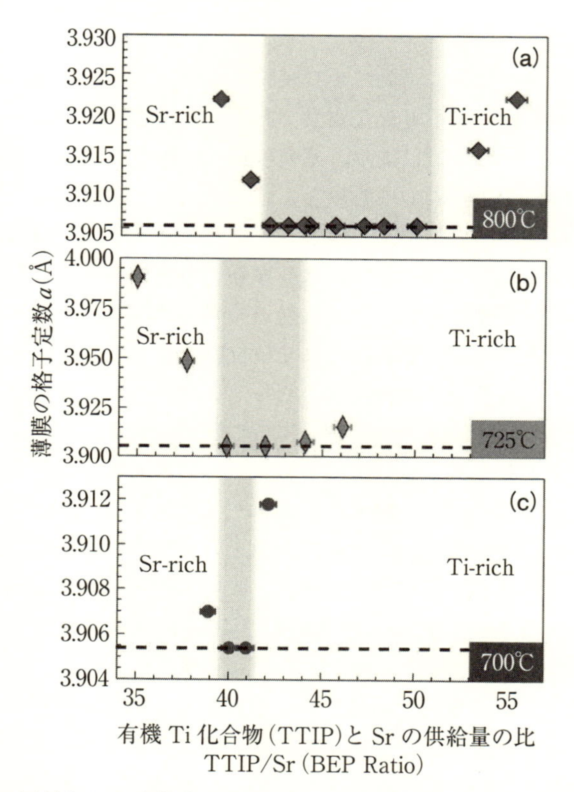

図 1.8　Ti の原料として有機金属を用いて MBE 成長した $SrTiO_3$ 薄膜の格子定数と有機金属の供給量の関係[10)]．図中の温度は基板温度，点線はバルクの格子定数．基板温度が高くなると，バルクの格子定数と一致した化学量論比の $SrTiO_3$ 薄膜が成長する有機金属の供給量範囲が広がっており，組成制御が容易になることがわかる．

oxide)を用いると，TTIP の高い揮発性に起因する自己調整機能により，広い Ti と Sr の供給量比の範囲で化学量論比の $SrTiO_3$ 薄膜が作製できることを報告しており(**図 1.8**)[10)]，この方法により，低温で 30,000 cm^2/Vs を越える高い移動度を有する高品位の La ドープ $SrTiO_3$ 薄膜の作製に成功している(**図 1.9**)[11)]．このように，揮発性の高い有機金属を原料に用いることにより，今後，他の酸化物においても，比較的容易に化学量論比の薄膜を作製できるよう

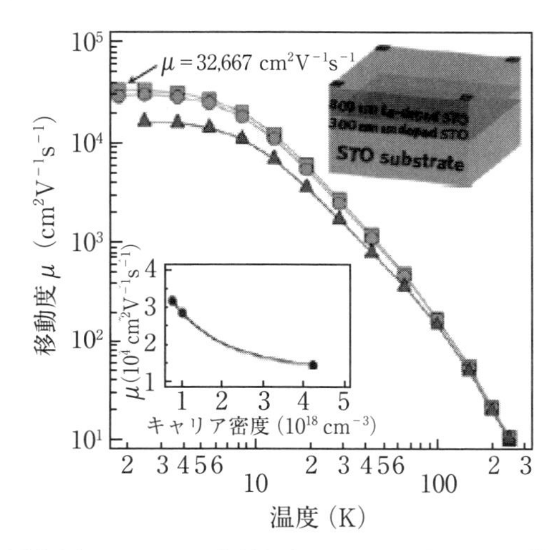

図 1.9 有機金属を用いて MBE 成長した La ドープ $SrTiO_3$ 薄膜の移動度の温度依存性[11].

になると期待される.

1.1.4 化学気相堆積法

化学気相堆積法(Chemical Vapor Deposition ; CVD 法)は，薄膜化しようとする物質に含まれる元素(金属)を含む原料ガスを製膜装置内に供給し，基板上または気相で原料を化学反応させて薄膜を堆積する製膜方法である(**図 1.10**). 化学反応を利用して薄膜を堆積する CVD 法は，MBE 法などの PVD 法と比較していくつかの特長を有している．第一の特長として，原料ガスが基板の表面全体に均一に広がるため，容易に均一な大面積の薄膜が作製でき，段差被覆性も優れている点があげられる．このような特長は，微細加工後のさまざまな段差構造を有する基板(薄膜上)への薄膜作製に好適であることから，CVD 法は半導体素子製造で広く用いられている．他の特長として，化学反応を利用するため，化学量論比の薄膜を比較的容易に得ることができる点があり，酸化物のような化合物の薄膜作製に適している．また，数 Torr から大気圧までの広い圧力範囲で薄膜を作製できるという特長もある．この特長により，酸化物薄膜の場合，PVD 法よりも高い酸素分圧で製膜することが可能である．

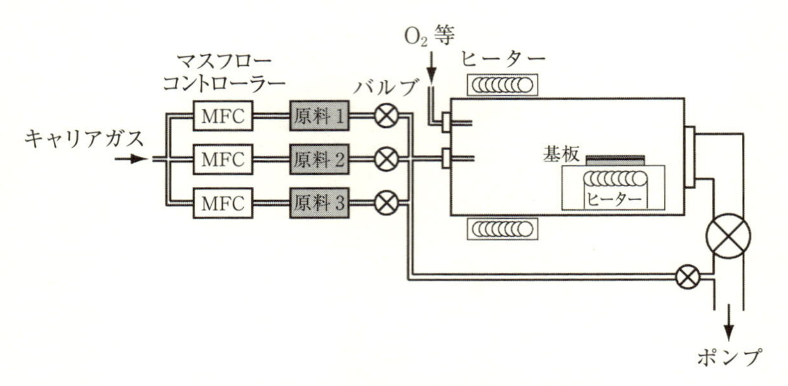

図 1.10　化学気相堆積(CVD)装置の概略図.

CVD 法による酸化物の薄膜作製では，原料として有機金属(Metal Organic；MO)が用いられることが多く，このような CVD 法は MOCVD 法と呼ばれている．CVD 法により，安定かつ再現性よく製膜を行うには，原料の蒸発(気化)と分解の温度領域が分離している必要がある．そのような原料を用いると，原料を任意の飽和蒸気圧になる温度に保持することで，キャリアガスにより必要量の原料を基板が設置されている反応領域に安定して供給することが可能である．

酸化物薄膜の MO 原料としては，Bi はトリフェニルビスマス($Bi(C_6H_5)_3$)，トリエトキシビスマス($Bi(C_2H_5O)_3$)等が用いられ，La，Ba，Cu などは β-ジケントン化合物が多く用いられている[1)]．これら酸化物薄膜用の MO 原料の中には，気化温度と分解温度が近く，飽和蒸気圧が低い温度領域から分解が始まるものや，分解を伴って蒸発するものなどがある．そのような MO 原料を用いた場合，安定した蒸気圧を維持することが難しく，また原料と分解生成物が同時に反応領域に運ばれるため，原料の供給量を正確に把握できないという問題が生じてしまう．そのため，MOCVD 法による酸化物薄膜の研究開発では，MO 原料自体の開発も並行して進められている[1)]．また，酸化物薄膜用の MO 原料の中には，製膜に必要な飽和蒸気圧を得るのに必要な温度が 100～300℃程度と高いものがある．そのような MO 原料を用いる場合，蒸発源から反応領域に原料を輸送する途中で，原料が凝縮するのを防ぐため，輸送経路を蒸発温度以上で均一に保温する必要がある．以上のような問題点はあるものの，高誘電率(high-k)材料や強誘電体を用いた電子デバイスの開発・生産において MOCVD 法による製膜のニーズは高まっており，今後，MOCVD 法は，この分野の中心的な製膜法となっていくものと思われる．

1.1.5 原子層堆積法

CVD 法において，GaAs などの化合物半導体の構成元素を交互に供給することにより，原子層レベルで成長を制御しながらエピタキシャル膜を作製する方法として，原子層エピタキシー法(Atomic Layer Epitaxy ; ALE 法)がある[1)]．GaAs の場合，トリメチルガリウム($(CH_3)_3Ga$)などの Ga を含む有機金属を As 終端された基板に供給して基板表面に一原子層だけ有機金属を吸着させ，次に，水素パージして余分な原料を取り除いた後，アルシン(AsH_3)を供給して基板表面に一原子層だけアルシンを吸着させ，Ga を含む有機金属とアルシンを反応させることにより，GaAs の原子層膜を得ることができる．このプロセスを繰り返すことにより，原子層レベルで膜厚を制御して製膜することができる．ALE 法のポイントは，トリメチルガリウムなどの有機金属が基板表面に吸着して一原子層分覆ってしまうと，アルキル基の効果により，それ以上，有機金属が吸着できないことにあり，これにより薄膜成長の自己抑止機構が働き，原子層膜を作製することができる．このような原子層レベルの製膜方法をエピタキシャル成長以外にも拡張したのが，原子層堆積法(Atomic Layer Deposition ; ALD 法)である．

ALD 法は，MOSFET(Metal-Oxide-Semiconductor Field-Effect Transistor)のゲート絶縁膜に用いる HfO_2，Al_2O_3 など高誘電率(high-k)酸化物薄膜の研究開発において中心的な製膜法となっている．ALD 法による酸化物薄膜の製膜は，通常，**図 1.11** に示すような四つのプロセスを 1 サイクルとして，原子層膜を作製する．まず，目的の金属元素を含む有機金属の前駆体(原料)を，製膜装置内にパルス供給して，基板表面に前駆体を一原子層だけ吸着させ，次に，パージして余分な前駆体を取り除く．その後，酸化剤の水(H_2O)または酸素プラズマをパルス供給し，前駆体と反応させて酸化物の原子層膜を成長させ，最後に副生成物をパージして取り除く．high-k 膜用の前駆体の有機金属には，テトラキス(エチルメチルアミノ)ハフニウム($Hf[N(C_2H_5)CH_3]_4$)，テトラキス(エチルメチルアミノ)ジルコニウム($Zr[N(C_2H_5)CH_3]_4$)，トリメチ

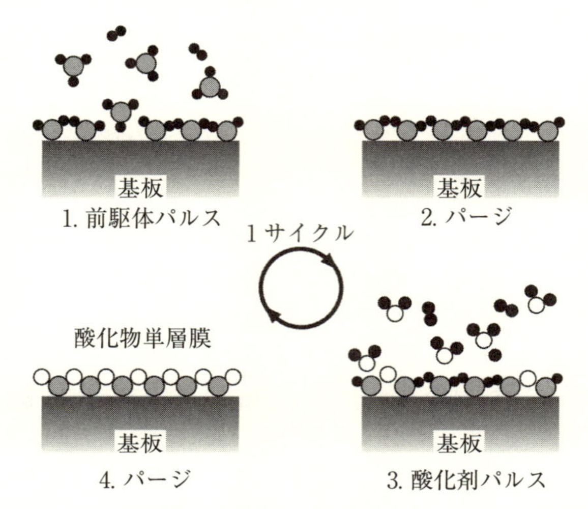

図 1.11　原子層堆積(ALD)法の製膜プロセスの模式図.

ルアルミニウム($(CH_3)_3Al$)などが用いられている. 通常, ALD 法で作製した high-k 膜はアモルファス膜であるが, 原子層成長するため, その表面は平坦である. また, CVD 法と同様に段差被覆性も優れており, 比較的緻密な薄膜を得ることができることから, 半導体素子の研究開発・製造に適した製膜法である.

1.1.6　化学溶液堆積法

化学溶液堆積法(Chemical Solution Deposition ; CSD 法)は, 前駆体の溶液原料をスピンコート等*5により基板に一様に堆積させた後, 熱処理等による乾燥, 有機物の除去, 結晶化を経て, 薄膜を作製する方法である(**図 1.12**). CSD 法は, 用いる前駆体の溶液原料と反応過程によりいくつかの方法に分類され, 代表的なものとして, 金属アルコキシド等の加水分解反応を利用したゾル-ゲル法, 有機金属を有機溶媒に分散させた溶液原料の熱分解を利用した塗

*5　スピンコートとは, スピンコーター上に置いた試料の表面に溶液原料を滴下した後, スピンコーターを回転させて, 薄膜の表面に一様に溶液原料を塗布する手法. 詳細は図 1.36 を参照.

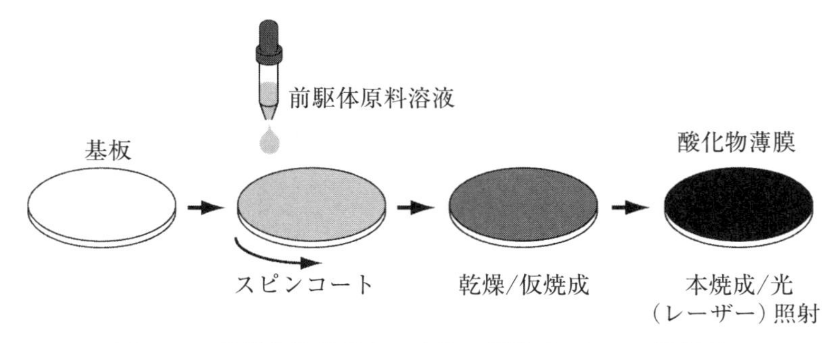

図 1.12　化学溶液堆積(CSD)法の製膜プロセスの模式図.

布熱分解法(Metal Organic Deposition ; MOD 法)がある.

図 1.13 に示すように，ゾル-ゲル法の前駆体原料は，薄膜化しようとする酸化物と類似の配位構造を有しており，比較的低温での焼成により，目的の酸化物薄膜を得ることができる[12]．このような類似の配位構造を有する前駆体原料を作製するためには，錯体化学の知識と経験が必要である.

MOD 法は，通常，市販の有機金属化合物を有機溶剤に溶解した溶液を原料に用いる．スピンコートにより原料を基板に塗布した後，熱処理(焼成)することにより薄膜化するのが一般的であるが，エキシマレーザー等の紫外光を照射して加熱することにより薄膜化する方法も開発されている[13]．紫外光を用いた方法では，紫外光が照射された領域だけが加熱されて結晶化するため，薄膜作製時に，直接，パターニング加工することもできる．また，$SrTiO_3$ などの酸化物単結晶基板を用いた場合，エピタキシャル薄膜を得ることもできる.

CSD 法では，格子マッチングの良い酸化物単結晶基板を用いるとエピタキシャル薄膜が得られる場合があるものの，固相反応による結晶化であるため，結晶核形成を制御することが難しく，薄膜内部や表面付近でも結晶化が進むため，基板表面から結晶成長する PVD 法や CVD 法に比べ，単結晶薄膜やエピタキシャル薄膜を作製することは難しい．しかし，CSD 法は，①真空装置のような大規模な装置を必要としない，②溶液原料の調整により薄膜の組成制御が容易である，③大面積基板や不定形基板，テープ等にも比較的均一な薄膜を作製可能などの特長を有しており，酸化物超伝導体のテープ線材や限流器用薄膜，強誘電体を用いた不揮発性メモリ(FeRAM)等の研究開発・製造に用いら

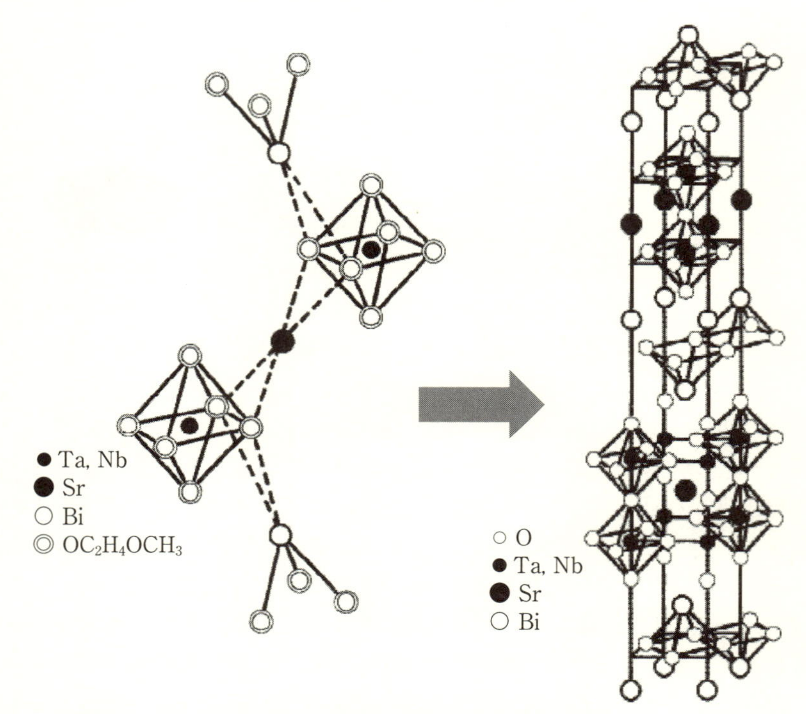

図 1.13　ゾル-ゲル法の前駆体原料の例(強誘電体 $SrBi_2Ta_2O_9$(SBT), $SrBi_2Nb_2O_9$(SBN))[12].

れている.

1.2　薄膜評価技術

酸化物薄膜・接合の特性や機能を明らかにするため，表面構造・形状，電気的特性，磁気的特性，電子状態などが，さまざまな評価・測定技術を用いて，詳細に調べられている．紙面の関係上，それら全ての評価・測定技術を紹介することはできないため，本節では，酸化物薄膜の表面構造・形状，結晶構造，組成，電子状態の項目毎に，一般的な評価・測定技術を紹介する.

1.2.1　表面構造・形状評価

・反射高速電子線回折(RHEED)

反射高速電子線回折(Reflection High Energy Electron Diffraction ; RHEED)は，10〜50 keV のエネルギーを持った電子線を，数度の浅い入射角度で薄膜表面に入射させて，薄膜表面の結晶格子による電子線の回折像を蛍光スクリーン上に投影し，その回折像を解析することにより，薄膜表面の結晶性，平坦性等を調べる方法である[1)]．RHEED の一番の特長は，入射した電子線は薄膜成長にほとんど影響を与えないため，製膜中の薄膜表面をその場観察(in-situ 観察)できることである．そのため，MBE や PLD などの薄膜作製法において，製膜中の薄膜の結晶性，表面平坦性の評価や，回折強度の時間変化観測による膜厚制御などに利用されている．

RHEED の回折像は，薄膜結晶の逆格子(逆格子ロッド)とエワルド球の交点として理解できる(**図 1.14**)．エネルギー E (eV)の電子線の波長 λ は，

$$\lambda = \frac{h}{\sqrt{2m_0E}} \tag{1.4}$$

で与えられ，$E = 20$ keV の場合の λ は約 0.0087 nm になる(h はプランク定数，m_0 は電子の質量)．このように高エネルギーの電子線の λ は，通常，薄膜結晶の単位格子 d(例えば，$SrTiO_3$ では $d \sim 0.39$ nm)の大きさよりも 1 桁以上小さな値であるため，エワルド球(半径 $k = 1/\lambda$)と逆格子ロッド(逆格子間隔 $b = 2\pi/d$)は多くの交点を持つことになり，それらの交点の方向に回折像(回折スポット)が現れる．ここで，最初の逆格子ロッドとエワルド球が交差する点の回折スポットは，鏡面反射点(specular spot)である．また，最初の逆格子ロッドの列がエワルド球と交差する帯状の領域は 0 次ラウエゾーンと呼ばれ，外側に向かって順次，1 次，2 次のラウエゾーンが現れる．逆格子が点ではなくロッドになる理由は，薄膜表面の 1 原子層だけで回折する場合，表面に垂直方向では電子線の干渉が起こらないためである．しかし，実際には，浅い入射角で入射した電子線は数原子層程度侵入するため，完全なロッドにはならない．

薄膜表面の結晶格子による回折現象を利用した RHEED は，その回折像か

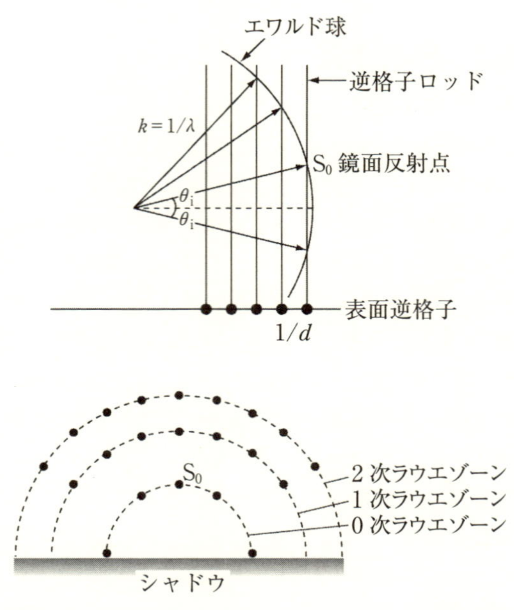

図 1.14　薄膜結晶の逆格子(逆格子ロッド)とエワルド球[1)]．逆格子ロッドの列がエワルド球と交差する領域にラウエゾーン(内側から 0 次，1 次…)が現れる．

ら薄膜表面の結晶性や構造を評価することができるが，それに加えて，表面形状(平坦性)も評価することができる．薄膜表面が原子レベルで平坦で，そのテラス幅が電子線の可干渉長よりも十分に大きい場合，図 1.14 に示すような理想的な回折現象となり，ラウエゾーン上にスポットパターンが現れる(**図 1.15**(a))．一方，表面に原子層(単位格子層)のステップ構造が数多く存在する場合，その凹凸に応じて逆格子ロッドは広がりを持つことになる．そのため，逆格子ロッドとエワルド球の交点である回折像はストリーク状になる(図 1.15(b))．薄膜が島状に成長して，数原子層以上の凹凸のある荒れた表面の場合，電子線はその凹凸を透過して回折するため，結晶格子に対応したスポット状の回折パターンが現れる(図 1.15(c))．原子レベルで平坦な表面の場合と異なり，この場合はラウエゾーンの円弧上以外の領域に回折スポットが現れる．

上記のように，RHEED の回折像は薄膜表面の平坦性に依存して変化する

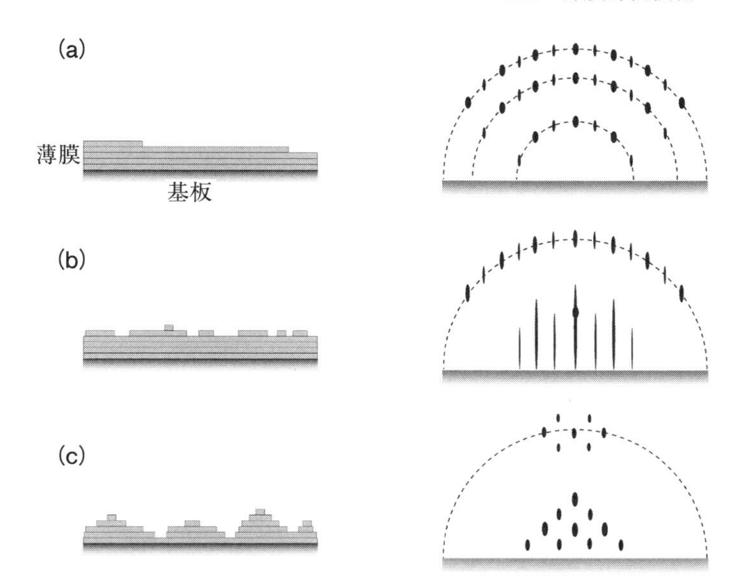

図 1.15　薄膜表面状態と RHEED パターンの関係．(a)原子レベルで平坦で，そのテラス幅が電子線の可干渉長よりも十分に大きい場合，(b)表面に原子層(単位格子層)のステップ構造が数多く存在する場合，(c)数原子層以上の凹凸のある荒れた表面の場合．

が，それに加えて，平坦性に依存して電子線の散乱確率，すなわち電子線の回折強度も変化する．この特性を利用したのが，RHEED の回折強度の振動観察による膜厚制御である．薄膜が，**図 1.16** に示すような 2 次元核生成による layer-by-layer 成長する場合，2 次元核の成長に依存して電子線の散乱確率が変化する．そのため，蛍光スクリーンに投影される回折スポットの強度が，薄膜成長に対応して周期的に振動することになる．図 1.16 の右下の図は，$SrTiO_3$ 基板上に PLD 法で $La_{0.6}Sr_{0.4}MnO_3$ 薄膜を作製している際に観測した RHEED の回折強度の時間変化である[14]．この回折強度の振動を観測することにより，薄膜成長を単位格子層レベルで制御可能である．

この RHEED 回折強度の振動は，電子線の干渉効果であるため，電子線の可干渉長よりも広い原子レベルで平坦なテラスを有する表面で，薄膜がステップ端から横方向(テラス面に水平方向)に成長するステップフロー(step flow)成

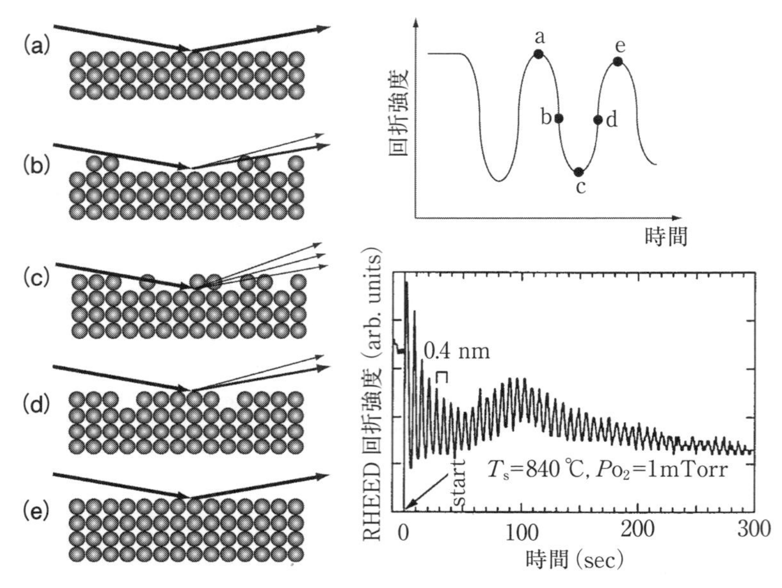

図 1.16　薄膜成長と RHEED 振動の関係を表した模式図と，PLD 法による $La_{0.6}Sr_{0.4}MnO_3$ 薄膜作製時の実際の RHEED 振動[14]．

長している場合には，回折強度の振動は観測されない．また，電子線の波長 λ，入射角 θ_i と，薄膜の格子長 d がブラッグ回折条件 $(2d\sin\theta_i = n\lambda)$ を満たしている場合，鏡面反射点の回折強度の変化は小さくなり，振動を観測しにくい．一方，電子線の入射角をブラッグ回折条件から外れるように調整すると，回折強度の振動幅が大きくなり，振動を長時間観測できるようになる．

・走査型プローブ顕微鏡(SPM)

基板や薄膜の表面構造・形状を原子レベルで測定したり，表面の局所的な電気的特性，磁気的特性等を測定する方法として，走査型プローブ顕微鏡(Scanning Probe Microscope；SPM)が用いられる．SPM は，試料表面を先端の尖った探針で走査する装置であり，測定原理により大きく二つに分類される．一つは，導電性の試料表面と探針の間に流れるトンネル電流を測定しながら探針を走査する走査トンネル顕微鏡(Scanning Tunneling Microscope；STM)，もう一つは，試料表面と探針の間に働く原子間力を測定しながら探針を走査する原子間力顕微鏡（Atomic Force Microscope；AFM）である．トンネル電流を利用するSTMは，基本的に導電性の試料の表面しか測定できないのに対して，原子間力を利用するAFMは，試料の導電性に関係なく測定できるという特長を有している．

STMの原理は，名前の通り量子力学的なトンネル効果であり，探針と試料表面の間のナノメートルレベルの隙間（空間）がトンネル障壁となっている．ここで，間隔 d で設置された2枚の平面電極の間に流れるトンネル電流 J_T を考えると，電極間に印加する電圧 V がトンネル障壁の平均高さ ϕ_0 よりも十分小さく（$V \ll \phi_0$），電圧印加によるトンネル障壁の平均の高さの変化が無視できる場合，J_T は，

$$J_T = \left(\frac{3\sqrt{2me\phi_0}}{2d}\right)\left(\frac{e}{h}\right)^2 V \exp\left(-\frac{4\pi d\sqrt{2me\phi_0}}{h}\right) \tag{1.5}$$

で与えられる[15]．ここで，m は電子の質量，e は電子の電荷，h はプランク定数である．この式から，印加電圧 V が一定の場合，d がわずかに変化するだけで J_T が大きく変化することがわかる．試料表面で ϕ_0 の空間変化が無視できる場合に，このトンネル電流の特性を利用すると，探針と試料表面の間に印加する電圧 V を一定値に設定して，J_T が常に一定になるようにピエゾ素子にフィードバックをかけながら試料表面を探針で走査すると，走査中のピエゾ素子の z 方向（試料表面に垂直方向）の変化は，表面形状の変化に対応することになる（**図 1.17**）．このような原理により，STMで試料表面の構造・形状を原子レベルで測定することができる．**図 1.18** は，STMによる銅酸化物超伝導体単結晶の劈開面の測定結果であり，原子構造が観測されている[16,17]．

(1.5)式は，探針の先端と試料の表面が平坦な平面の場合に相当する．しかし，実際の探針の先端は曲面になっており，また試料表面はマクロなレベルから原子レベルまで，さまざまなスケールの凹凸を有していため，J_T と d の関係は(1.5)式からずれてしまう．また，探針と試料表面の相互作用も J_T に影響を与えるため，STMにより測定される表面構造・形状（ピエゾ素子の変化量）が，必ずしも実際の表面構造・形状とは一致しない可能性があることに注意する必要がある．

AFMは，カンチレバーの先端につけられた探針と，試料表面の間に働く原

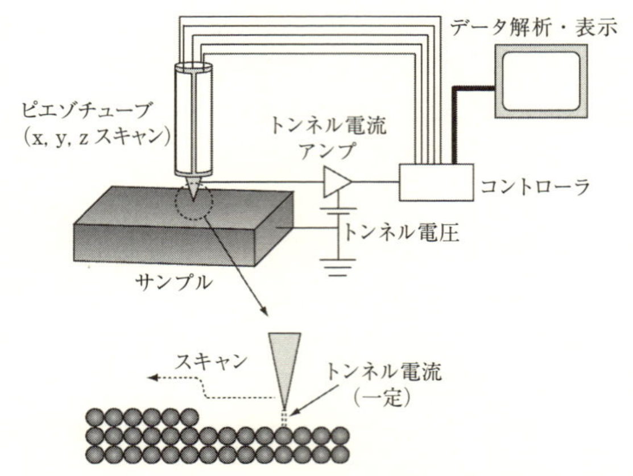

図 1.17　走査型トンネル顕微鏡(STM)の概略図.

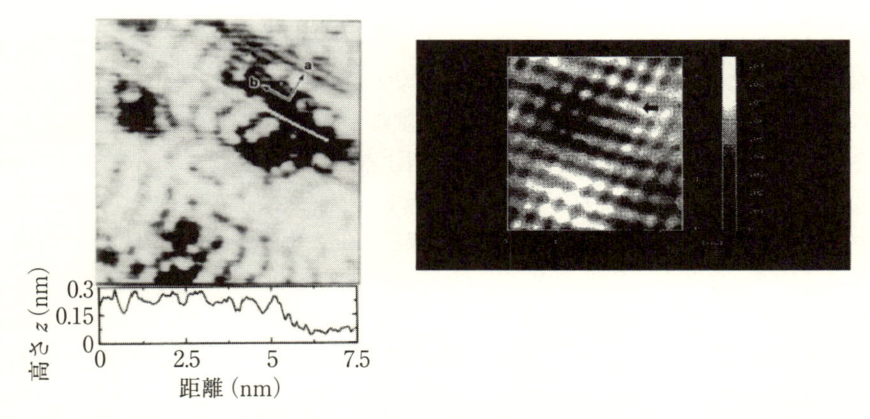

図 1.18　銅酸化物超伝導体 $YBa_2Cu_3O_7$ 単結晶[16]と $Bi_2Sr_2CaCu_2O_8$ 単結晶[17]の劈開面の STM 像．原子レベル分解能の像が観測されている．

子間力を一定に保つようにピエゾ素子にフィードバックをかけながら，試料表面を探針で走査することで，試料表面の構造・形状を 0.1 nm 以下の分解能で測定することができる(**図 1.19**)．**図 1.20** は，PLD 法で作製した，$La_{0.6}Sr_{0.4}MnO_3$(LSMO)薄膜の AFM 像である[14]．LSMO の単位格子に相当する約 0.4 nm のステップと原子レベルで平坦なテラス構造が観測されており，

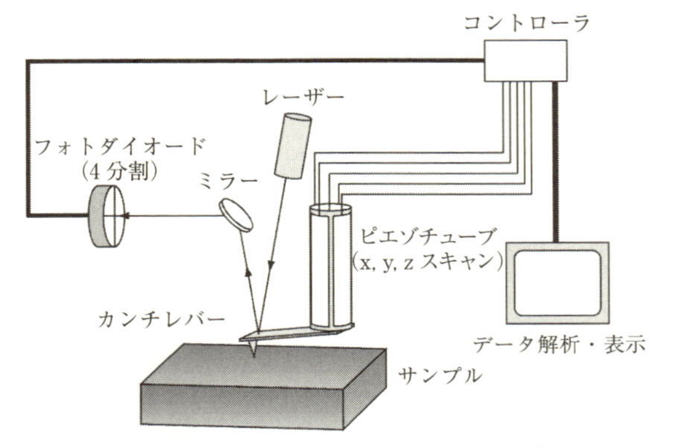

図 1.19　原子間力顕微鏡(AFM)の概略図.

図 1.20　$SrTiO_3$ 基板上に作製した $La_{0.6}Sr_{0.4}MnO_3$ (LSMO)薄膜の AFM 像[14]. LSMO の単位格子に対応するステップと原子レベルで平坦なテラス構造が観測されている.

AFM が 0.1 nm 以下の高い分解能を有していることがわかる.

一般的な装置では，カンチレバーの背面(探針がついている面の反対側)にレーザー光を照射し，その反射光が 4 分割されたフォトダイオードの中心にくるように，レーザー光の照射位置等を調整する．ここで，一般的なモデルでは，原子間力は原子間の距離 d の -12 乗に比例する斥力と，d の -6 乗に比例する引力の和で表され，この関係から数 Å の距離に両者がつりあう安定点が存在する．探針と試料表面の距離がこの安定点にある場合，探針が試料表面に近づくと斥力が働き，離れると引力が働くことになる．そのため，試料表面を探針で走査する際，探針と試料表面の距離が変化すると，この斥力と引力によりカンチレバーが変形するため，反射光は分割されたフォトダイオードの中心からずれてしまう．しかし，反射光がフォトダイオードの中心からずれないようにピエゾ素子にフィードバックをかけて，探針と試料表面の間の一定に保って探針を走査すると，ピエゾ素子の z 方向の変化が表面構造・形状の変化に対応するため，表面構造・形状をマッピングすることができる．このような測定方法はコンタクトモードと呼ばれるが，AFM にはカンチレバーを振動させながら測定するノンコンタクトモードと呼ばれる測定方法もある．ノンコンタクトモードでは，カンチレバーの振動の振幅が最大となる共振周波数(または共振周波数から少しずらした周波数)でカンチレバーを振動させる．ここで，探針と試料表面の距離が変化すると，その間に働く原子間力が変化するため，カンチレバーの振動の振幅や周波数が変化してしまう．この特性を利用すると，試料表面を探針で走査する際に，カンチレバーの振動の振幅や周波数が一定に保たれるようにピエゾ素子にフィードバックをかけることで，やはり表面構造・形状をマッピングすることができる．このノンコンタクトモードは，探針が試料表面に触れないため試料を傷つける心配が少なく，またカンチレバーの振動を水晶振動子やピエゾ素子等でも測定できるため装置を小型化できるなどの利点もあり，現在は，ノンコンタクトモードによる測定が主流となっている．

AFM は試料表面の構造・形状を測定できるだけでなく，導電性の探針を用いて，一定の電圧バイアスの条件で探針と試料の間に流れる電流を測定すると，試料表面の局所的な導電性の変化をマッピングすることができる．この測定は，conductive AFM(c-AFM)と呼ばれている．この他に，導電性の探針を応用した測定として，試料表面のポテンシャルをマッピングするケルビンプローブフォース顕微鏡(Kelvin Probe Force Microscope；KFM)や，強誘電体等の圧電特性を測定する圧電応答顕微鏡(Piezo Force Microscope；PFM)などがある．また，磁性体をコートした探針を用いて磁性体表面を走査することにより，磁性体表面からの漏れ磁場を測定し，試料表面の磁気的特性を評価することができる磁気力顕微鏡(Magnetic Force Microscope；MFM)も開発されており，AFM をベースとする SPM は試料表面のさまざまな特性の評価に活用されている．

・走査型電子顕微鏡

結晶粒の形や大きさ，析出物など，薄膜試料の表面状態を観察する装置の一つが，走査型電子顕微鏡(Scanning Electron Microscope；SEM)である．SEM は，試料表面を細く絞った電子線で走査し，その際に試料表面から放出される二次電子や反射電子の強度を信号処理して像として表示する(**図 1.21**)．SEM などの電子顕微鏡の特長の一つは，高い分解能である．一般に，顕微鏡の分解能は，観察に用いる光源の波長により決定され，可視光を用いる光学顕微鏡の場合，分解能は 100 nm 程度である．これに対して電子線を用いる電子顕微鏡では，先に述べたように数 keV 以上のエネルギーを持つ電子線の波長は 0.1 nm 以下であり，光学顕微鏡よりも数桁高い分解能を得ることができる．**図 1.22** は，PLD 法で作製した銅酸化物超伝導体 $YBa_2Cu_3O_7$ 薄膜の表面 SEM

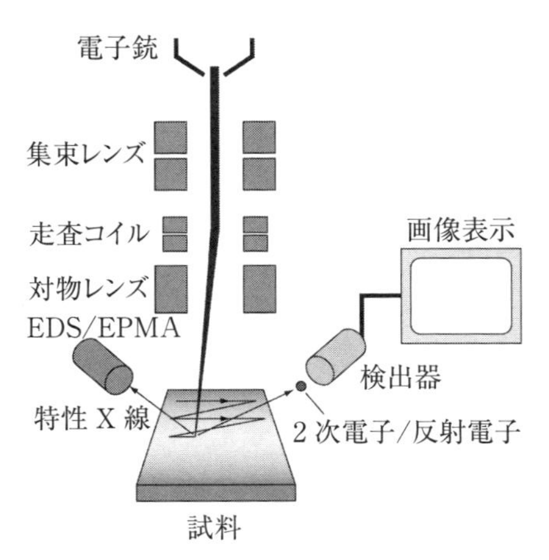

図 1.21　走査型電子顕微鏡(SEM)の概略図．

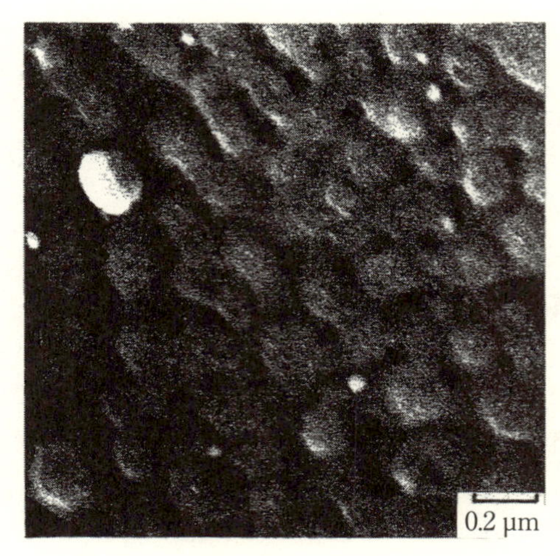

図 1.22　$YBa_2Cu_3O_7$ 薄膜の表面 SEM 像[18]．サブミクロン・サイズの結晶粒と析出物（パーティクル）が観測されている．

像である[18]．サブミクロンの結晶粒や析出物（パーティクル）が明確に観察されており，光学顕微鏡よりも高い分解能を有していることがわかる．

試料表面に電子線を照射すると，二次電子やオージェ電子などの電子の放出に加えて，特性 X 線が放射される．特性 X 線の波長と強度は，試料に含まれる元素の種類と濃度に依存することから，この特性 X 線を検出することにより，試料の元素分析を行うことができる．特性 X 線の分析方法として，エネルギー分散型 X 線分析（Energy Dispersive X-ray Spectroscopy；EDS または EDX）と，波長分散型 X 線分析（Wavelength Dispersive X-ray Spectroscopy；WDS）があり，後者を用いた分析装置として電子線マイクロアナライザー（Electron Probe Microanalyzer；EPMA）がある．広いエネルギー範囲を測定できる EDS は，同時に多くの元素を分析するのに適しており，EPMA は高感度の測定に適している．他に SEM の電子線を利用した元素分析法として，オージェ電子を測定するオージェ電子分光法（Auger Electron Spectroscopy；AES）もある．特性 X 線の脱出深さが 1 μm 程度であるのに対して，オージェ電子の脱出深さは 10 nm 程度と短いことから，AES は試料表面や析出物の元素分析に適している．

1.2.2 結晶構造評価

・X 線回折

物質の結晶構造解析に用いられる一般的な測定法が，X 線回折(X-ray Diffraction ; XRD)である．XRD の原理は，ラウエ(Laue)回折条件，またはブラッグ(Bragg)回折条件で説明されるが，ここでは薄膜の XRD を理解しやすいブラッグ回折条件を説明する．**図 1.23** のような結晶格子のある格子面に対して，波長 λ の X 線を角度 θ で入射した場合を考える．この際，

$$2d\sin\theta = n\lambda \quad (n \text{ は任意の整数}) \tag{1.6}$$

の関係が成り立つ場合，格子面間隔 d の平行な二つの格子面で反射した X 線は干渉し，X 線の回折強度が増強される．この(1.6)式をブラッグ回折条件と呼び，格子面と X 線の入射角(= 回折角)θ の幾何学的関係がこの条件を満たす場合に X 線の回折が観測され，θ から d を求めることができる．実際の XRD では，X 線は原子の周りに広がった電子により散乱される．そのため，回折される X 線の振幅は，単位格子内の全ての原子の電子密度の和で近似した構造因子を使って表すことができる．測定した XRD の回折角，強度($\propto$振幅の二乗)から格子定数や構造因子を求めることにより，試料の結晶構造を解析することができる．

4 軸 XRD 装置により薄膜試料の測定を行う場合の注意点として，最初に基板の結晶軸を 4 軸 XRD 装置のゴニオメーターの $2\theta/\omega$ 軸と一致させる必要がある．通常，基板の表面加工精度は 0.1～0.5° 程度であるため，基板の法線と

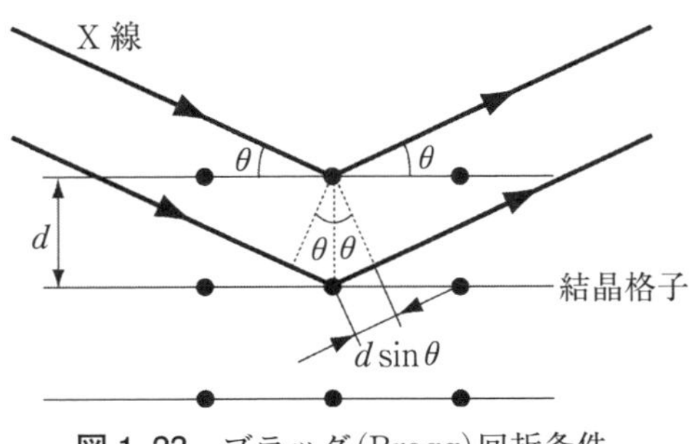

図 1.23 ブラッグ(Bragg)回折条件.

結晶軸は完全には一致していない．また，試料をホルダーにセットする際にも，試料とホルダーの表面を完全に平行な状態でセットすることは難しい．これらの角度のずれを調整しなければ，正確な格子定数，配向性等を解析・評価することはできない．実際の調整方法は，まず基板表面にほぼ平行な格子面の回折ピークを探し，その回折ピークに 2θ をセットして，後で説明するロッキングカーブ測定を行い，回折強度が最大となる ω を探す．次に，回折強度が最大となった ω にセットして，$2\theta/\omega$ 軸と垂直方向の ϕ 軸方向のスキャンを行い，回折強度が最大となる ϕ を探す．これらの測定を数回繰り返すことで，回折強度が最大となる ω と ϕ が求まり，角度のずれを補正することができる．装置によっては角度補正を自動で行うプログラムを有しているものもある．

薄膜の場合，XRD により，結晶性と配向性も評価することができる．薄膜試料に対して，一般的な XRD 測定である 2θ-ω スキャン（通常，$\omega=\theta$）を行った場合（**図 1.24**（a）），ブラッグ回折条件を満たす薄膜表面に平行な格子面からの回折ピークだけが観測される．したがって，薄膜がエピタキシャル膜，または配向膜の場合，ある特定の配向面の回折ピークだけが観測されることになり，2θ-ω スキャンの結果から配向面を知ることができる．例えば，薄膜が c 軸配向している場合（薄膜表面に対して c 軸 $\langle 001\rangle$ が法線方向の場合）は，$(00l)$ 面の回折ピークだけが観測される．

ある格子面の回折ピークに対して，2θ を固定し，ω だけを変化させて回折強度を測定する手法を，ロッキングカーブ（rocking curve）測定という．c 軸配向した薄膜の $(00l)$ 面の回折ピークに対してロッキングカーブ測定を行うと，測定により得られる ω 方向の回折ピークの広がりは，薄膜表面の法線方向の結晶軸のゆらぎの程度（mosaicity）を与える．

2θ-ω スキャンにより薄膜表面の法線方向の配向が既知となった薄膜に対して，ϕ スキャンを行うことにより面内の配向性を調べることができる．ϕ スキャンは，薄膜表面と平行な位置関係にない格子面の回折が測定できるように薄膜試料を ψ 方向に傾け，薄膜試料を面内方向（ϕ 方向）に回転させて測定する手法である．例えば，c 軸配向した薄膜について，薄膜表面と平行ではない $\{hkl\}$ 面（$l\neq 0$ で，h と k のどちらか一つ，または両方が 0 ではない面）がブラッグ回折条件を満たすように薄膜試料を ψ 方向に傾けて ϕ スキャンを行うと，薄膜が面内方向も配向したエピタキシャル薄膜の場合には，結晶の対称性

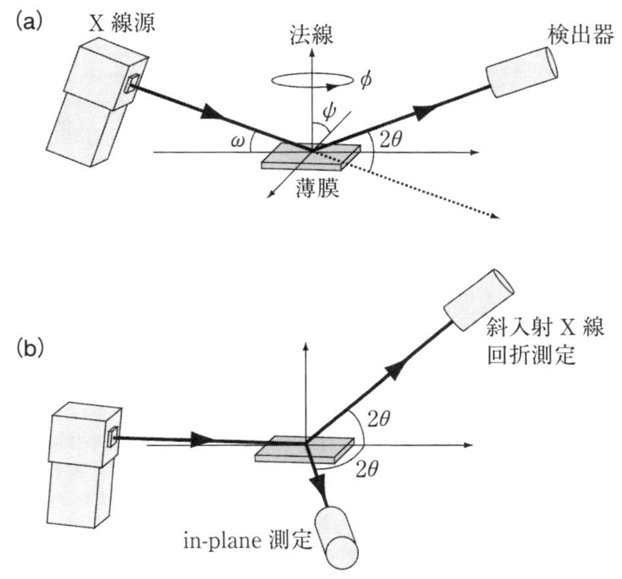

図 1.24　(a)4 軸 X 線回折装置の各軸 $(\theta, \omega, \phi, \psi)$ と 2θ-ω スキャンの模式図.
(b)in-plane 測定と斜入射 X 線回折の模式図.

に対応した角度 ϕ に回折ピークが観測される．この ϕ スキャンを，ψ を少しずつ変えながら繰り返し行う測定を極点測定と呼び，得られる測定結果は極点図(pole figure)と呼ばれる．**図 1.25**(a)は，IBAD 法により作製した YSZ 中間層の上に積層した $YBa_2Cu_3O_7$ 膜の(103)面の極点図である[2)]．同一の ψ に対して，$\phi = 90°$ 毎に回折が観測されていることから，$YBa_2Cu_3O_7$ 膜は面内および面直方向に配向していることがわかる．

結晶性が良く，平坦な表面を持つエピタキシャル薄膜の 2θ-ω スキャンには，ラウエフリンジと呼ばれる回折強度の 2θ に対する振動が観測される．薄膜表面の法線方向を向いた結晶軸の格子定数を a とし，この単位格子が N 個積み重なった薄膜，すなわち，膜厚が Na で表される薄膜を考えると，薄膜表面に平行な格子面の原子により散乱される X 線の強度は，

$$L(\boldsymbol{K}) = \frac{\sin^2(N\boldsymbol{K} \cdot \boldsymbol{a}/2)}{\sin^2(\boldsymbol{K} \cdot \boldsymbol{a}/2)} \tag{1.7}$$

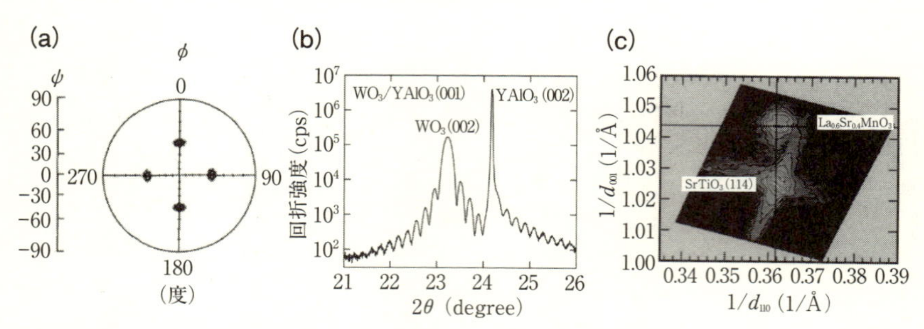

図 1.25　(a) $YBa_2Cu_3O_7$ 薄膜の(103)面の極点図[2)]．同一の ψ に対して，$\phi=90°$ 毎に回折が観測され，面内および面直方向に配向した薄膜が成長していることがわかる．(b) $YAlO_3$ (001)基板上に作製した WO_3 薄膜の 2θ-ω スキャンに観測されたラウエフリンジ(渋谷圭介氏(産総研)より提供)．(c) $SrTiO_3$(001)基板上に作製した $La_{0.6}Sr_{0.4}MnO_3$ 薄膜(114)面の逆格子マッピング(RSM)[14)]．薄膜と基板の回折が同じ $1/d_{110}$ に観測されることから，薄膜と基板の面内の格子定数が一致していることがわかる．

で表される．ここで，$\boldsymbol{K}$ はX線の散乱ベクトル，$\boldsymbol{a}$ は薄膜表面の法線方向を向いた結晶軸の並進ベクトルであり，2θ-ω スキャンの薄膜表面に平行な格子面の散乱の場合，$\boldsymbol{K}$ と $\boldsymbol{a}$ は平行である．この関数はラウエ関数と呼ばれ，$\boldsymbol{K}\cdot\boldsymbol{a}=2\pi\times n$ (n は整数)のとき，回折強度がピークを持つことを示している．また，このラウエ関数は，ピークとピークの間で回折強度の振動が現れることを示しており，これがラウエフリンジの起源である．そして，ラウエフリンジの周期から膜厚 Na を求めることができる．

2θ-ω スキャンにラウエフリンジが観測されるためには，薄膜全体にわたって薄膜表面の法線方向の軸長がそろった結晶性の良い薄膜である必要がある．したがって，ラウエフリンジの観測は，薄膜の結晶性を評価する一つの指標にもなる．図1.25(b)は，$YAlO_3$(001)基板上に作製した WO_3 エピタキシャル薄膜の(002)回折ピーク付近の 2θ-ω スキャンである．明瞭なラウエフリンジが観測されており，結晶性が良く，平坦な表面を持った薄膜であることがわかる．

エピタキシャル薄膜と基板の面内の格子定数の関係から，薄膜の格子歪を調べる方法として逆格子空間マッピング(Reciprocal Space Mapping；RSM)測定と呼ばれる測定手法がある．RSM 測定は，ϕ スキャンと同じように薄膜表面と平行な位置関係にない格子面の回折を測定する手法であるが，この場合は，薄膜試料を ω 方向に傾けて，ω を少しずつ変化させながら複数回の 2θ-ω スキャンを行う測定手法である．RSM 測定により得られたデータを，逆格子空間座標 $Q_{/\!/}=1/\lambda[\cos\omega-\cos(2\theta-\omega)]$ と $Q_{\perp}=1/\lambda[\sin\omega+\sin(2\theta-\omega)]$ に対して回折強度をプロットして得られるのが RSM である．ここで，横軸の $Q_{/\!/}$ は薄膜と基板の面内の格子定数の逆数，縦軸の $Q_{\perp}$ は薄膜と基板の面直方向の格子定数の逆数である．図 1.25（c）は，$SrTiO_3$(001) 基板上に作製した $La_{0.6}Sr_{0.4}MnO_3$ エピタキシャル薄膜の RSM である[14]．このように薄膜と基板の回折ピークが同じ $Q_{/\!/}$ の位置にある場合は，薄膜と基板の面内の格子定数が一致していることを示しており，薄膜は基板からエピタキシャル歪を受けて成長していることになる．

配向していない多結晶薄膜からの回折強度は，同じ膜厚の配向膜やエピタキシャル膜よりもかなり微弱である．そのため，膜厚の薄い多結晶薄膜の場合，通常の 2θ-ω スキャンでは回折ピークを観察することは難しい．そのような膜厚の薄い多結晶薄膜の評価法として，X 線を全反射臨界角度程度の浅い入射角度で薄膜表面に入射して，薄膜表面に水平な方向に対して 2θ-ω スキャンと同様の測定を行う in-plane 測定法（または薄膜法）と呼ばれる測定法がある（図 1.24（b））．全反射を起こすくらいの浅い角度で X 線を入射することにより，X 線の基板への侵入を抑制でき，さらに，試料に入射された X 線の強度は，入射角が臨界角付近で極大を持つため，薄膜からの回折強度を増強することができる．この in-plane 測定では，薄膜表面に対して垂直な格子面からの回折ピークが観測されることから，配向膜の in-plane 方向の配向性の評価にも利用できる．

他に膜厚の薄い多結晶薄膜の評価法として，斜入射 X 線回折法（Grazing Incidence X-Ray Diffraction；GIXD）がある．斜入射 X 線回折法は，in-plane 測定と同様に X 線を全反射臨界角度程度の浅い入射角度で薄膜表面に入射して，薄膜表面に垂直な面内で 2θ スキャンを行う手法である（図 1.24（b））．この場合も，X 線の基板への侵入を抑制でき，また薄膜からの回折強度を増強することができる．

上記の測定法以外にも，薄膜の膜厚，表面粗さ，密度などを評価できる X

線反射率測定法や，表面・界面構造を評価できる結晶表面X線散乱(Crystal Truncation Rod；CTR)法などの測定法がある．以上のように，XRDは薄膜試料の結晶構造，配向性，結晶性，歪，膜厚などの解析・評価に威力を発揮する測定技術である．

・透過型子顕微鏡

結晶格子像が観測できる高分解能の電子顕微鏡として，透過型電子顕微鏡(Transmission Electron Microscope；TEM)がある．TEMは，試料に照射した電子が，試料を透過する際に作り出す電子の干渉像を拡大し，結像することで原子レベルでの観察を可能にしている．SEMと異なり，電子線を透過させる必要があるため，通常，観察する試料は100 nm以下の厚さまで薄くする必要がある．すなわち，TEM観察には試料を加工(破壊)しなければならないという短所がある．

結晶格子が観測できるTEMにより薄膜試料の断面を観察すると，薄膜に発生した転位などの格子欠陥を原子レベルで評価することができる．また，広視野の観察では，基板との格子ミスマッチによる格子歪をコントラストの変化として観測することができる．このような特長から，TEMは，薄膜の構造や成

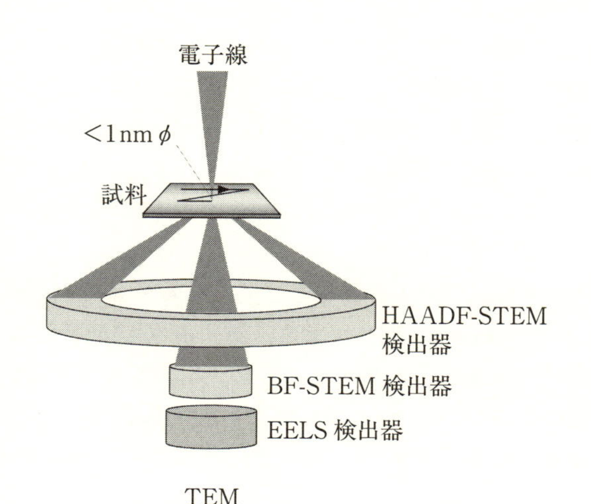

図1.26　走査型透過電子顕微鏡(STEM)の概略図．

長過程に関する詳細な情報を得るのにかかせない重要な測定技術となっている．

SEMのように電子線を走査するタイプの走査型透過電子顕微鏡（Scanning Transmission Electron Microscope；STEM）が，近年，酸化物薄膜の観察によく用いられるようになった（**図 1.26**）．STEMの特長は，暗視野法により，原子オーダーの解像度で試料を構成する元素の情報を得ることができる点である．試料を透過する電子は，電子線が照射された場所にある元素の原子番号（Z）が大きいほど高角度側に散乱される．この特徴から，透過電子を円環状の検出器で検出すると，Zコントラストと呼ばれるZの二乗に比例したコントラストを得ることができる．この検出方法は，HAADF（High-Angle Annular Dark Field）法と呼ばれている．このHAADF-STEMに，電子線エネルギー損失分光法（Electron Energy Loss Spectroscopy；EELS）を組み合わせると，元素（原子）の結合状態も解析することができ，試料を構成する元素に関するより詳細な情報が得られる．このような特長から，酸化物ヘテロ界面の電荷移動，2次元電子ガスなど，界面電子状態を研究する際の強力なツールの一つとなっている．**図 1.27** は，$SrTiO_3/SrTi_{0.8}Nb_{0.2}O_3$超格子のSTEM像とTi $L_{2,3}$の

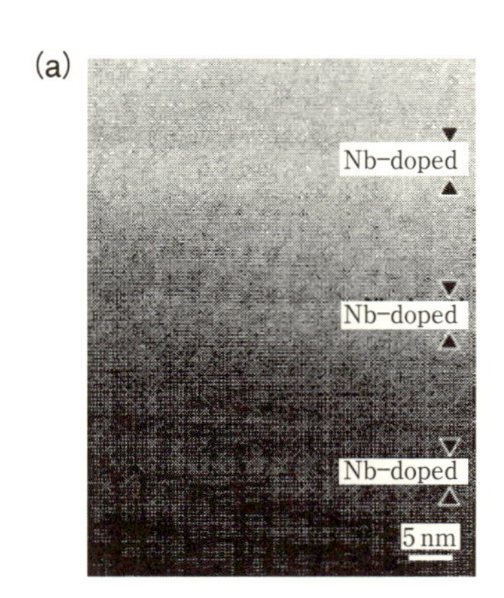

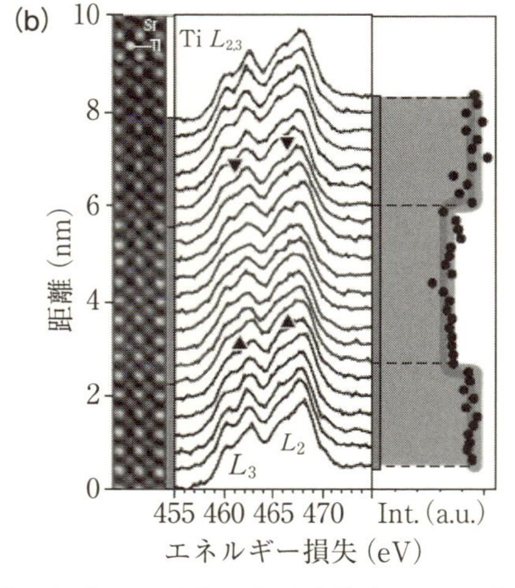

図 1.27　$SrTiO_3/SrTi_{0.8}Nb_{0.2}O_3$超格子の（a）STEM像，（b）高倍率STEM像とTi $L_{2,3}$のEELSプロファイル[19]．

EELSプロファイルである[19]．Nbがドープされた領域でEELSのスペクトルが変化しており，局所的なTiの価数変化，すなわち，電子が局所的にドープされていることがわかる．

1.2.3　元素・組成評価

・誘導結合プラズマ発光分光

一般的な元素分析手法として，先に述べたEDS，EPMAの他に，誘導結合プラズマ発光分光(Inductively Coupled Plasma Atomic Emission Spectroscopy；ICP-AES)がある．ICP-AESは，試料を酸で溶かして溶液化しなければならないという欠点はあるものの，高感度の定性，定量分析を行うことができる．一般的な分析装置では，試料を溶かした酸水溶液をネブライザで噴霧してアルゴンプラズマ(ICP)中に導入する．その際，高温のプラズマに導入された試料は原子化され，さらに熱励起される．その熱励起された元素が基底状態に戻る際に放出される光のスペクトルは元素毎に異なることから，プラズマの発光を分光することにより，元素を同定・定量することができる．具体的には，光の波長から元素を同定し，強度から定量を行う．定量分析は，あらかじめ濃度が既知の元素標準溶液(元素を含む酸水溶液)を測定して作成した検量線を用いて行う．

ICP-AESの定量性は，酸水溶液中に含まれる試料(元素)の濃度に依存するため，酸水溶液に溶かす試料の量を多くすればするほど定量性は高くなる．しかし，薄膜は体積が小さく，また装置毎に分析に必要な最低限の酸水溶液量は決まっているため，薄膜の分析では酸水溶液中に含まれる元素の濃度を高くするのが難しい．そのため，薄膜の組成分析の誤差は，通常，数%である．また，薄膜試料のICP-AESを行う場合には，基板に注意する必要がある．酸水溶液には基板も一緒に投入するため，基板の材料によっては，その一部が酸水溶液に溶けてしまう．基板の構成元素に，分析したい薄膜の元素が含まれる場合は，酸水溶液中に基板と薄膜の両方から溶け出した元素が存在することになり，定量分析が不可能になる．そのため，分析したい薄膜の元素を含まない基板を選択する必要がある．上記のような欠点や注意点はあるものの，EDSやEPMAと異なり，元素の種類に関係なく高感度の定性・定量分析が可能であることから，薄膜試料の元素分析に広く用いられている．

・誘導結合プラズマ質量分析

ICP-AESの他に，ICPを利用した元素分析法として，ICP質量分析(Inductively Coupled Plasma Mass Spectroscopy；ICP-MS)法がある．ICP-MSは，試料を含む酸水溶液を高温のプラズマ中に噴霧し，原子化するところまでは同じであるが，プラズマの発光を分光するのではなく，プラズマ中に含まれるイオンの質量を測定する．高温のプラズマに導入された試料は原子化され，さらにイオン化される．この発生したイオンは高真空の質量分析室に導入され，分析室内のイオンレンズで四重極質量フィルタなどに収束し，質量-電荷比に応じて分離して検出する．質量分析のICP-MSは，ICP-AESよりも高感度であることから(ICP-MSの感度はppt〜ppb)，極微量の試料の分析や，不純物元素など試料中にわずかに含まれる元素の分析(検出)に適している．

・二次イオン質量分析

質量分析により，試料の深さ方向(薄膜の膜厚方向)の組成を分析する手法として，二次イオン質量分析(Secondary Ion Mass Spectroscopy；SIMS)がある．SIMSは，数μmのビーム状にしたCs^+またはO_2^+イオンを試料表面に照射して表面をスパッタリングし，その際に試料表面から放出される二次イオンを飛行時間型，四重極型，二重収束型などの質量分析計で検出することにより，試料を構成している元素を分析する．スパッタリングにより表面を削りながら測定を行うため，検出信号の時間変化が，試料の深さ方向の元素の分布に対応することとなり，試料の深さ方向の組成分析が可能となる．また，質量分析であることから，ICP-MSと同様に高感度であり，ppt〜ppbの検出感度がある．このような特長から，薄膜の組成分布分析の他，薄膜中や界面に存在する不純物元素，基板と薄膜の界面での元素拡散などの分析に用いられている．**図1.28**は，サファイア基板上にMBE法で作製したZnO薄膜のSIMSプロファイルである[20]．ZnO薄膜中に含まれるアクセプタまたはドナーとなる不純物が，高感度に検出されていることがわかる．

・ラザフォード後方散乱分光

SIMSの他に，試料の深さ方向の組成を分析する方法として，ラザフォード後方散乱分光(Rutherford Backscattering Spectroscopy；RBS)がある(**図**

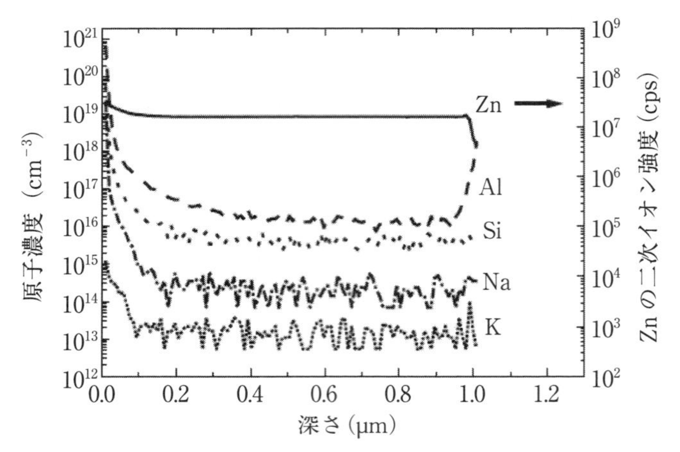

図 1.28　サファイア基板上に作製したZnO薄膜のSIMSプロファイル[20]．Znは二次イオン強度（右縦軸），他の元素は濃度（左縦軸）．

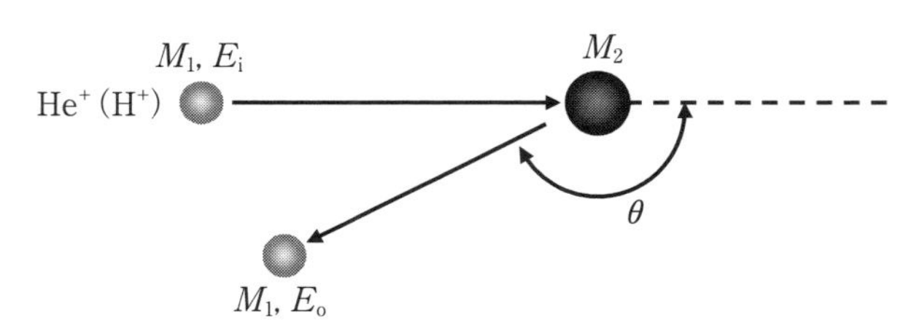

図 1.29　ラザフォード後方散乱（RBS）の模式図．

1.29）．RBSも試料表面にイオンを照射する点はSIMSと同じであるが，He^+やH^+等の軽元素のイオンを用いるRBSは，SIMSと異なり非破壊で試料の組成分析を行うことができる．

試料表面にイオンを照射すると，その一部は試料を構成する元素の原子核により弾性散乱（ラザフォード散乱）されて，入射方向に跳ね返される．照射するイオンのエネルギーをE_i，散乱されて跳ね返された後のエネルギーをE_oとすると，その関係は$E_o = KE_i$で表すことができる．ここで，Kは弾性散乱因子で，照射するイオンの質量をM_1，試料を構成する元素の質量をM_2とすると，エネルギーおよび運動量の保存則から，K は次式で与えられる．

$$K=\left(\frac{\sqrt{M_2^2-M_1^2\sin^2\theta}+M_1\cos\theta}{M_1+M_2}\right)^2 \tag{1.8}$$

この式より，散乱イオンのエネルギーは M_2 に対して単調に増加することから，散乱イオンのエネルギーを測定することにより，試料を構成する元素を同定することができる．

RBSでは，表面だけでなく試料の内部でも散乱が起こり，内部で散乱されたイオンのエネルギーも測定される．この試料内部で起きる散乱には，上述の原子核による弾性散乱に，軌道電子による非弾性散乱が加わる．そのため，散乱イオンのエネルギーは，非弾性散乱により ΔE だけ小さくなり，$E_0-\Delta E$ となる．この ΔE は，試料中の散乱が起きた場所と試料表面の距離 z にほぼ線形比例する．したがって，試料を構成する質量 M_2 の元素により散乱されたイオンのエネルギーに対する散乱強度(散乱イオン数)スペクトルを解析することにより，質量 M_2 の元素の深さ方向の分布を見積もることができる．

試料が結晶(薄膜の場合はエピタキシャル膜)の場合，イオンを結晶格子のある軸に対して平行に照射すると，イオンが結晶格子の間を通り抜けるチャネリング現象が起き，散乱されるイオンの数が大きく減少する．このような測定はチャネリングと呼ばれ，試料の結晶性評価に用いられている．結晶性が悪く，格子点からずれた位置に原子が存在する場合，その原子によりチャネリング現象が抑制される．そのため，格子点からずれた位置に原子が多くなると，散乱するイオンの数が増加し，測定される散乱強度スペクトルは，イオンを結晶軸からずれた方向から照射した場合(ランダム)の散乱強度スペクトルに近づいていく．この特性を利用して，チャネリングとランダムで得られた散乱強度スペクトルを比較・解析することにより，結晶性の評価や格子点からずれた位置にある原子の同定等が行うことができる．**図 1.30** は，膜厚 200 nm の $YBa_2Cu_3O_7$ エピタキシャル薄膜のランダム(random)とチャネリング(aligned)の RBS スペクトルである[18]．Ba 端におけるランダムとチャネリングの強度比は 3.5% である．この値はバルク単結晶と同程度であり，この結果から，薄膜が単結晶並みの高い結晶性を有していることがわかる．

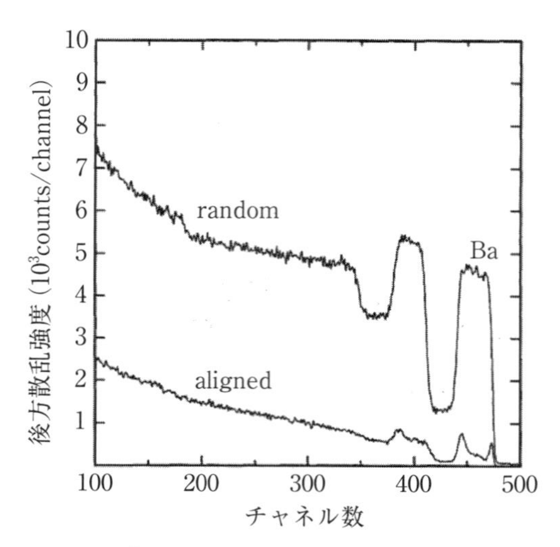

図 1.30　$YBa_2Cu_3O_7$ エピタキシャル薄膜のランダムおよびチャネリングの RBS スペクトル[18]．横軸のチャネル数は後方散乱エネルギーに対応．

1.2.4　電子状態・酸化状態評価

・走査トンネル分光

1.2.1 で述べた STM は，試料表面の構造・形状を測定するだけでなく，試料表面の局所的な状態密度を測定することもできる．探針と試料の状態密度をそれぞれ $D_\mathrm{p}(E)$ と $D_\mathrm{s}(E)$ とすると，トンネル電流密度は，

$$J_\mathrm{T}(V)=\frac{2e}{h}\int_0^\infty D_\mathrm{p}(E)D_\mathrm{s}(E)P(E,V)[f(E)-f(E+eV)]\mathrm{d}E \quad (1.9)$$

で与えられる．ここで，$P(E,V)$ はトンネル確率，$f(E)$ はフェルミ分布関数である．温度 $T=0\,\mathrm{K}$ では，(1.9)式は，

$$J_\mathrm{T}(V)=\frac{2e}{h}\int_0^{eV} D_\mathrm{p}(E-eV)D_\mathrm{s}(E)P(E,V)\mathrm{d}E \quad (1.10)$$

となる．また，WKB 近似では，$P(E,V)$ は

$$P(E,V)=\exp\left(-\frac{4\pi\sqrt{2m}}{h}\int_0^d\sqrt{e\phi(x,V)-E}\,\mathrm{d}x\right) \quad (1.11)$$

で表される（d はトンネル障壁の厚さ，$\phi(x,V)$ は x における電圧依存する障

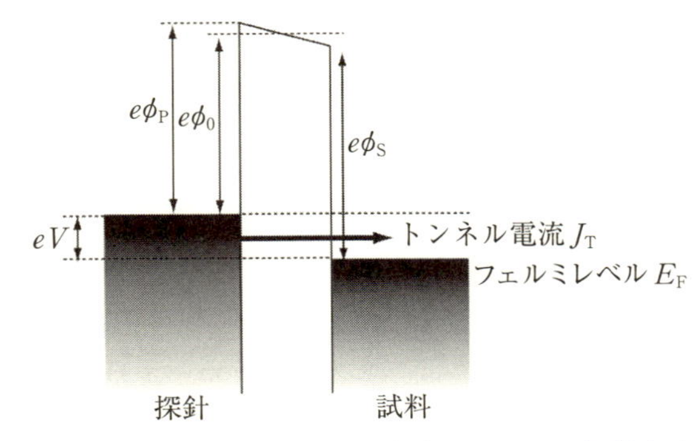

図 1.31　理想的な矩形のトンネル障壁を仮定した STM 探針とサンプル間のバンド構造．

壁高さ）．ここで，**図 1.31** に示すような矩形ポテンシャルのトンネル障壁を考える．電圧 V を印加した際のトンネル障壁の平均高さ ϕ は，

$$\phi = \phi_0 + \frac{V}{2} \tag{1.12}$$

で与えられる．ここで，ϕ_0 は探針側から見た障壁高さ ϕ_p と，試料から見た障壁高さ ϕ_S の平均値である．$\phi(x, V)$ の電圧依存性を無視して，障壁高さとして(1.12)式の平均値を用いると，$P(E, V)$ は，

$$P(E, V) = \exp\left(-\frac{4\pi d\sqrt{2m}}{h}\sqrt{e\phi_0 + \frac{eV}{2} - E}\right) \tag{1.13}$$

となる．探針と試料に印加する電圧 V がトンネル障壁の高さ ϕ_0 よりも十分小さい領域（$|V| \ll \phi_0/e$）では，探針の状態密度 $D_\mathrm{p}(E)$ とトンネル確率 $P(E, V)$ は一定であるとすると，(1.10)式のトンネル電流密度は，試料の状態密度 $D_\mathrm{S}(E)$ の積分値に比例することになる．その際，J_T を印加電圧 V で微分した微分伝導率は，

$$\frac{\mathrm{d}J_\mathrm{T}(V)}{\mathrm{d}V} \propto D_\mathrm{S}(eV) \tag{1.14}$$

となる．このように微分伝導率は試料の状態密度 $D_\mathrm{S}(E)$ に比例することから，試料表面を探針で走査しながら微分伝導率を測定することにより，試料表面における状態密度のマッピングを得ることができる．このような測定を走査トン

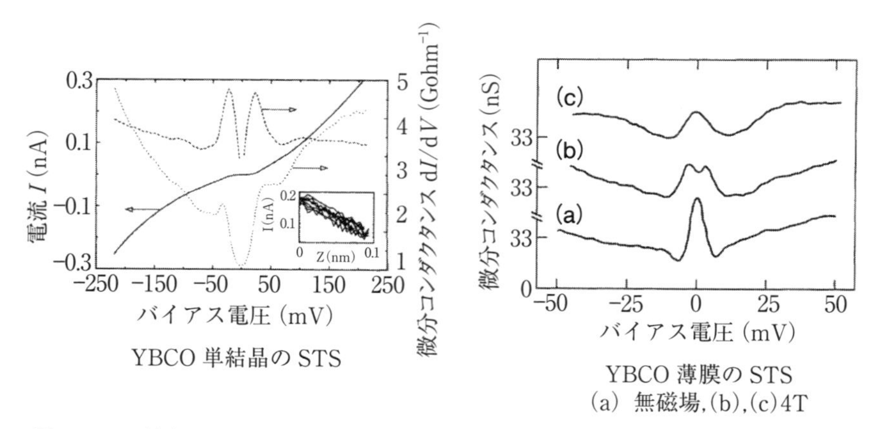

図 1.32　(左) $YBa_2Cu_3O_7$ 単結晶の劈開面 ((001) 面)[21] と (右) (100) 配向 $YBa_2Cu_3O_7$ 薄膜表面[22] から得られた STS スペクトル．(100) 配向 $YBa_2Cu_3O_7$ 薄膜の STS スペクトルには，異方的オーダーパラメーターに起因するゼロバイアス異常が観測されている．

ネル分光 (Scanning Tunneling Spectroscopy ; STS) と呼ぶ．**図 1.32** は，$YBa_2Cu_3O_7$ 単結晶の劈開面[21] と (100) 配向 $YBa_2Cu_3O_7$ 薄膜表面[22] から得られた超伝導ギャップの STS スペクトルである．第 4 章で紹介するように，$YBa_2Cu_3O_7$ 薄膜の STS スペクトルに見られる超伝導ギャップ内のゼロバイアス異常から銅酸化物超伝導体の異方的オーダーパラメーターが議論されるなど，STS は物性研究の強力なツールとなっている．

・光電子分光

試料表面に X 線や紫外光を照射すると，外部光電効果によって，試料 (固体) 内の電子は光子を吸収して真空準位よりも高いエネルギーにたたき上げられ，試料表面から放出される．この試料表面から放出される電子の運動エネルギー分布を測定することにより，試料の電子状態に関する情報を得ることができる．このような測定が光電子分光 (Photoemission Spectroscopy ; PES) である．

実際の PES で測定するのは，外部光電効果によって放出された光電子のフェルミレベル E_F を基準とした運動エネルギー E_k と，その E_k を持った光

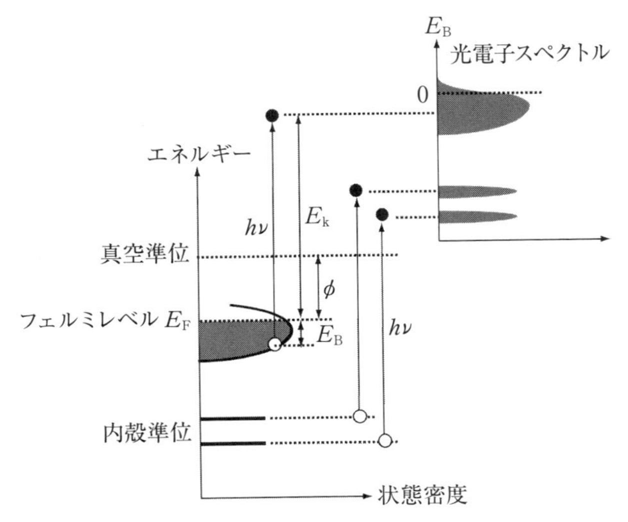

図 1.33　光電子分光(PES)の原理の模式図($h\nu$：光子のエネルギー，E_k：光電子の運動エネルギー，E_B：結合エネルギー，ϕ：仕事関数).

電子の数である．**図 1.33** に示すように，エネルギー $h\nu$ の光子を照射すると，E_F 以下の占有状態にある電子は，光子を吸収して真空準位よりも高いエネルギーにたたき上げられる．この過程において，エネルギー保存則が成り立つので，光子の $h\nu$，光電子の E_k，E_F を基準とした電子の元の状態の結合エネルギー E_B の間には，次式の関係が成り立つ[23].

$$E_k = h\nu - E_B \tag{1.15}$$

この関係から，測定された E_k に対する光電子スペクトルは，E_B に対する光電子スペクトルに変換することができ，E_F 以下の電子状態に関する情報を得ることができる．また，ある特定の方向(角度)に放出された光電子のエネルギーを分析する角度分解型光電子分光(Angle-Resolved Photoemission Spectroscopy ; ARPES)を行うと，運動エネルギー E_k だけでなく運動量 k に対する光電子スペクトルを測定することができ，バンド構造(分散)を求めることができる．**図 1.34** は，$SrTiO_3$ 基板上に作製した $La_{0.6}Sr_{0.4}MnO_3$(LSMO)薄膜の角度分解型光電子スペクトルであり，これから右図に示す E_F 以下のバンド分散が得られる[23].

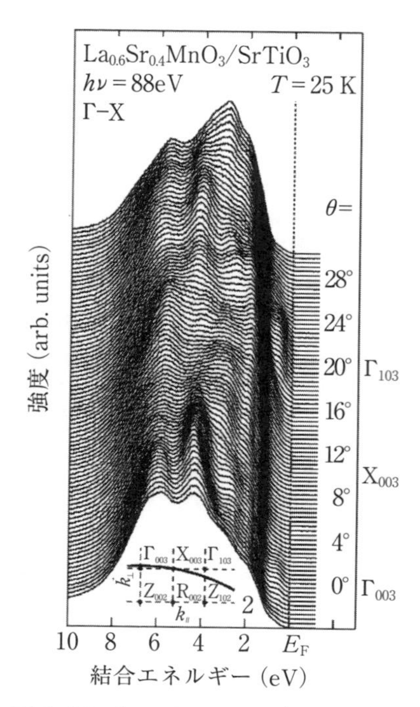

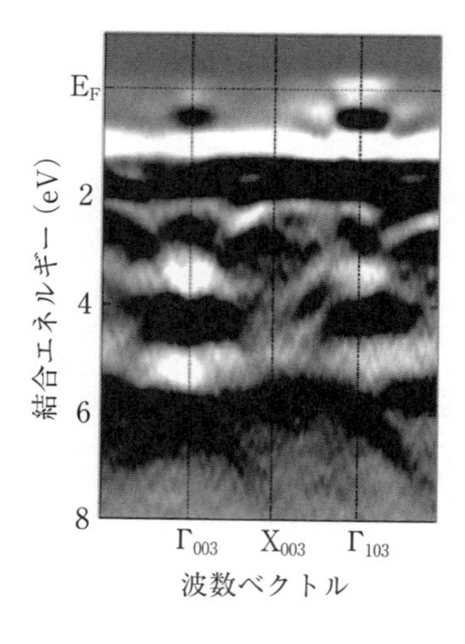

図 1.34　$La_{0.6}Sr_{0.4}MnO_3$(LSMO)エピタキシャル薄膜の角度分解型光電子スペクトルとバンド分散[24]．

PES は E_F 以下の占有状態を調べる手法であるのに対し，PES の逆過程である逆光電子分光(Inverse-Photoemission Spectroscopy ; IPES)を用いると E_F 以上の非占有状態を調べることができる．IPES は，試料に光子ではなく電子を入射する．入射した電子が非占有状態に落ち込む際に放出される光子を検出することで，非占有状態の情報を得ることができる．通常，検出する光子の波長(エネルギー)を固定して，電子銃から放出する電子の運動エネルギー(E_F を基準)を掃引して，逆光電子スペクトルを測定する．この場合もエネルギー保存則が成り立つので，得られた逆光電子スペクトルは E_F を基準とした逆光電子スペクトルに変化することができ，そこから E_F 以上の電子状態に関する情報を得ることができる．

酸化物の電気的，磁気的特性を決定する要因の一つは金属元素の酸化状態で

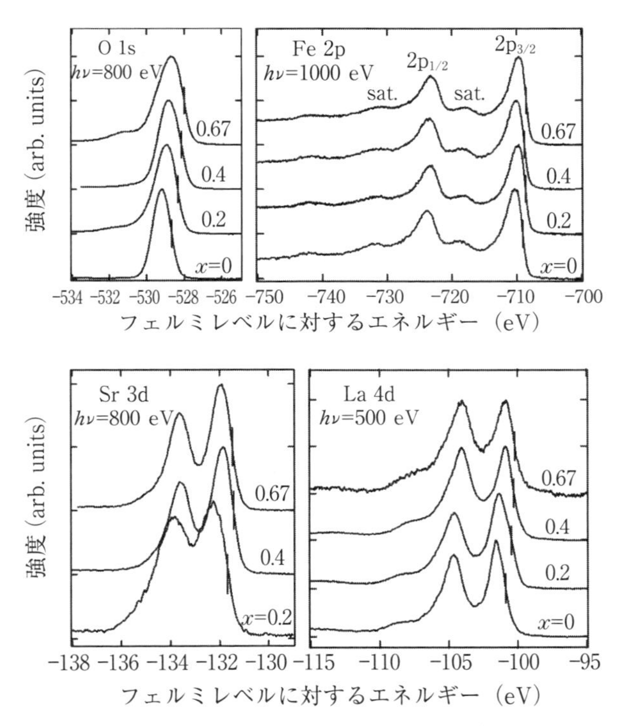

図 1.35　$La_{1-x}Sr_xFeO_3$ 薄膜の内殻光電子スペクトル[25]．Sr ドープ量に依存した化学シフトが観測されている．

あるが，その酸化状態を PES により調べることができる．酸化状態の評価には，通常，X 線を光源とする PES，X 線光電子分光(X-ray Photoelectron Spectroscopy ; XPS)が用いられ，ESCA (Electron Spectroscopy for Chemical Analysis)とも呼ばれている．XPS により得られる内殻光電子スペクトルにピークが現れる結合エネルギーは，元素毎にほぼ決まっているが，元素の価数や配位状態(結合状態)に依存してピークのシフトが観測される．このエネルギーシフトは，化学シフトと呼ばれている．**図 1.35** は，$La_{1-x}Sr_xFeO_3$ 薄膜の内殻光電子スペクトルであり[25]，Sr ドープ量に依存した化学シフトが観測されている．酸化物を構成する金属元素について，価数と内殻光電子スペクトルの化学シフトの関係がわかっていれば，化学シフトから価数を推定することができる[26].

1.3　微細加工技術

回路や接合などのデバイスは，リソグラフィやエッチングなどの技術を用いて薄膜や積層膜を任意の形状に加工して作製する．また，必要に応じて層間絶縁膜を製膜し，金属膜による配線を作製する．このような薄膜の加工は，試料の形状，サイズを正確に規定することができるため，薄膜の電気抵抗率やホール効果を精密に測定する際にも用いられている．本節では，酸化物薄膜・接合の基本的な加工技術を紹介する．なお，酸化物薄膜・接合の加工には，Si 等の半導体デバイスの加工技術が応用されている．

1.3.1　フォトリソグラフィ

薄膜加工の最初のプロセスは，感光性材料のフォトレジストにパターンを転写するリソグラフィである．リソグラフィの最も一般的な手法はフォトリソグラフィであり，溶融石英板等でできたマスク(またはレチクル)の表面に Cr 等の金属で印刷されているパターンを，紫外光により，薄膜上に塗布したフォトレジストに露光する．そのプロセスは，通常，次のような手順で行う(**図 1.36**)．

まず，スピンコーター上に置かれた試料の表面に液体のフォトレジストを滴下した後，スピンコーターを回転させて，薄膜の表面に一様にフォトレジストを塗布する．この際，塗布されたフォトレジストの厚さが特定の値になるように，フォトレジストの種類により，標準的なスピンコーターの回転速度と回転時間が指定されている．フォトレジストが塗布された試料は，ホットプレートに置くか，またはオーブンに入れて，フォトレジストを固化・乾燥させる．この固化・乾燥の条件も，フォトレジストの種類により，標準的な温度と時間が指定されている．フォトレジストが固化・乾燥した後，コンタクトアライナー，ステッパーなどの露光機により，紫外光を照射してマスクのパターンをフォトレジストに露光する．露光が終わった試料を，現像液(テトラメチルアンモニウムハイドロオキサイド(TMAH)などのアルカリ性の溶液)に入れると，ポジ型のフォトレジストの場合，露光された部分のフォトレジストが現像

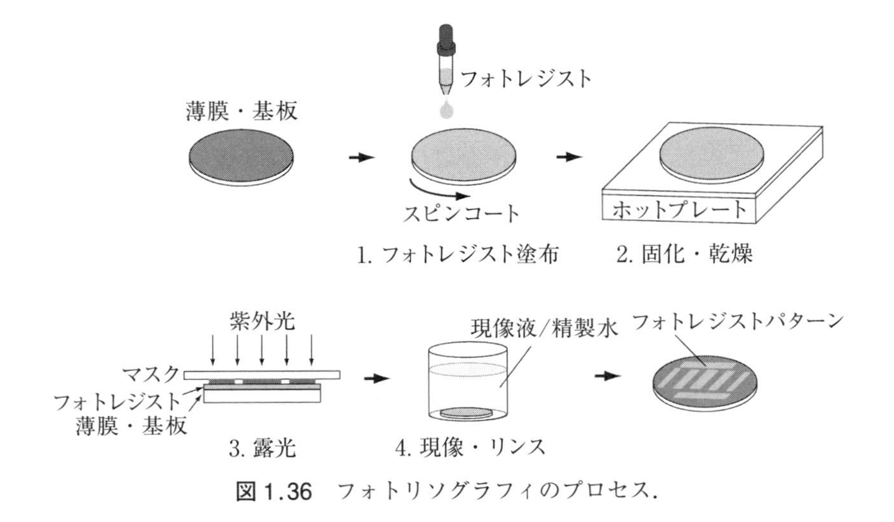

図 1.36 フォトリソグラフィのプロセス.

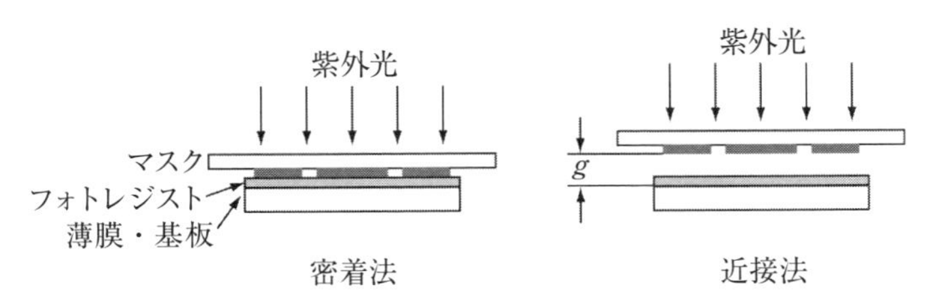

図 1.37 コンタクトアライナーによるフォトリソグラフィ(左：密着法，右：近接法)[27].

液に溶けだしてなくなり，マスクパターンに対応する露光されていない部分のフォトレジストが薄膜表面に残る．最後に，精製水でリンスし，現像液を洗い流す．

フォトレジストにパターンを転写する露光は，大きく分けて等倍転写法と投影法の二つがある．等倍転写法は，通常，コンタクトアライナーと呼ばれる露光装置により，マスクと試料上に塗布されたフォトレジストを密着させ，平行光線の紫外線をマスクの表面に照射して露光する(**図 1.37**)[27]．この密着法による露光の場合，マスクとフォトレジストを密着した際に，フォトレジストがマスクに付着したり，反対にマスクに付着していた小さなゴミがフォトレジストに付着したりするなどにより，転写されるパターンの一部に欠陥が生じてしまったり，またゴミによりマスクやサンプルが傷ついたりする危険性がある．そのため，マスクとフォトレジストを数 μm から数十 μm 離して露光する近接法が用いられる場合がある．この方法で露光できるフォトレジストの最小線幅(W)は[27]，

$$W = \sqrt{\lambda g} \tag{1.16}$$

の式で与えられる．ここで，λ は紫外光の波長，g はマスクの裏面(印刷されたパターン)と薄膜表面の距離である．W がマスクと薄膜表面の距離に依存するのは，マスクに印刷されたパターンの端で紫外光が回折を起こすためである．この関係から，G 線($\lambda = 436$ nm)または I 線($\lambda = 365$ nm)の紫外光を用いた場合，密着法($g \approx$ フォトレジストの厚さ)では 1 μm 程度の W が得られるのに対して，近接法では 2 μm 以上となってしまうため，微細なパターンを露光することは難しい．そのため，近接法は，ある程度大きなパターンを露光する場合に限定される．

投影法は，レンズ(光学系)を通してマスクのパターンをフォトレジストに投影する露光法である(**図 1.38**)．この方法は，等倍転写の近接法と同様に，マ

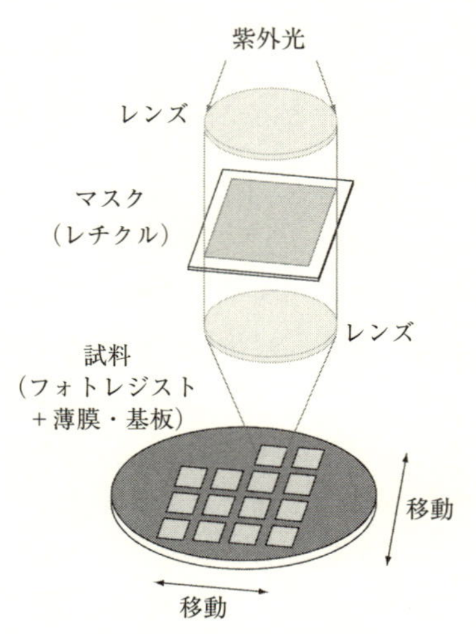

図 1.38　ステッパーによる投影法(縮小)のフォトリソグラフィ．

スクと試料を離して露光するため，先に述べたゴミによる問題が発生しない．投影法には，マスクのパターンを等倍でフォトレジストに投影する方法と，縮小して投影する方法の2種類がある．投影法では，一度の露光でマスクのパターンはフォトレジスト表面の一部分にしか転写されないため，全体にパターンを転写するためには，マスクと試料(またはどちらか一方)を動かしながら繰り返し(ステップ・アンド・リピート)露光する．そのため，投影法の露光装置は，ステッパーと呼ばれている．投影法の解像度(δ)は，レーリーの式から[27]，

$$\delta = k_1 \frac{\lambda}{NA} \tag{1.17}$$

で与えられる．ここで，k_1 はプロセス条件(光学系を含む)で決定される係数で，NA はレンズの開口数である．したがって，露光に用いる紫外光の波長を短くすると解像度があがることから，最先端の半導体プロセスではエキシマレーザー(KrF，ArF 等)が用いられており，さらに短波長の極端紫外線(Extreme Ultraviolet；EUV)を光源とするEUVリソグラフィ技術の開発も進められている．

デバイス作製の場合，フォトリソグラフィとエッチングを行った後，層間絶縁膜や金属配線を作製するため，フォトリソグラフィを繰り返し行う必要がある．その際，最初のパターンと2回目以降のパターンを高精度に位置合わせしなければならない．高精度の位置合わせを行うために，最初のフォトリソグラフィの際に，アライメントマーカーと呼ばれるパターンを複数個作製し，2回目以降のフォトリソグラフィでは，試料上に作製されたアライメントマーカーにマスクを位置合わせする．このように高精度に位置合わせしたフォトリソグラフィと，エッチング，製膜などのプロセスを繰り返し行うことで，デバイスが完成する．

1.3.2 電子線リソグラフィ

マスクを用いず，フォトレジストに直接パターンを転写する(書き込む)方法として，電子線リソグラフィがある(Electron Beam Lithography を略して EB リソとも呼ばれる)．この電子線リソグラフィは，もともとフォトリソグラフィ用のマスクを作製するのに用いられていた手法で，その後，薄膜加工のリ

ソグラフィにも用いられるようになった．電子線リソグラフィは，走査型電子顕微鏡(図 1.21)を応用した電子線描画装置により行い，10〜20 nm 径に収束させた電子線をフォトレジストに照射し，それをスキャンすることにより，パターンを直接露光する．この際，電子線をスキャンできる範囲は，試料のサイズに比べて非常に小さいため，ある程度の広い面接を露光するためには，試料を載せたステージも機械的に高精度に移動する必要がある．そのため，電子線描画装置によるリソグラフィのプロセスはほぼ自動化されている．電子線リソグラフィの特長の一つは，0.1 μm 以下の線幅のパターンをマスクなしで露光できる点である．その特長から，研究開発の現場で，微細構造のデバイスを作製するのによく用いられている．一方，1 回の露光に時間を要するため，スループットが上がらないという問題があり，生産プロセスには適していない．

1.3.3　エッチング

リソグラフィにより作製したフォトレジストパターンに合わせて，不要な薄膜を除去するプロセスがエッチングである．エッチングには，酸等*6 の溶液に試料を浸け，化学反応により薄膜を溶かして除去するウエットエッチングと，真空装置内でイオンビームや反応性ガスのプラズマを試料に照射して薄膜を除去するドライエッチングの 2 種類に分類される(**図 1.39**)．

ウエットエッチングでは，薄膜表面で溶液と薄膜材料が化学反応を起こし，その生成物が薄膜表面から溶液中に拡散することにより，薄膜がエッチングされる．エッチングの速度は，溶液の濃度(pH)，温度，撹拌などに依存して変化する．ウエットエッチングの問題点の一つは，溶液に触れている薄膜表面全体で反応が起きるため，エッチングが進むにつれて，横方向(側面)のエッチングが起きることである(図 1.39)．これにより，フォトレジストの端において，その下部分で薄膜がエッチングされてなくなり，その結果，エッチング後に残る薄膜はフォトレジストパターンよりも小さくなってしまう．この横方向エッ

---

*6　次章で述べるように，$SrTiO_3$ (基板を含む)のエッチングには，バッファードフッ酸が用いられる．銅酸化物超伝導体，巨大磁気抵抗マンガン酸化物等は，硝酸，塩酸，リン酸，王水等でエッチングすることができる．ただし，これらの酸に対する耐性がないフォトレジストもあるので注意する必要がある．

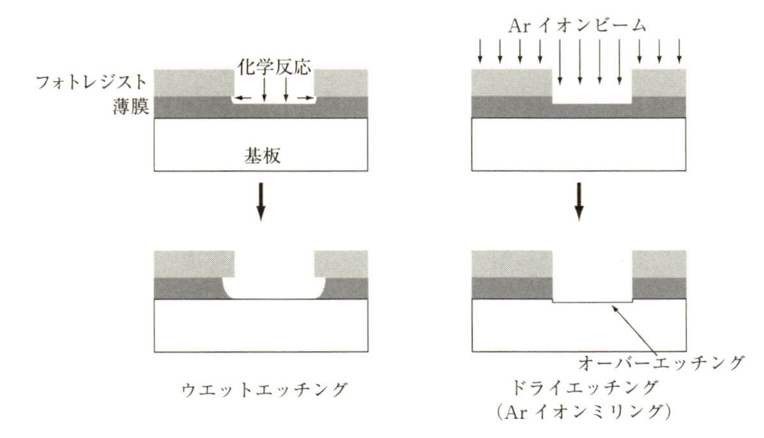

図 1.39　ウエットエッチング(左)とドライエッチング(右)による形状変化の違い.

チングの影響は，エッチングする薄膜の膜厚に依存して大きくなるため，膜厚の厚い薄膜ほどエッチングの解像度が悪くなってしまう.

上記のウエットエッチングの問題点を解決する方法として開発されたのが，ドライエッチングである．ドライエッチングには，Ar イオンビームを照射してスパッタリングにより薄膜を除去するイオンミリングと(参照：図 1.3)，反応性ガスのプラズマを生成し，そのプラズマと薄膜材料の反応を利用して薄膜を除去する反応イオンエッチング(Reactive Ion Etching；RIE)がある．Si 半導体デバイスでゲート絶縁層や層間絶縁に用いられる SiO_2 は，CF_4 等の C と F を含んだガスを用いた RIE が一般的であるが，その他の金属酸化物では RIE に適した反応性ガスがない場合が多く，イオンミリングがよく用いられている.

薄膜をエッチングする際の重要な点の一つが，エッチングしたい薄膜だけをエッチングする，またはある特定の厚さ(深さ)だけ薄膜をエッチングするために，エッチングプロセスをいつ止めるかである．ウエットエッチングでは，用いる酸の種類と薄膜材料の選択性がある場合，エッチングしたい薄膜だけをエッチングすることが可能である．しかし，イオンミリングの場合，エッチング速度は薄膜材料に依存するが，エッチングの材料選択性がない．イオンミリングのように材料選択性がない場合は，あらかじめエッチングの速度を正確に把握し，エッチング時間によりエッチングする厚さを制御する．また，ドライエッチングの場合には，装置に二次イオン質量分析(SIMS)を組み込み，エッチングされて薄膜から出てくる元素を測定することで，エッチングしたい薄膜だけをエッチングすることができる(下層の薄膜，または基板に含まれる元素を検出した瞬間にエッチングを止める)．

以上，本章で紹介した薄膜作製，リソグラフィ，エッチングの技術を薄膜材料に合わせて選択し，組み合わせて，「薄膜作製→リソグラフィ→エッチング」のプロセスを繰り返し行うことにより，デバイスを作製することができる．

参考文献

1) 応用物理学会／薄膜・表面物理分科会編，薄膜作製ハンドブック，共立出版(1991).
2) 飯島康裕，応用物理，**64**, 339(1997).
3) J. Cheung and J. Horwitz, MRS Bulletin, **17**, 30(1992).
4) B. Dam et al., Appl. Phys. Lett., **65**, 1581(1994).
5) T. Ohnishi et al., Appl. Phys. Lett., **87**, 241919(2005).
6) T. Siegrist et al., Appl. Phys. Lett., **60**, 2489(1992).
7) A. Sawa, H. Obara, and S. Kosaka, Appl. Phys. Lett., **64**, 649(1994).
8) M. Kawai, S. Watanabe, and T. Harada, J. Cryst. Growth, **112**, 745(1990).
9) T. Shimizu et al., Physica C **185-189**, 2003(1991).
10) B. Jalan et al., Appl. Phys. Lett., **95**, 032906(2009) ; J. Vac. Sci. Technol., **A27**, 461(2009).
11) J. Son et al., Nat. Mater., **9**, 482(2010).
12) K. Kato et al., J. Am. Ceram. Soc., **81**, 1869(1998).
13) T. Nakajima, K. Shinoda, and T. Tsuchiya, Chem. Soc. Rev., **43**, 2027(2014).
14) M. Izumi et al., Appl. Phys. Lett., **73**, 2497(1998).
15) J. G. Simmons, J. Appl. Phys., **34**, 1793(1963).
16) H. L. Edwards et al., Phys. Rev. Lett., **69**, 2967(1992).
17) T. Hasegawa et al., Jpn. J. Appl. Phys., **30**, L279(1991).
18) M. Kawasaki et al., Jpn. J. Appl. Phys., **32**, 1612(1993).
19) H. Ohta et al., Nature Mater., **6**, 129(2007).

20) K. Miyamoto et al., Journal of Cryst. Growth, **265**, 34(2004).
21) H. L. Edwards et al., Phys. Rev. Lett., **69**, 2967(1992).
22) S. Kashiwaya et al., Phys. Rev. B **51**, 1350(1995).
23) 小林俊一 編，シリーズ 物性物理の新展開 物性測定の進歩Ⅱ，丸善(1996).
24) A. Chikamatsu et al., Phys. Rev. B **73**, 195105(2006).
25) H. Wadati et al., Phys. Rev. B **71**, 035108(2005).
26) A. Fujimori et al., J. Elect. Spectrosc. Relat. Phenom., **124**, 127(2002).
27) S. M. Sze 著，南日康夫，川辺光央，長谷川文夫 訳，半導体デバイス 第2版 産業図書(2004).

2

酸化物薄膜成長

酸化物の薄膜・接合のデバイス応用や，それらを用いた量子物性の研究には，高品位薄膜の作製が必須であり，そのためには，まずは薄膜の作製プロセス・条件を最適化する必要がある．また，転位などの格子欠陥が少ない高品位のエピタキシャル薄膜を作製するためには，格子ミスマッチの小さい基板材料の選択も重要である．一方，格子ミスマッチが比較的小さい基板上にエピタキシャル薄膜を作製すると，薄膜は面内の格子定数が基板に一致した状態で成長することがある．その場合，薄膜はエピタキシャル歪を受けて結晶格子が変形し，それによりバルクとは異なる特性を示すことが知られている．特に，電子の電荷，スピン，軌道の秩序状態が物性を支配している強相関酸化物では，結晶格子の変形は電子の軌道秩序の変化を誘起し，劇的な物性変化を引き起こす．

本章では，まず高品位の薄膜作製に不可欠な作製プロセス・条件の最適化について，酸化物薄膜の作製に不可欠なプロセスである酸化の観点から，その最適化方法を述べる．次にエピタキシャル成長とそれを実現する技術を紹介し，最後にエピタキシャル歪を利用して酸化物薄膜の物性を制御した例を紹介する．なお，薄膜だけでなくバルクを含めた酸化物材料の基本的性質，熱力学，合成法などを勉強したい方は，それらを総括的にまとめた解説書[1)]があるので，そちらを参照頂きたい．

2.1　酸化と薄膜作製条件

2.1.1　熱力学とエリンガム図

第1章で述べた気相法の製膜方法の多くは，Si，GaAs などの半導体や金属など無機材料の薄膜作製に広く用いられているが，それら無機材料の製膜と酸化物の製膜で大きく異なる点は，酸素など酸化性ガスを製膜装置内に導入しなければならないことである．ここで問題となるのが，酸化性ガスの導入により，製膜装置内の圧力(酸素分圧)が高くなると，製膜の不安定化が引き起こされる点である．例えば，スパッタでは，通常，アルゴンなど不活性ガスをスパッタガスとして製膜を行うが，酸化物薄膜を作製するために不活性ガスに加えて酸素を導入するとプラズマが不安定化する．また，MBE では，分子線の安定化には超高真空が必要であるが，酸素などのガスの導入により真空度が低下すると，平均自由行程が短くなるため，分子線が不安定化する．さらに，酸化性ガスの導入は，金属原料の酸化も引き起こすため，蒸発(昇華)レートの変化(不安定化)を引き起こす．そのため，気相法による酸化物薄膜の製膜では，できるだけ低い酸素分圧(高い真空度)で製膜することが望まれる．

熱力学的な平衡状態を基に考えると，酸化物薄膜作製に必要な最低限の酸素分圧は，製膜温度(基板温度)において，薄膜化しようとする酸化物が熱力学的に安定して存在できる酸素分圧ということになる．酸化物の熱力学的安定性と平衡酸素分圧の関係は，エリンガム図から知ることができる[1,2]．エリンガム図とは，1気圧の標準状態における標準生成ギブスエネルギー変化 (ΔG^0) と温度(T)の関係を示したグラフであり，**図 2.1** に代表的な二元系酸化物のエリンガム図を示す[2]．

一つの金属元素 M と酸素ガス (O_2) 1 モルの酸化反応は，

$$n\text{ が偶数の場合：}\frac{4}{n}\mathrm{M}+\mathrm{O_2}=\frac{4}{n}\mathrm{MO}_{n/2} \tag{2.1a}$$

$$n\text{ が奇数の場合：}\frac{4}{n}\mathrm{M}+\mathrm{O_2}=\frac{2}{n}\mathrm{M_2O}_{n} \tag{2.1b}$$

で表される．ここで n は，酸化反応後の金属元素の価数 (M^{n+}) である．これらの反応のギブスエネルギー変化 (ΔG) は，それぞれ

$$\Delta G=\Delta G^0+RT\ln\frac{a(\mathrm{MO}_{n/2})^{4/n}}{a(\mathrm{M})^{4/n}a(\mathrm{O_2})} \tag{2.2a}$$

$$\Delta G=\Delta G^0+RT\ln\frac{a(\mathrm{M_2O}_{n})^{2/n}}{a(\mathrm{M})^{4/n}a(\mathrm{O_2})} \tag{2.2b}$$

で与えられる．ここで，$a(\mathrm{M})$，$a(\mathrm{O_2})$，$a(\mathrm{MO}_{n/2})$，$a(\mathrm{M_2O}_n)$ は，それぞれ M，O_2，$MO_{n/2}$，M_2O_n の活量，R は気体定数，T は温度である．ここで，固相の活量 $a(\mathrm{M})$，$a(\mathrm{MO}_{n/2})$，$a(\mathrm{M_2O}_n)$ は1であり，気相の活量 $a(\mathrm{O_2})$ は酸素

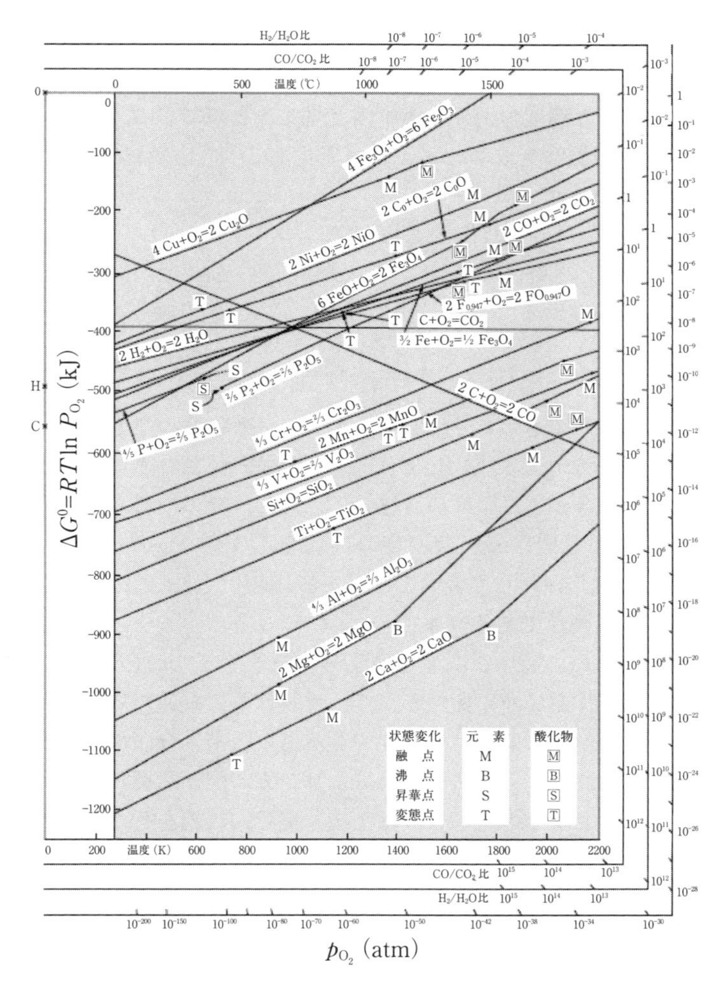

図 2.1　代表的な二元系酸化物のエリンガム図[2)].

分圧 $P(O_2)$ で置き換えることができることから，(2.2a)式と(2.2b)式は，n に関係なく，

$$\Delta G = \Delta G^0 - RT \ln P(O_2) \tag{2.3}$$

となる[1)]．ここで，平衡状態を考えると，$\Delta G = 0$ であるので，

$$\Delta G^0 = RT \ln P(O_2) \tag{2.4}$$

が与えられる．この関係式から，エリンガム図の縦軸 ΔG^0（$=\mu_{O_2}$；酸素ポテンシャル）は $P(O_2)$ へと変換できる．したがって，エリンガム図は酸化物の平衡状態の酸素分圧と温度の関係を示す図と見ることができる．

ΔG^0 は，反応の標準生成エンタルピー変化（ΔH^0）と標準生成エントロピー変化（ΔS^0）を用いて，

$$\Delta G^0 = \Delta H^0 - T\Delta S^0 \tag{2.5}$$

で与えられる．この関係から，エリンガム図の ΔG^0 と T の関係は，傾き $-\Delta S^0$ の直線で表される．また，(2.4)式は，(2.5)式を使って，

$$\ln P(O_2) = \frac{\Delta H^0}{RT} - \frac{\Delta S^0}{R} \tag{2.6}$$

と書き換えることができる[1)]．この関係から，平衡状態の酸素分圧と温度の関係を，縦軸を酸素分圧の対数（$\ln P(O_2)$），横軸を温度の逆数（$1/T$）としてプロットすると，傾きが $\Delta H^0/R$ の直線で表される．そのため，酸化物の薄膜が安定して作製できる酸素分圧と温度の関係を示す際，$\ln P(O_2)$-$1/T$ または $\log P(O_2)$-$1/T$ の相図として表すことがある（参照：図 2.2）．

熱平衡に近い製膜法であるゾル-ゲル法などの場合，エリンガム図から目的の酸化物を得るための適切な温度と酸素分圧を予測することができる．一方，気相法による薄膜作製は非平衡性が高く，薄膜作製に好適な基板温度と酸素分圧の範囲は，熱力学的に安定して存在できる温度と酸素分圧の範囲と必ずしも一致しない．そのため，気相法の場合，エリンガム図から製膜が可能な基板温度と酸素分圧のおおよその見当をつけた後，実際に製膜を行って好適な製膜条件を探すことになる．

2.1.2　酸化源

先に述べたように，気相法による薄膜作製では，できるだけ高い真空度（低い圧力）で製膜することが望まれるが，酸化物薄膜の作製には酸化源となるガスを導入しなければならないというジレンマがある．このジレンマを解決する方法として，MBE 法などでは，酸素よりも酸化力の強い原子状酸素，酸素プラズマ，NO_2，オゾン（O_3）などを酸化源に用いることにより，酸素を用いた場合よりも，高い真空度での薄膜作製が実現されている[1,3,4)]．一例として，**図 2.2** に，酸素，オゾン，オゾン＋紫外線照射を酸化源に用いて，酸化物超

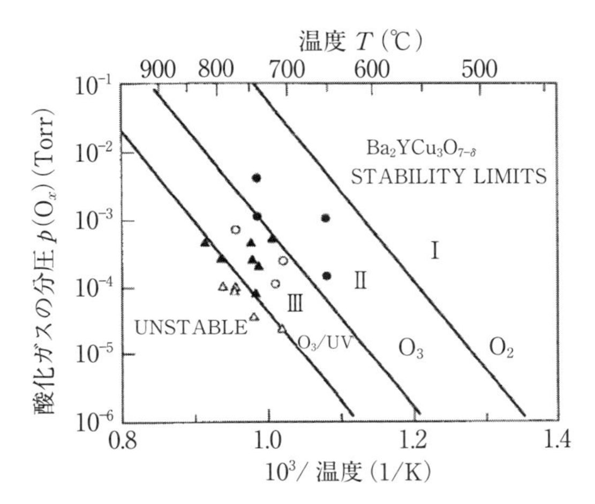

図 2.2　酸素(I)，オゾン(II)，オゾン＋紫外線(III)を酸化源として用いて $YBa_2Cu_3O_7$($Ba_2YCu_3O_7$)薄膜を作製した際に，薄膜が作製可能な温度と酸化源ガス圧の範囲を示した相図[3]．酸化力が強くなるに従い，薄膜が安定して作製できる範囲が，高温・低圧側にシフトする．

伝導体 $YBa_2Cu_3O_7$ の薄膜を作製した際に，薄膜が安定して作製できる温度と圧力の範囲を調べた Siegrist らの結果を示す[3]．ここで，オゾンに紫外線を照射すると，オゾンの原子状酸素への分解が促進され，より酸化力が高まる．オゾンやオゾン＋紫外線照射を酸化源に用いることで，薄膜が安定して作製できる範囲が，酸素を酸化源とした場合よりも，高温，低圧側へとほぼ平行にシフトしていることがわかる．$\log P(O_2)$-$1/T$ の相図において，安定して製膜できる領域の境界線が直線であることから，この平行なシフトは，酸素中とオゾン中における $YBa_2Cu_3O_7$ の熱力学的な安定性の違いを反映しているようにも見える．しかし，ここで注意したいのは，オゾンを酸化源に用いた薄膜作製は，不可逆反応であるという点である．金属元素とオゾンから酸化物が生成する反応の逆反応は，酸化物から金属元素とオゾンへの分解であるが，実際には，分解により放出されるのはオゾンではなく酸素 (O_2) であるため，逆反応は起きない．したがって，逆反応が起きないオゾンを用いた薄膜作製は非平衡反応であり，図 2.2 の結果を熱力学だけで説明することはできない．このような非平衡反応を理解するためには，ミクロな反応素過程の理解が不可欠であるが，酸化物薄膜成長の反応素過程の統一的な理解には到達していない．

2.1.3　基板温度

酸化物に限らず，基板温度(または熱処理温度)は重要な薄膜作製条件の一つである．気相法において，高い真空度で酸化物薄膜を作製するには，図2.2からわかるように，基板温度を低く設定する必要がある．しかし，材料には，結晶化に必要な最低限の温度，結晶化温度があるため，基板温度を結晶化温度以下にすることはできない．また，結晶化温度以上であっても，基板温度が低いと，基板上での原子，分子の拡散が抑制され，基板のいたるところで成長核が生成するため，薄膜は小さな結晶粒の集まりとなってしまうほか，欠陥密度も増加する．そのため，結晶性の良い，高品位の薄膜を作製するには，基板温度はできるだけ高くすることが望まれる．しかし，図2.2からわかるように，酸化物の薄膜作製の場合，基板温度を高くすると，それに合わせて酸素分圧も高くする必要があるが，酸素分圧(圧力)を高くしすぎると製膜の不安定化をまねく．このように，酸化物薄膜の作製では，基板温度は酸素分圧に依存したパラメータであり，酸素分圧を変えると基板温度の最適条件も変わってしまう．

酸素分圧以外にも，基板温度の最適条件は用いる基板の種類にも依存する．それは，薄膜と基板が反応(元素拡散など)する温度や，薄膜の成長様式と温度の関係などが，基板の種類により異なるためである．そのため，最適な薄膜作製条件の探索は，用いる基板の種類毎に，酸素分圧と基板温度を系統的に変化させて薄膜作製を行う必要がある．

2.1.4　薄膜成長速度

薄膜成長速度を決定する要因の一つは，反応速度である．ここで，金属Mと酸素分子O_2が反応して，酸化物MO_2が生成される，

$$M + O_2 \rightarrow MO_2 \tag{2.7}$$

の反応を考える．基板表面におけるMO_2，Mの単位面積当たりの量を$[MO_2]$，$[M]$，酸素分圧を$[O_2]$とすると，これらの量とMO_2が生成する反応速度$(\mathrm{d}[MO_2]/\mathrm{d}t)$の関係は，

$$\frac{\mathrm{d}[MO_2]}{\mathrm{d}t} \propto k[M]^m[O_2]^n \tag{2.8}$$

と表される．ここで，k は反応速度係数，m，n は反応の次数であり，(2.7)式の反応では $m=n=1$ である．$\mathrm{d}[\mathrm{MO_2}]/\mathrm{d}t$ は，単位面積当たりの MO_2 の量の時間変化であることから，$\mathrm{d}[\mathrm{MO_2}]/\mathrm{d}t$ に MO_2 単位格子の体積を掛けた値が MO_2 薄膜の成長速度になる．ここで，k は温度(T)に依存する係数であり，通常，熱活性型のアレニウスの式，

$$k = A\exp\left(-\frac{E_\mathrm{a}}{k_\mathrm{B}T}\right) \tag{2.9}$$

に従って温度変化するため，反応速度は温度(基板温度)の上昇に伴い指数関数で増加する*1．ここで，E_a は反応の活性化エネルギー，A は反応の頻度因子である．

次に，基板に構成元素を供給することで薄膜を作製する気相法の場合を考えると，理想的には，反応速度は，単位時間当たり基板上の単位面積に供給される構成元素の量に一致する．すなわち，(2.7)式の反応で，金属 M，酸素分子 O_2 の基板への供給量を，それぞれ $\Phi_\mathrm{M}(\mathrm{cm^{-2}s^{-1}})$，$\Phi_\mathrm{O_2}(\mathrm{cm^{-2}s^{-1}})$ とすると，反応速度と供給量の関係は，

$$\frac{\mathrm{d}[\mathrm{MO_2}]}{\mathrm{d}t} = \Phi_\mathrm{M} = \Phi_\mathrm{O_2} \tag{2.10}$$

になる．しかし，実際の薄膜作製では，基板に供給された金属元素の一部は再蒸発する場合があり，また基板に供給された酸化性ガスは一部しか反応に寄与しないため，先の関係式は

$$\frac{\mathrm{d}[\mathrm{MO_2}]}{\mathrm{d}t} = B_\mathrm{M}\Phi_\mathrm{M} = B_\mathrm{O_2}\Phi_\mathrm{O_2} \tag{2.11}$$

と書き換えられる．ここで，B_M，$B_\mathrm{O_2}$ は温度依存の係数で，$B_\mathrm{M} \leq 1$，$B_\mathrm{O_2} \leq 1$ である．この式から，基板に付着した金属 M が全て反応して酸化物 MO_2 になるためには，Φ_M と $\Phi_\mathrm{O_2}$ の間に，

$$\frac{\Phi_\mathrm{M}}{\Phi_\mathrm{O_2}} \leq \frac{B_\mathrm{O_2}}{B_\mathrm{M}} \tag{2.12}$$

---

*1 気相で反応する場合，(2.9)式の k_B は気体定数 $R(=N_\mathrm{A}k_\mathrm{B}$，$N_\mathrm{A}$ はアボガドロ数)になる．

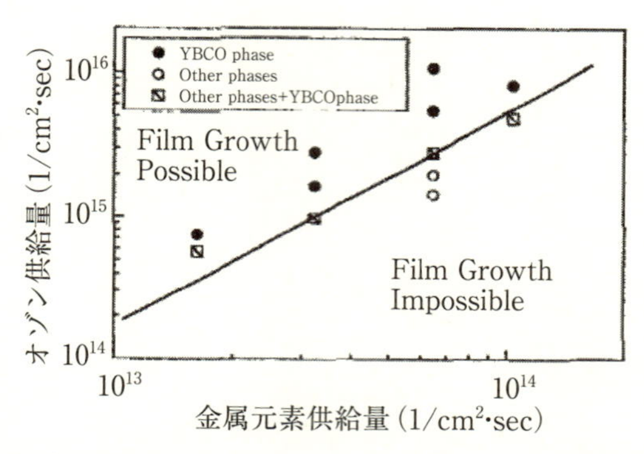

図2.3　オゾンを酸化源としてMBE法により$YBa_2Cu_3O_7$薄膜を作製した際の，薄膜が作製可能なオゾンと金属元素の供給量(フラックス)の関係[4)]．この実験の基板温度は650℃．金属元素の供給量が多すぎると，不純物相が生成する．

の関係が成り立っている必要があることがわかる．すなわち，金属Mの供給量Φ_Mが多すぎて，(2.12)式の関係が成り立たない条件では，基板上にMO_2へと反応しない金属Mが残ってしまい，不純物相が生成してしまう．**図2.3**は，この関係を調べた実験結果である[4)]．オゾン(O_3)を酸化源としてMBE法により$YBa_2Cu_3O_7$薄膜を作製した際に，薄膜が安定して作製できるオゾンと金属元素の供給量の関係が示されている．この実験では，$B_{O_3}/B_M \sim 1/20$であり，$\Phi_M/\Phi_{O_3} > 1/20$の条件(図2.3の実線より右下の領域)では，不純物相が生成している．

以上のように，気相法による酸化物の薄膜作製では，薄膜成長速度は金属元素の基板への供給量により決まるが，不純物相の生成なしに安定して製膜できる薄膜成長速度の上限は基板温度と酸化性ガスの基板への供給量*2に依存する．また，2.1.2と2.1.3で述べたように，安定して薄膜作製が可能な基板温度の範囲も酸化性ガスの種類とその圧力に依存する．このように，基板温度，圧力，成長速度など，薄膜作製条件のほとんど全てが，独立して制御可能なパ

*2　基板に向かって吹き付けられた酸化性ガスの，基板表面への供給量(入射量)を見積もることは難しい．そのため，実際の薄膜作製では，酸化性ガスの供給量は，薄膜作製装置に取り付けてある圧力計の値を目安として制御するのが一般的である．

ラメータではないことがわかる．すなわち，薄膜作製条件の最適化は，基板温度，圧力，成長速度をパラメータとする3次元の相図を作製することに対応することになり，最適条件を見つけるには薄膜作製の実験を数多く行う必要がある．

2.2　エピタキシャル薄膜

2.2.1　薄膜成長様式

薄膜成長は原子，分子の基板への付着や再蒸発，原子，分子の基板上での拡散，成長核の生成，基板からのエピタキシャル歪などに支配されている．それらの反応素過程，相互作用は，基板温度，酸化源の種類とその圧力，薄膜成長速度，基板の種類などの薄膜作製条件により変化するため，結果として，薄膜作製条件を変化させると薄膜の成長様式(形態)が変化する．

薄膜の成長様式は，一般的に，**図2.4**に示すような3種類に分類される[5]．一つ目は，基板上に薄膜が島状に3次元成長する，Volmer-Weberモード(VWモード)である．二つ目は，薄膜が基板上に1原子層または1分子層ずつ成長する，Frank-van der Merweモード(FMモード)である．この成長様式は，layer-by-layer成長(モード)と呼ばれることもある．三つ目は，薄膜成長の初期段階では薄膜が層状に成長していたのが，成長が進むと3次元的な島状の成長に変化する，Stranski-Krastanovモード(SKモード)である．この薄膜成長途中でのVWモードからFMモードへの変化は，薄膜の表面エネルギーを要因としたモデル，基板と薄膜の格子定数の違いによるエピタキシャル歪を要因としたモデルなど，複数のモデルが提案されている[5]．エピタキシャ

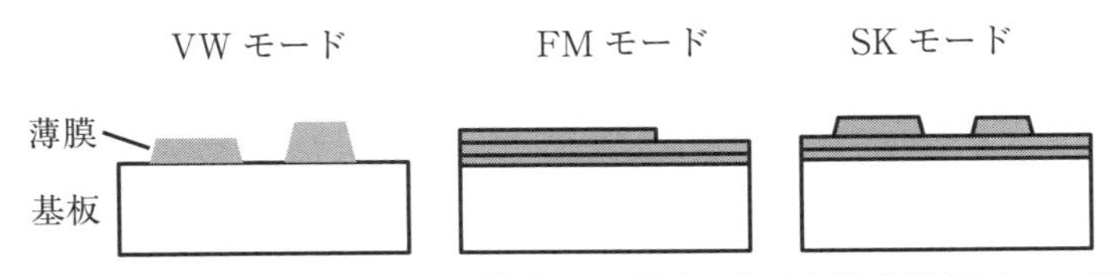

図2.4　3種類の薄膜成長モードの模式図．(左)3次元島状成長(Volmer-Weberモード)．(中央)層状成長(Frank-van der Merweモード)．(右)層状成長の後，3次元島状成長(Stranski-Krastanovモード)．

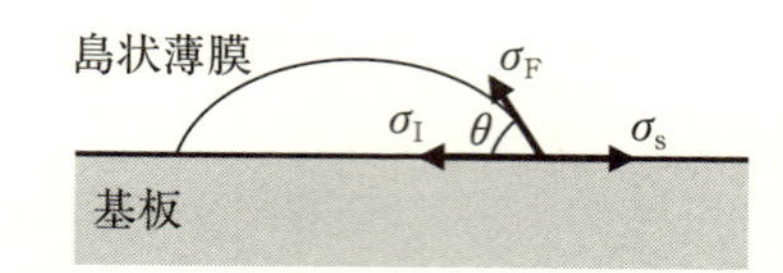

図 2.5　平坦な基板上にある球台状の薄膜(液滴)の平衡状態の模式図.

ル歪を要因としたモデルでは，薄膜の膜厚が臨界膜厚を越えると歪を緩和するため欠陥が入り，その欠陥を成長核として FM モードの成長になるという説明がなされている[5].

薄膜成長様式が VW モードまたは FM モードのどちらになるのかを決定する要因については，平衡状態における基板と薄膜の表面エネルギーと，基板と薄膜の界面エネルギーによる考察がなされている[5]．**図 2.5** に示すような球台状の薄膜が基板上に成長している場合を考える．基板と薄膜の表面エネルギーを，それぞれ σ_S と σ_F，基板と薄膜の界面エネルギーを σ_I とすると，これらのエネルギーの関係は，ヤングの関係から[5]，

$$\sigma_S = \sigma_F \cos\theta + \sigma_I \tag{2.13}$$

となる．ここで θ は基板と球台状の薄膜の接触角である．島状に成長する場合，$\theta > 0°$ なので，$\cos\theta < 1$ となり，

$$\sigma_S < \sigma_F + \sigma_I \tag{2.14}$$

の関係が導かれる．一方，層状に成長する FM モードでは，$\theta = 0°$ と見なすことができるので，

$$\sigma_S \geq \sigma_F + \sigma_I \tag{2.15}$$

の関係が成り立つ場合，FM モードで成長することになる．しかし，実際の薄膜作製は非平衡の反応であり，基板に入射する構成元素の動的過程，成長核の形成過程，さらに基板の表面形状なども考慮する必要があり，σ_S，σ_F，σ_I が(2.14)または(2.15)の関係式を満たしても，VW モードまたは FM モードで成長するとはかぎらない．したがって，(2.14)と(2.15)の関係式は成長モードを予測する目安でしかないが，望みの成長様式に好適な基板を選択する際などに利用できる[5].

2.2.2　エピタキシャル成長と臨界膜厚

薄膜は，結晶性の視点から，アモルファス薄膜(非晶質薄膜)，無配向薄膜，配向性薄膜，そしてエピタキシャル薄膜に分類できる(**図 2.6**)．アモルファス薄膜は，原子配列に結晶のような長距離秩序はないものの，短距離の秩序は有している状態の薄膜であり，通常，基板温度が物質の結晶化温度よりも低い条件で作製することで得られる．無配向薄膜，配向性薄膜，エピタキシャル薄膜は，結晶化した物質が基板上に堆積した薄膜であり，配向性の違いにより分類される．無配向薄膜は多結晶薄膜とも呼ばれ，無配向の結晶粒で構成された薄膜である．配向性薄膜も結晶粒で構成された薄膜であるが，全ての結晶粒において，少なくとも一つの結晶軸がある方向にそろっている状態の薄膜である．

配向性薄膜のうち，単結晶基板を用いることにより得られる配向性の高い薄膜がエピタキシャル薄膜である．単結晶基板の結晶表面上に，薄膜の結晶が一定の結晶配位関係をもって成長することを，エピタキシャル成長と言う．さらに，エピタキシャル成長のうち，基板と薄膜が同じ場合をホモエピタキシャル成長，異なる場合をヘテロエピタキシャル成長と言う．ホモエピタキシャル成長の場合，薄膜に組成ずれがなければ，通常は，基板と同一の結晶配位かつ格子定数が完全に一致した単結晶薄膜が成長する．一方，基板と薄膜が異なる場合，格子のマッチングや，結晶表面の原子配置などに依存して，基板と異なった結晶配位で薄膜が成長することがある．その場合でも，基板に対して，薄膜が一定の結晶配位関係をもって成長していれば，ヘテロエピタキシャル成長である．

ヘテロエピタキシャル成長では，基板材料と薄膜材料の本来の格子定数が大きく異なる場合，基板と薄膜の格子定数は必ずしも一致しない．この場合，基板と薄膜の界面に生じた転位などの格子欠陥により，格子ミスマッチが解消し

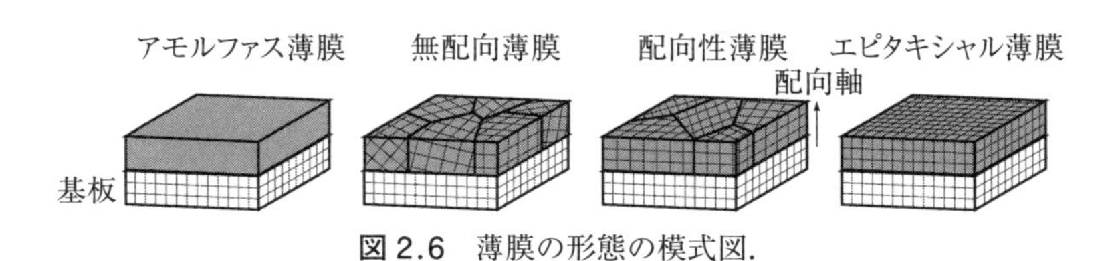

図 2.6　薄膜の形態の模式図.

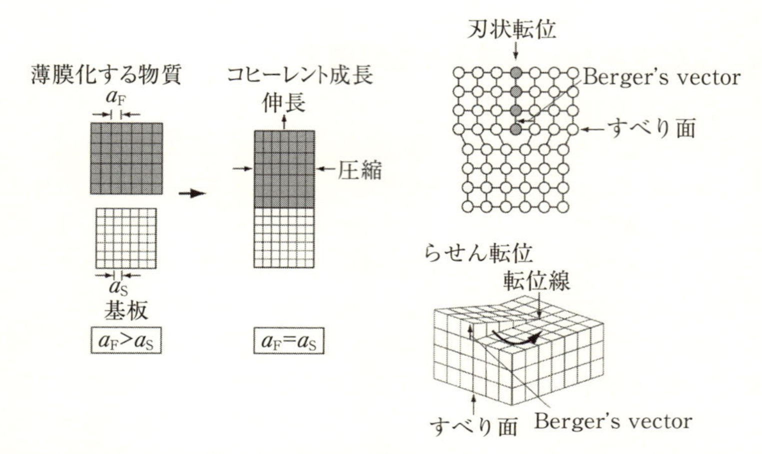

図 2.7　(左)薄膜の面内の格子定数が基板に一致して成長するコヒーレント成長の模式図．(右)刃状転位とらせん転位の模式図．

て薄膜が成長する．一方，基板材料と薄膜材料の格子定数が近く，格子ミスマッチが小さい場合は，薄膜の面内の格子定数が基板に一致した状態(擬似格子整合：pseudomorphic)で成長する場合がある(**図 2.7**)．このような成長は，コヒーレント成長と呼ばれている．この場合，薄膜は基板からのエピタキシャル歪を受けて成長しており，膜厚増加とともに歪エネルギーが薄膜に蓄積されていく．そのため，膜厚が臨界膜厚を越えると，転位などの格子欠陥が入り，格子緩和が起こる．格子緩和が起こると，薄膜表面の平坦性が悪くなったり，場合によっては薄膜がひび割れたりする．そのため，高品位薄膜を得るためには，臨界膜厚を把握しておくことが重要である．

これまでに，格子緩和が起こる臨界膜厚を計算するモデルがいくつか提案されている．People と Bean は，転位など格子欠陥のないコヒーレント成長した薄膜に蓄えられている単位面積当たり歪エネルギー密度 (ϵ_H) と，一つのらせん転位の持つエネルギー密度 (ϵ_D) の膜厚に対する変化を考え，それらが一致する膜厚を臨界膜厚 (h_C) と定義するモデルを提案している[6]．その理由は，膜厚が h_C よりも厚くなると，ϵ_H が ϵ_D よりも大きくなるため，らせん転位ができて格子緩和したほうがエネルギー的に安定になるためである．このモデルで，h_C は，

$$h_C \cong \left(\frac{1-\nu}{1+\nu}\right)\left(\frac{1}{16\pi\sqrt{2}}\right)\left(\frac{b^2}{a}\right)\left[\left(\frac{1}{f^2}\right)\ln\left(\frac{h_C}{b}\right)\right] \tag{2.16}$$

で表される．ここで，ν はポアソン比，a は薄膜の本来の格子定数，b は転位による結晶格子のすべり距離(Burger's vector の大きさ*3)，f は格子ミスマッチである．この他に，格子ミスマッチがある場合の基板と薄膜の界面エネルギー密度 (ϵ_I) を転位が発生する最低エネルギーと仮定して，ϵ_I と ϵ_H が一致する膜厚を h_C と定義するモデルがあり，この場合の h_C は

$$h_C \cong \left(\frac{1-\nu}{1+\nu}\right)\left(\frac{1}{8\pi^2}\right)\left(\frac{a}{f}\right) \tag{2.17}$$

となる[7]．また，薄膜中に貫通転位が生じている場合を考え，格子ミスマッチにより薄膜内に生じた応力が転位線に与える力 (F_H) と，界面で転位線にかかる張力 (F_D) が一致する膜厚を h_C と定義するモデルもある．このモデルの h_C は，

$$h_C \cong \left(\frac{b}{f}\right)\left[\frac{1}{4\pi(1+\nu)}\right]\left[\ln\left(\frac{h_C}{b}\right)+1\right] \tag{2.18}$$

と表される[8]．People と Bean は，Si 基板上に作製した Ge_xSi_{1-x} エピタキシャル薄膜の臨界膜厚の x 依存性の実験結果と，上記の三つのモデルで求めた h_C を比較し，(2.16) 式のモデルがよく一致することを示している(**図 2.8**)[6]．Ge_xSi_{1-x} エピタキシャル薄膜の場合，格子ミスマッチが 1% 以下では h_C は 100 nm 以上であるが，格子ミスマッチが 3% になると 4 nm 程度まで小さくなる．

臨界膜厚は，室温での格子定数，格子ミスマッチを基に議論されることが多い．しかし，実際の薄膜作製は高温で行われるため，熱膨張や構造相転移による格子定数の変化も考慮する必要がある．例えば，室温では格子ミスマッチが小さい基板と薄膜の組み合わせであっても，熱膨張率が大きく異なると，製膜する基板温度では格子ミスマッチが大きくなり，転位密度が大きくなってしまうこともある．臨界膜厚の観点から基板を選択する際には，室温での格子マッチングだけでなく，熱膨張率，構造相転移の有無も考慮する必要がある．

---

*3　通常は，基本単位格子の基本並進ベクトルの大きさ，または格子間隔に相当する．

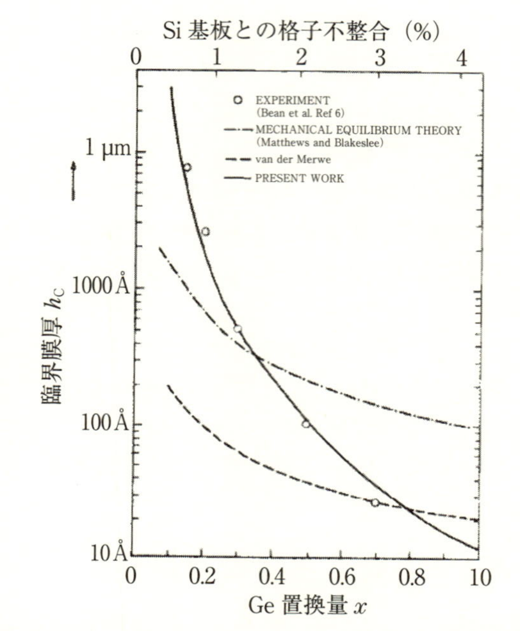

図 2.8　Si 基板上に作製した Ge_xSi_{1-x} エピタキシャル薄膜の臨界膜厚の Ge 置換量 x 依存性の実験結果と三つのモデルで求めた h_C との比較[6]．Present work：(2.16)式，Mechanical equilibrium theory：(2.17)式，van der Merwe：(2.18)式．

2.2.3　バッファ層

エピタキシャル薄膜を作製しようとする材料と格子マッチングのよい適当な基板が入手できない場合や，応用上，ある特定の基板の上に格子ミスマッチが大きく，結晶構造も異なる材料をエピタキシャル成長させる必要がある場合，基板と薄膜の格子ミスマッチを緩和するために，基板と薄膜の間に，両者の間の格子定数を持つ材料をバッファ層(緩衝層)として挿入することがある．このバッファ層の挿入において，バッファ層が基板上にコヒーレント成長すると，基板と薄膜の格子ミスマッチを緩和できないため，バッファ層は格子緩和させて成長させる必要がある．バッファ層の格子緩和を促す方法として，低い基板温度で製膜する低温バッファ層技術がある．この低温バッファ層技術を用いると，薄膜化しようとする目的の材料自体をバッファ層として利用することも可能である．このようなバッファ層を挿入することにより，格子ミスマッチが大きい基板や結晶構造が異なる基板の上にも表面平坦性のよい薄膜を作製することができる．

バッファ層は，格子ミスマッチを緩和する役割以外に，基板と薄膜の反応(元素の相互拡散など)を抑制する目的で用いることもある．Si 基板上に遷移金属酸化物薄膜を直接作製すると，Si と遷移金属が反応してシリサイドが生成してしまう．このような反応を抑制する方法として，Si 基板と遷移金属酸化物薄膜の間に，Si と反応しない YSZ 等の酸化物がバッファ層に用いられている．このような反応抑制のためのバッファ層と格子ミスマッチの緩和のためのバッファ層を組み合わせることにより，Si 基板上への酸化物エピタキシャル薄膜の作製が実現されている[9,10]．

2.2.4 酸化物単結晶基板

薄膜の形態，結晶性を決定する重要な要因の一つが基板である．特に，エピタキシャル成長を実現するためには，結晶構造，格子整合，熱膨張率，表面平坦性等を考慮して，適切な基板を選択する必要がある．酸化物のエピタキシャル薄膜作製には，通常，酸化物の単結晶基板が用いられる．銅酸化物超伝導体の発見以降の酸化物薄膜作製技術の発展とともに，酸化物単結晶基板の作製技術，特に加工・表面処理技術が大幅に進展した．また，強相関酸化物などさまざまな酸化物材料の薄膜が研究されるようになり，それら酸化物材料との格子整合や，デバイス開発などの用途に合った基板へのニーズから，数多くの酸化物単結晶基板が市販されるようになった．**表 2.1** に，市販品として入手可能な酸化物単結晶基板の内，ペロブスカイト型酸化物を中心に，利用頻度の高い基板について結晶系，格子定数等をまとめた．

基板を選択する際，まず，結晶系と結晶構造，格子整合(格子定数)を考慮する必要があるが，実際の製膜は室温以上の高温で行われるため，熱膨張率，構造相転移の有無も考慮しなければならない．薄膜と基板で熱膨張率が大きく異なったり，室温と製膜温度の間で構造相転移があったりすると，製膜後の降温時に，薄膜にクラックが入ったり，一部が基板から剝離したりする可能性があ

表2.1 市販されている主な酸化物単結晶基板の特性.

基板材料	結晶系(構造)	格子定数(nm)			熱膨張率 (10^{-6}/K)	構造相転移	比誘電率 (@室温)	融点 (℃)
		a	*b*	*c*				
$YAlO_3$	斜方晶($GdFeO_3$ 型)	0.5176	0.5307	0.7355	2～10		16～20	1870
$NdAlO_3$	三方晶($GdFeO_3$ 型)	0.532			10	1100℃	20	2060
$LaAlO_3$	三方晶(ペロブスカイト)	0.536			12.6	～550℃	15～22	2100
LSAT[$(La_{0.3}Sr_{0.7})(Al_{0.65}Ta_{0.35})O_3$]	立方晶(ペロブスカイト)	0.7736			10		22	1840
$NdGaO_3$	斜方晶(ペロブスカイト)	0.5431	0.5499	0.771	10		20～25	1650
$SrTiO_3$	立方晶(ペロブスカイト)	0.3905			11.1	110 K	310	2080
$DyScO_3$	斜方晶(ペロブスカイト)	0.544	0.571	0.789	8.4		21	2130
$GdScO_3$	斜方晶(ペロブスカイト)	0.545	0.575	0.793	10.9		21	2130
$KTaO_3$	立方晶(ペロブスカイト)	0.3989			6.7		240	1360
$LaSrAlO_4$	正方晶(K_2NiF_4 型)	0.3756		1.263	7.6		17	1650
$LaSrGaO_4$	正方晶(K_2NiF_4 型)	0.3843		1.268	10.1		22	1520
MgO	立方晶(NaCl 型)	0.4213			13.5		10	2800
α-Al_2O_3(サファイア)	六方晶(コランダム)	0.47588		1.2992	6.93(*a* 軸)/7.63(*c* 軸)		9	2040
YSZ (Y_2O_3-stabilized ZrO_2)	立方晶(CaF_2 型)	0.5139			10.3		27	2500
TiO_2	正方晶(ルチル)	0.45935		0.2958	7.81(*a* 軸)/10.1(*c* 軸)		110	1840
$MgAl_2O_4$	立方晶(スピネル)	0.8083			7.5		8.3	2130
$ScAlMgO_4$	六方晶	0.3235		2.5195				1900
ZnO	六方晶(ウルツ鉱型)	0.325		0.5207	2.9		36.5	1975

る．$YBa_2Cu_3O_7$ 等の銅酸化物超伝導体薄膜の作製には，当初，$LaAlO_3$ が用いられることが多かった．しかし，$LaAlO_3$ は 550℃付近に構造相転移があり，また室温で菱面体晶(三方晶)のため双晶が存在する．そのため，作製した薄膜の表面形態や結晶性が悪いという問題があった．この問題を解決するために開発されたのが，LSAT 基板 $((La_{0.3}Sr_{0.7})(Al_{0.65}Ta_{0.35})O_3)$ である．LSAT は立方晶で構造相転移もなく，また $YBa_2Cu_3O_7$ と格子整合が良いことから，$LaAlO_3$ 基板を用いた場合よりも良質のエピタキシャル薄膜を作製することができる．

上記に加えて，基板材料の安定性，すなわち薄膜と基板が反応しない(元素が拡散しない)ことも基板選択の重要な要素である．341 K 以上の温度でルチル構造を有する VO_2 のエピタキシャル薄膜を作製する場合には，同じルチル構造の TiO_2 基板がよく用いられている．前節で述べたように，結晶性の良い薄膜を作製するには基板温度は可能なかぎり高くするのがよいが，TiO_2 基板を用いた VO_2 薄膜の作製では，基板温度を 400℃以上にすると元素の相互拡散が起こってしまうため，基板温度は 400℃以下にする必要がある．このように，結晶構造が同じで化学的性質が似ている場合，低温でも反応する可能性があるので，注意が必要である．

以上は，薄膜作製の視点から考慮しなければならない点であるが，加えて用途の視点から考慮しなければならない点もある．例えば，デバイス応用においては，基板の誘電率，導電性を考慮する必要がある．酸化物単結晶基板としてよく用いられている遷移金属ペロブスカイト型酸化物の多くは，20 以上の比誘電率を有しており，エレクトロニクス分野で high-k 材料と呼ばれている材料に分類される．このような high-k 材料は高周波デバイス応用には不向きであり，高周波デバイス応用には Al_2O_3 などの低誘電率の材料を基板に用いる必要がある．また，$SrTiO_3$ や TiO_2 は，わずかな酸素欠損が入っただけでも簡単に導電性を有してしまう．そのため，$SrTiO_3$ や TiO_2 基板上の薄膜をデバイスや電気抵抗測定のための四端子構造へと加工する際に，Ar イオンミリング等を行うと，基板表面に酸素欠損が生じ，導電性を有してしまう場合がある．したがって，このような用途の場合は，欠損による物性変化がない基板を用いたり，酸を用いたウエットエッチングなどの加工プロセスを採用したり，加工プロセス後に酸素アニーリング等の後処理を行うなどの工夫が必要となってくる．

2.2.5　基板表面制御

良質のエピタキシャル薄膜，急峻な界面構造を有するヘテロエピタキシャル接合や超格子を作製するためには，原子レベルで平坦な表面を持った基板が必要である．1994年に，Kawasakiらにより，$SrTiO_3$基板に対して，そのような原子レベルで平坦な表面を作製する技術が開発された[11]．$SrTiO_3$(100)基板を，フッ酸(HF)とフッ化アンモニウム(NH_4F)を混合したバッファードフッ酸(pH＝4.5)でウエットエッチングすると，**図2.9**のAFM像のように，原子レベルで平坦なテラスと$SrTiO_3$の1ユニットセルに対応する高さ0.4 nmのステップからなる表面を得ることができる[12]．この原子レベルで平坦なテラス構造の表面は，TiO_2面で構成されている．これは，pH制御したバッファードフッ酸により，表面からSrO層が完全に除去され，安定面であるTiO_2面が現れたためと考えられる．このような原子レベルで平坦な$SrTiO_3$基板を用いて，PLO法により$SrTiO_3$薄膜のホモエピタキシャル成長を行うと，図2.9に示すようにRHEED振動が製膜終了まで観測されている[12]．ここで，表面に0.4 nmのステップが存在する理由は，基板表面が結晶面(100)に

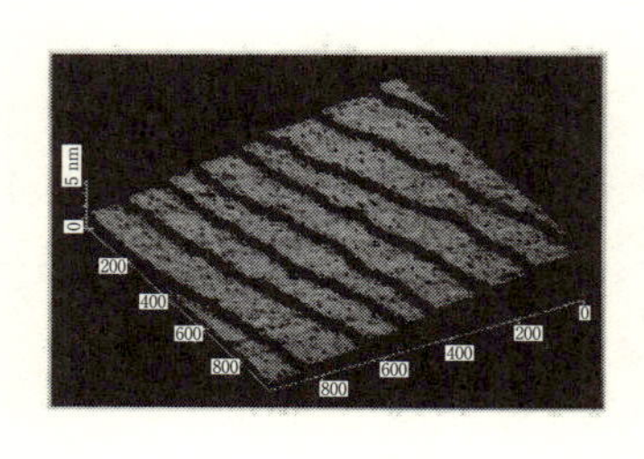

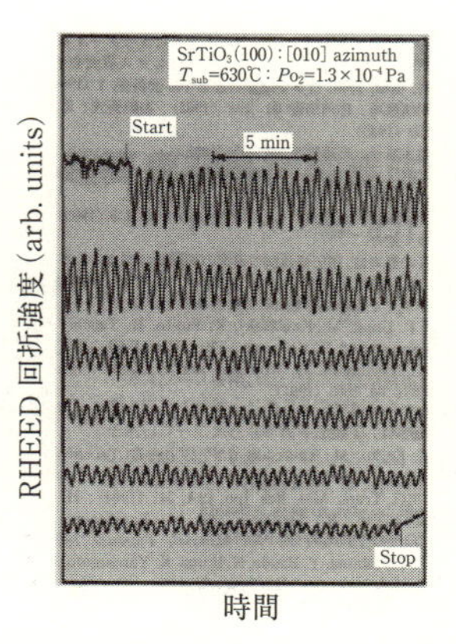

図2.9　(左)バッファードフッ酸処理された原子レベルで平坦な表面を持つ$SrTiO_3$基板のAFM像．(右)原子レベルで平坦な$SrTiO_3$基板上に$SrTiO_3$薄膜をホモエピタキシャル成長させた際に観測されたRHEED振動[12]．

対して傾いて切り出されているためである．現在の加工技術では，基板表面を結晶面に完全に平行に切り出すことがほぼ不可能であり，通常，0.1° 以上のミスアライメントが生じてしまう．

$SrTiO_3$ (100)基板の原子レベルの表面制御技術が開発されて以降，$NdGaO_3$ (100)基板，$LaAlO_3$ (100)基板，LSAT(100)基板等，他の酸化物単結晶基板においても原子レベルで平坦な表面を作製する技術が開発されている[13]．その技術は，$LaAlO_3$ (100)基板等は塩酸(HCl)によるエッチング，$NdGaO_3$ (100)基板やLSAT(100)基板等は1000℃以上の高温での熱処理など，基板の種類によって異なっている．また，(100)面以外でも原子レベルで平坦な表面が作製されており，$SrTiO_3$ (110)基板の場合，酸素分圧が極端に低い(5×10^{-7} Torr)条件において，1000℃で熱処理すると，やはり原子レベルで平坦な表面を作製できることが報告されている[14]．

$SrTiO_3$ 基板などいくつかの基板については，このような原子レベルで平坦な表面を有する基板が市販されている．なお，このような基板の表面で観測されるステップとテラスからなる構造は，ステップ・アンド・テラス構造と呼ばれており，また，このような表面を有する基板は，ステップ・アンド・テラス構造の最初の部分だけを取って，ステップ基板と呼ばれている．

2.2.6 原子スケールグラフォエピタキシー

先に述べたように，単結晶基板の結晶表面上に一定の結晶配位関係をもって成長した薄膜がエピタキシャル膜であり，エピタキシャル膜では，薄膜全体にわたって結晶方位がそろっている．一方，多結晶基板やガラスなどの非晶質基板を用いると，通常，無配向の多結晶薄膜が成長する．しかし，あらかじめ基板上にマクロな周期構造を作製しておくと，その周期構造に沿って配向した薄膜が成長する場合がある．例えば，**図 2.10** のような周期的な凹凸構造を作製しておくと，その凹凸の方向に結晶軸が配向して薄膜が成長する．このような薄膜成長をグラフォエピタキシーと呼ぶ[5]．

Miyazawa らは，$LaSrAlO_4$ や $LaSrGaO_4$ などの K_2NiF_4 型の結晶構造の(100)面に存在する原子スケールの周期的凹凸構造を利用して，ペロブスカイト型酸化物のエピタキシャル薄膜を成長させる方法を提案し，これを Atomic graphoepitaxy(原子スケールグラフォエピタキシー)と命名した[15]．**図 2.11**

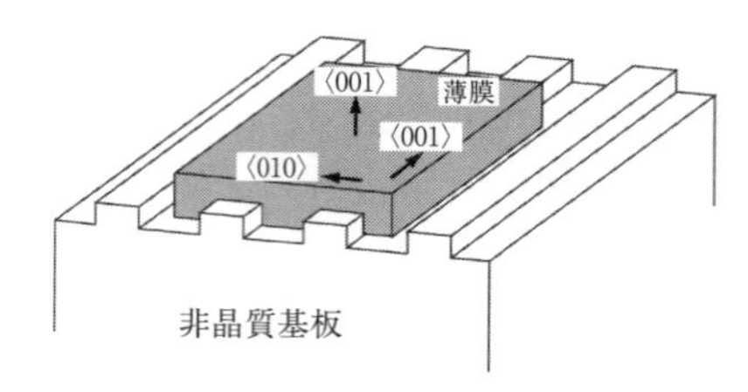

図 2.10 グラフォエピタキシーの模式図.

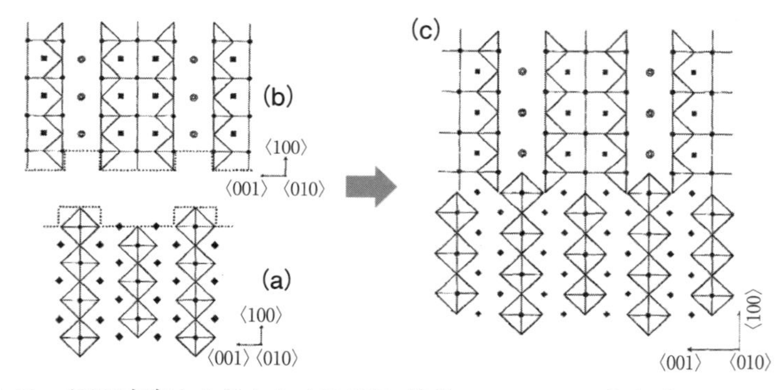

図 2.11 〈010〉方向から見た(a)K_2NiF_4 構造の $LaSrGaO_4$ と(b)$YBa_2Cu_3O_7$ の結晶構造の断面模式図[15]. (c)$LaSrGaO_4$ (100)基板上に作製した $YBa_2Cu_3O_7$ 薄膜の原子スケールグラフォエピタキシーの模式図[15].

の(a)と(b)は,〈010〉方向から見た K_2NiF_4 型構造と $YBa_2Cu_3O_7$ の結晶構造の断面の模式図である[15]. K_2NiF_4 型構造は,酸素八面体が 1/2 ユニットずれて並んだ構造となっていることから,(100)表面には,〈001〉方向に原子スケールの周期的凹凸構造が現れる. $LaSrGaO_4$ の場合,凹凸の高さと溝部分の幅は 0.192 nm と 0.847 nm と見積もられる. 一方, $YBa_2Cu_3O_7$ も酸素のピラミッド構造の間に Y イオンが入るため,〈001〉方向に原子スケールの周期的凹凸構造が現れる. この凹凸の高さと溝部分の幅は 0.191 nm と 0.786 nm と見積もられる. このような凹凸構造を持つ $LaSrGaO_4$ の(100)基板に用いて $YBa_2Cu_3O_7$ 薄膜を成長させると,界面では凹凸が組み合わさって**図 2.11**(c)のようになり,エピタキシャル成長するというのが Miyazawa らの考えである[15]. **図 2.12** は,実際に作製した $YBa_2Cu_3O_7$ 薄膜の断面 TEM 像であり,

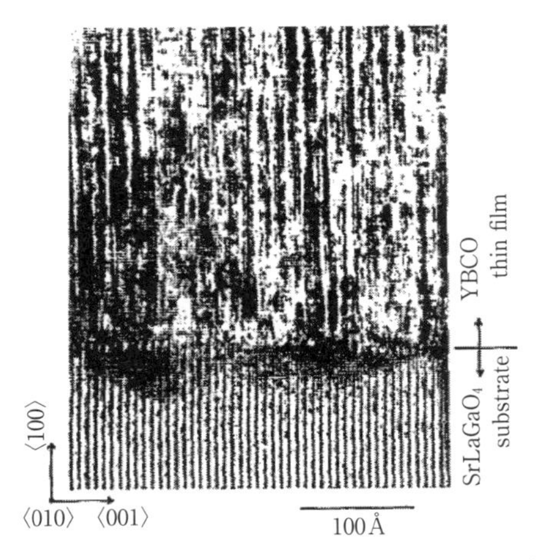

図 2.12　LaSrGaO$_4$ (100)基板上に作製した YBa$_2$Cu$_3$O$_7$ 薄膜の ⟨010⟩方向から観察した断面 TEM 像[15]．

(100)配向したエピタキシャル薄膜が成長していることが確認できる[15]．しかし，先に示した溝の幅の違いからもわかるように，格子のミスマッチが大きいため，歪や欠陥が発生しており，結晶性の改善には格子マッチングのよい組み合わせの選択が不可欠である．

通常の合成方法ではバルクとして得ることができない材料を，Matsuno らは，原子スケールグラフォエピタキシーを使って薄膜として合成することに成功している[16]．ペロブスカイト構造の La$_{1-x}$Sr$_x$CoO$_3$ は，Sr 組成 x が $0.18 \leq x \leq 0.5$ で強磁性金属になることが知られている．一方，層状ペロブスカイト構造の La$_{2-x}$Sr$_x$CoO$_4$ は，Sr 組成 x が $0 \leq x \leq 1.0$ の範囲でバルク単結晶が作製されていたが，金属性も強磁性も観測されていなかった．Matsuno らは，$x=2$ の Sr$_2$CoO$_4$ の薄膜を，同じ K$_2$NiF$_4$ 構造の LaSrAlO$_4$ (100)基板上に作製することに成功し，Sr$_2$CoO$_4$ は K$_2$NiF$_4$ 構造の 3d 遷移金属酸化物の内，唯一の強磁性金属 ($T_C \approx 250$ K) であることを明らかにした(**図 2.13**)[16]．**図 2.14**(a)は，作製した Sr$_2$CoO$_4$ 薄膜の ⟨010⟩ 方向(b 軸方向)から観察した断面 TEM 像であり，エピタキシャル成長していることがわかる[16]．また，図 2.14(b)の逆格子空間マッピングの結果から，Sr$_2$CoO$_4$ 薄膜と LaSrAlO$_4$

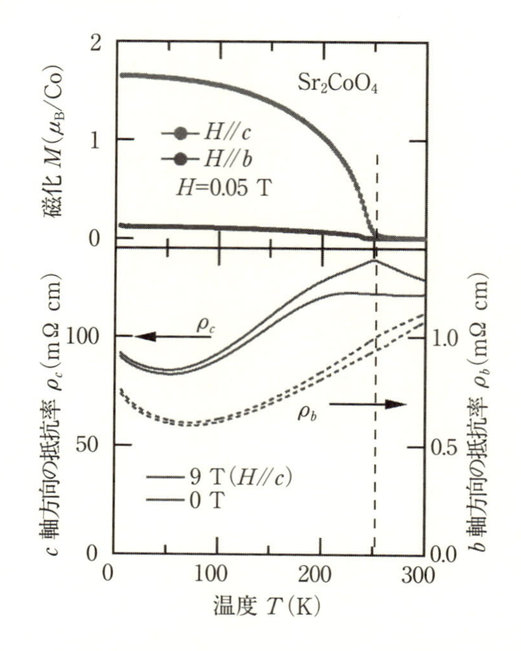

図 2.13　$LaSrAlO_4$ (100)基板上に作製した Sr_2CoO_4 薄膜の磁化と抵抗率の温度依存性[16]．$T_C \approx 250$ K の異方的な強磁性金属であることがわかる．

基板の面内にある b 軸と c 軸の軸長がほぼ一致していることがわかる．これらの結果から，バルクでは合成できない Sr_2CoO_4 が，図 2.14(c)に示すような原子スケールグラフォエピタキシーにより薄膜として安定化されたと考えられる．この結果は，格子マッチングの制限はあるものの，原子スケールグラフォエピタキシーは，新材料合成の有効なツールとして利用できることを示している．

2.3　エピタキシャル歪と薄膜物性

膜厚が臨界膜厚よりも薄いコヒーレント成長したヘテロエピタキシャル薄膜は，基板からエピタキシャル歪を受けて結晶格子が変形している．このエピタキシャル歪による結晶格子の変形は，薄膜の物性に変化を与えることがある．

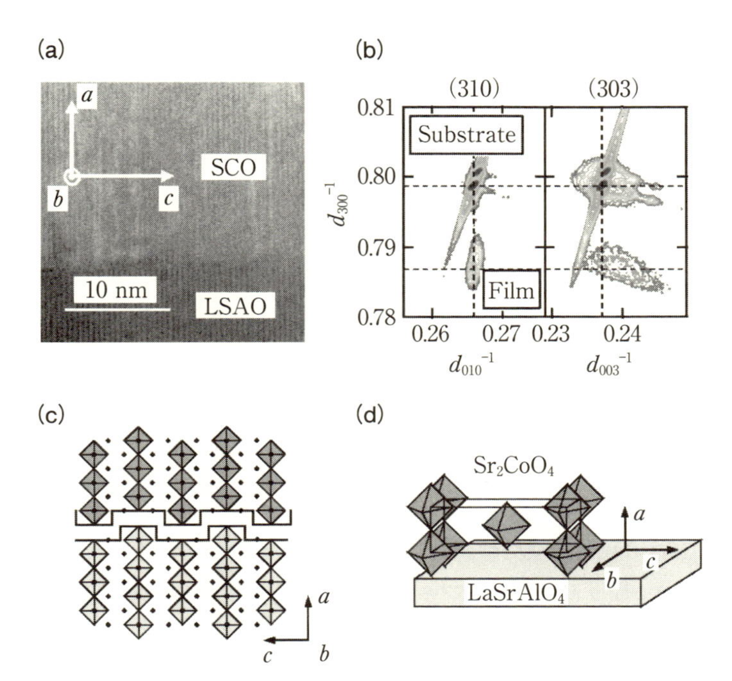

図 2.14 $LaSrAlO_4$ (100)基板上に作製した Sr_2CoO_4 薄膜の（a）⟨010⟩ 方向から観察した断面 TEM 像，（b）(310)と(303)面の逆格子空間マッピング，（c）原子スケールグラフォエピタキシーの模式図[16]．（d）$LaSrAlO_4$(100)基板と Sr_2CoO_4 薄膜の結晶軸の関係[16]．

Si，Ge などの半導体薄膜においてもエピタキシャル歪による物性変化は見られ，その物性変化を利用したデバイス特性の向上が試みられている．例えば，エピタキシャル歪を与えてバンド構造を変化させることにより移動度を大きくし，トランジスタの特性を向上させている．酸化物薄膜の場合，エピタキシャル歪が薄膜の物性に与える効果は，半導体など他の材料よりも大きく，劇的な物性変化を引き起こすことがある．本節では，まず，結晶格子の変形と結び付けて直感的に理解しやすいモデルケースである，強誘電体と強相関酸化物のエピタキシャル薄膜における構造相転移の温度と特性の変化について紹介する．次に，エピタキシャル歪による超伝導エピタキシャル薄膜の超伝導転移温度の変化，強相関酸化物エピタキシャル薄膜の電子軌道の変化とそれに伴う基底状態の変化について紹介する．

2.3.1　強誘電体薄膜と強相関酸化物薄膜の構造相転移温度制御

$BaTiO_3$ などの強誘電体ペロブスカイト型 Ti 酸化物では，強誘電転移温度(T_C)以下の温度で Ti^{4+} イオンが結晶格子の中心からわずかに変位することで電気双極子を形成し，強誘電相へと転移する(**図 2.15**)．この Ti^{4+} イオンの変位は，構造相転移(結晶系の変化)により引き起こされる．このような構造相転移は，なんらかの方法で結晶格子を変化させることができれば，その特性を変調できるであろうことが容易に予想される．実際，バルクの強誘電体 $PbTiO_3$ に圧力を加えて結晶格子を変形させると T_C が上昇することが，1970年代に報告されている[17]．薄膜の場合は，ヘテロエピタキシャル薄膜を作製し，基板からのエピタキシャル歪を与えることで結晶格子を変形させ，バルクの圧力効果の実験と同様に強誘電特性を変化させることができる．

図 2.16 は，$BaTiO_3$ 薄膜について，基板と並行な面内方向に格子歪(ϵ_S)を与えた場合に，熱力学的解析から予想される強誘電相の安定領域を示した相図である[18]．面内方向に圧縮歪を加えて面内の格子定数 a を縮めた場合($\epsilon_S < 0$)も，反対に引張歪を加えて a を伸ばした場合($\epsilon_S > 0$)も，T_C は上昇することが予想されている．この予想を検証するため，$BaTiO_3$($a = 0.3992$ nm)よりも小さな a を持つ $DyScO_3$($a = 0.3943$ nm)*4 と $GdScO_3$($a = 0.3965$ nm)*4 の単

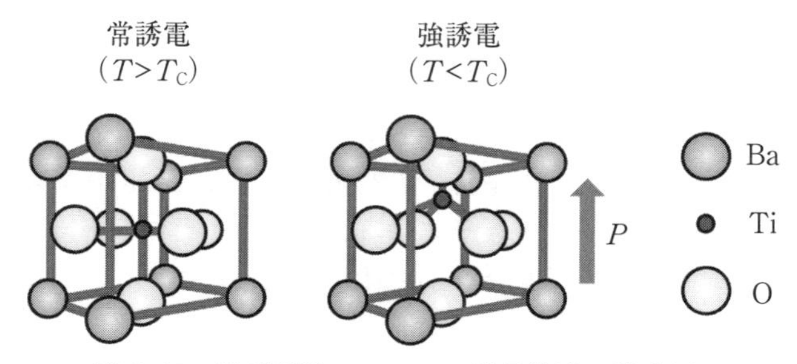

図 2.15　強誘電体 $BaTiO_3$ の結晶構造の模式図．

---

*4　擬立方晶を仮定して求めた格子定数．

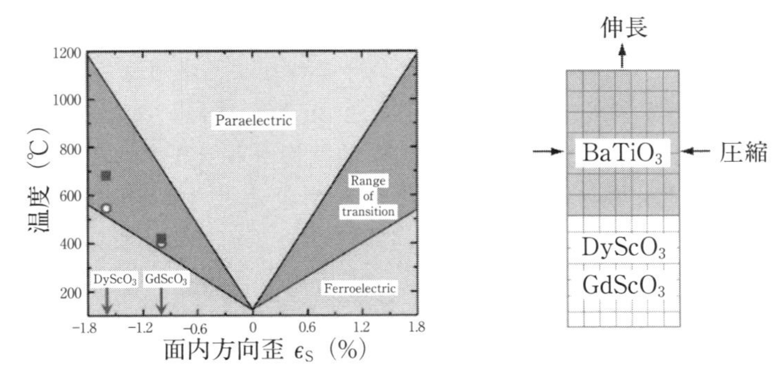

図 2.16 （左）$BaTiO_3$ 薄膜に面内方向の格子歪（ϵ_S）を与えた場合に，熱力学的解析から予想される強誘電相の安定領域を示した相図[18]．○と■は $DyScO_3$ と $GdScO_3$ 基板上に作製した $BaTiO_3$ 薄膜の強誘電転移温度（T_C）．（右）$DyScO_3$ と $GdScO_3$ 基板上の面内方向に圧縮歪を受けた $BaTiO_3$ 薄膜の模式図．

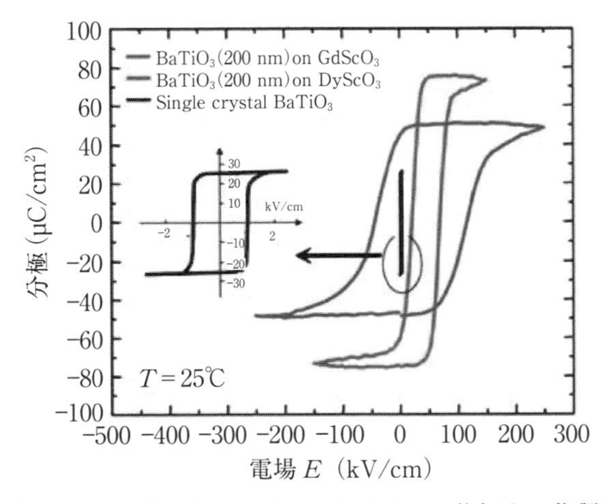

図 2.17 $BaTiO_3$ バルク単結晶，$DyScO_3$ と $GdScO_3$ 基板上に作製した $BaTiO_3$ 薄膜の分極ヒステリシスカーブ[18]．

結晶基板上に，コヒーレント成長した $BaTiO_3$ エピタキシャル薄膜を作製し，結晶格子の変形と T_C の変化の関係が調べられている．作製された薄膜の結晶格子の変形については，XRD により，$BaTiO_3$ エピタキシャル薄膜と基板の面内方向の格子定数 a は一致しており，面内に圧縮歪が加わった結果，面直方向の格子定数 c はバルクの値よりも長くなったことが確認されている．図2.16の丸と四角で示された点は，作製した $BaTiO_3$ エピタキシャル薄膜の T_C である[18]．どちらの基板の場合も熱力学的解析から予想される T_C の範囲に入っていることがわかる．エピタキシャル歪の大きい $DyScO_3$ 基板上の $BaTiO_3$ 薄膜の T_C は，バルクの $T_C = 130$℃ より，約500℃も高い値であり，絶対温度で見ると2倍以上高くなっている．さらに，残留分極も同様に2倍程度大きくなっている(**図2.17**)[18]．この残留分極の増大は，Ti^{4+} イオンの変位が増大したことを示している．

エピタキシャル歪による構造相転移温度の変化は，強誘電体の他にも強相関酸化物の VO_2 においても報告されている[19]．VO_2 は，341 K(68℃)付近で，**図2.18** に示すような高温相の正方晶(ルチル構造)から低温相の単斜晶へと変

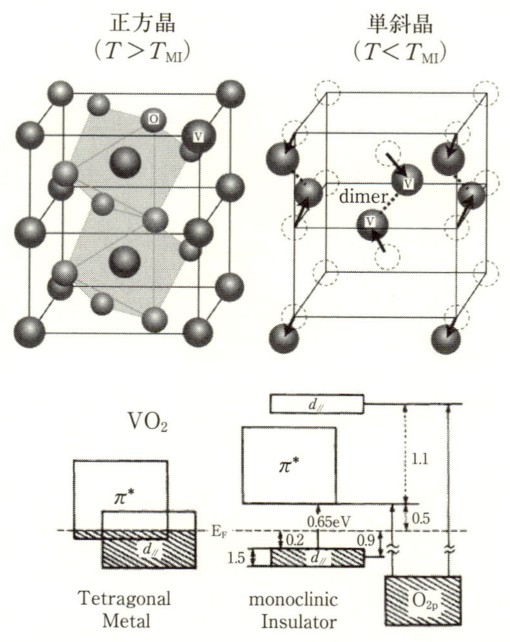

図2.18　VO_2 の金属相 ($T > T_{MI}$) と絶縁体相 ($T < T_{MI}$) の結晶構造(渋谷圭介氏(産総研)より提供)とバンド構造の模式図[20]．

化する構造相転移を示し，低温相の単斜晶では，二つの V^{4+} イオンが結合した二量体(dimer)を形成する．同時に電子状態も変化し，図 2.18 に示すように，低温相ではバンドギャップが開くため[20]，電気抵抗が数桁にわたって変化する金属-絶縁体転移を示す(**図 2.19**)．強誘電体の T_C と同様に，VO_2 の金属-絶縁体転移(構造相転移)温度 (T_{MI}) も，圧力を加えて結晶格子を変形させると変化することが報告されている[21]．この VO_2 をコランダム構造のサファイア (Al_2O_3) 基板上に作製すると，結晶構造が異なるため VO_2 はエピタキシャル成長せず，配向膜が成長し，バルクとほぼ同じ T_{MI} を示す．一方，VO_2 の高温相と同じルチル構造の TiO_2 を基板に用いると，エピタキシャル薄膜が成長し，その T_{MI} はバルクと異なる値を示す．図 2.19 は，TiO_2 (001) と TiO_2 (110) 基板上に作製した VO_2 エピタキシャル薄膜の電気抵抗の温度依存性である[19]．TiO_2 (001) 基板上に作製した薄膜の T_{MI} はバルクよりも低い 300 K であり，一方，TiO_2 (110) 基板上に作製した薄膜ではバルクよりも高い 369 K となっている．この T_{MI} の変化は，エピタキシャル歪による VO_2 薄膜の c 軸の格子定数変化により説明されている．TiO_2 (001) 基板の場合，その面内の格子定数は $a=0.45933$ nm であり，VO_2 の $a=0.45540$ nm よりも大きく，格子不整合の値は約 0.86% である．そのため，VO_2 薄膜は面内に引張歪を受け，その結果，面直方向の c 軸長が短くなる．この c 軸長の縮小が，V^{4+} イオンの

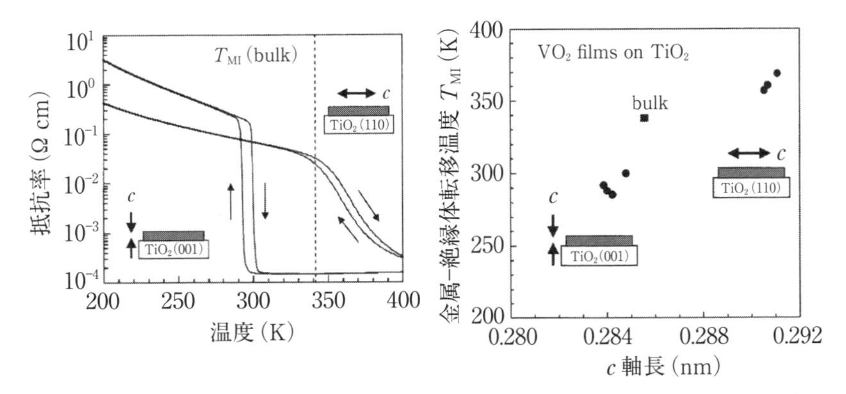

図 2.19 (左) TiO_2 (001) 基板と TiO_2 (110) 基板上に作製した VO_2 薄膜の電気抵抗の温度依存性[19]．(右) VO_2 薄膜の c 軸の格子定数と T_{MI} の関係[19]．

二量体形成を抑制し，T_{MI}の低下を引き起こす．一方，TiO_2 (110)基板の場合は，面内に c 軸(⟨001⟩軸)と⟨110⟩軸が存在し，c 軸の格子定数は c=0.29592 nm であり，VO_2 の c=0.28557 nm よりも約 3.6% 大きい．これは，⟨110⟩軸の格子不整合の約 0.86% よりも大きいため，TiO_2 (110)基板上に作製した VO_2 薄膜では，c 軸方向に大きな引張歪を受けることになる．この引張歪による c 軸の増大が，V^{4+} イオンの二量体形成を促進し，T_{MI} の上昇を引き起こしている．

上記以外にも，構造相転移とその特性は，エピタキシャル歪による結晶格子の変形により大きく変化することが，種々の物質で報告されている．それらの報告は，薄膜の物性を制御する一つの手法としてエピタキシャル歪を利用できることを示している．一方で，エピタキシャル薄膜の特性は，必ずしもバルクの特性とは一致しないということも意味している．応用上，バルクと同じ特性，またはある特性を持つ薄膜を作製する必要がある場合，エピタキシャル歪を考慮した基板，バッファ層の選択や，あるいは非エピタキシャル薄膜の作製を検討する必要がある．

2.3.2　超伝導転移温度制御

結晶格子の変形は，構造相転移を伴わない電子相転移の転移温度やその特性も変化させることが知られている．その一つの例が，銅酸化物超伝導体の圧力効果による超伝導転移温度(T_C)の変化である．現在までに報告されている常圧における銅酸化物超伝導体の最高 T_C は，$HgBa_2Ca_2Cu_3O_8$ の約 134 K である[22]．この $HgBa_2Ca_2Cu_3O_8$ に静水圧を印加すると，T_C は 150 K 以上に上昇する[23]．銅酸化物超伝導体は層状酸化物で，Cu と O からなる 2 次元面の CuO_2 面を有しており，超伝導はこの CuO_2 面で発現している．また，一軸性圧力効果の実験から，多くのホール型の銅酸化物超伝導体では，CuO_2 面に平行な方向から圧力を印加して CuO_2 面を圧縮すると T_C が上昇し，CuO_2 面に垂直な方向から圧力を印加して CuO_2 面を広げると T_C が低下することが報告されている．このような CuO_2 面の変形は，CuO_2 面内の Cu-O-Cu の結合長や結合角の変化や，CuO_2 面の Cu 上に存在する頂点酸素(O)と Cu の結合長の変化を引き起こし，それによりバンド幅，状態密度等の電子状態が変化する．このような電子状態の変化が T_C の変化を引き起こしていると考えられる．

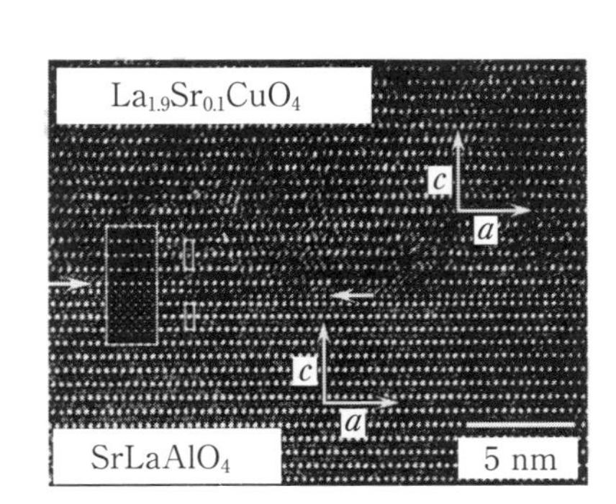

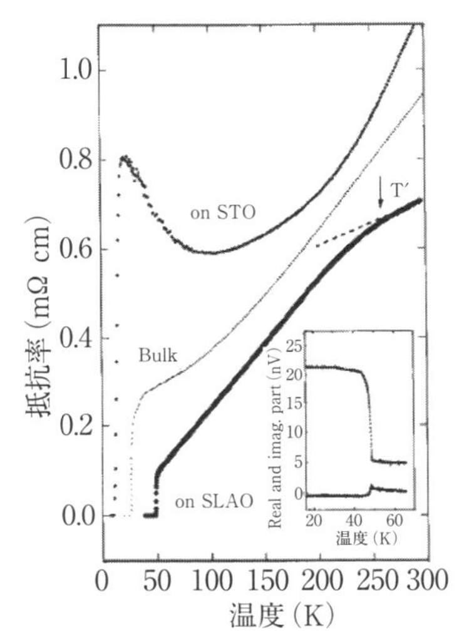

図 2.20　$SrLaAlO_4$ 基板上に作製した超伝導体 $La_{1.9}Sr_{0.1}CuO_4$ エピタキシャル薄膜の断面 TEM 像(左)と電気抵抗率の温度依存性(右)[24]．$SrLaAlO_4$ 基板上に作製した $La_{1.9}Sr_{0.1}CuO_4$ 薄膜はバルクよりも高い T_C を持つことがわかる．

静水圧による圧力効果では，CuO_2 面に平行方向からの圧力による T_C の上昇が，垂直方向からの圧力による T_C の減少により抑制される可能性がある．また，一軸性圧力効果の場合，CuO_2 面は圧力が印加された向には圧縮されるが，それに垂直な方向には広がるため，やはり T_C の上昇が抑制される可能性がある．一方，格子定数の小さな基板の上にエピタキシャル薄膜を作製すると，エピタキシャル歪により CuO_2 面を等方的に圧縮することができ，T_C を効率良く上昇させることができることが報告されている[24]．**図 2.20** は，$SrLaAlO_4$($LaSrAlO_4$) 基板上に作製した超伝導体 $La_{1.9}Sr_{0.1}CuO_4$ エピタキシャル薄膜の断面 TEM 像と，電気抵抗率の温度変化である．$SrLaAlO_4$ の面内の格子定数は $a=0.3754$ nm に対し，バルクの $La_{1.9}Sr_{0.1}CuO_4$ の面内の格子定数は $a=0.3784$ nm と約 0.8% 大きい．しかし，断面 TEM 像から，$La_{1.9}Sr_{0.1}CuO_4$ 薄膜と $SrLaAlO_4$ 基板の面内の格子定数がほぼ一致しており，その結果，CuO_2 面が等方的に圧縮され，CuO_2 面間の距離(c 軸の格子定数)が広がっていることがわかる．その結果，T_C はバルクの約 2 倍の 49 K へと上昇している．一方，格子定数の大きな $SrTiO_3$ 基板上 ($a=0.3905$ nm) に作製した薄膜の T_C は大きく低下している．このエピタキシャル歪による T_C の上昇率は，バルクの圧力効果で得られている T_C の上昇率よりもはるかに大きな値であり，エピタキシャル歪が銅酸化物超伝導体の物性制御の強力なツールであることがわかる．

2.3.3　強相関酸化物薄膜の軌道制御

$R_{1-x}A_xMnO_3$(R は希土類金属，A はアルカリ土類金属) で表されるペロブスカイト型 Mn 酸化物は，ホールのドーピング量(R を置換する A の量 x に対応)を変化させることにより，電気的，磁気的特性を様々に変化させることができる強相関電子材料である．このような特性の変化は，Mn の d 電子の電荷，スピン，軌道の秩序状態が変化することに起因する．バルク材料では，ホールのドーピング量が決まると，電荷，スピン，軌道の秩序状態は一意的に決まってしまうが，薄膜のエピタキシャル歪を用いると，バルクとは異なる秩序状態を作り出すことができる．そのメカニズムは次の通りである．ペロブスカイト型 Mn 酸化物では，最外殻の $d_{x^2-y^2}$ と $d_{3z^2-r^2}$ の二つの e_g 軌道の電子の占有率に依存して特性が変化する．電子が，どちらか片方の軌道に選択的に入ると，クーロン反発が生じ，その軌道の方向に結晶格子が伸びる．これは，逆の見方をすると，結晶格子をある方向に伸ばすと，その方向の軌道がエネルギー的に安定化され，その軌道に電子が選択的に入ることになる．したがって，薄膜のエピタキシャル歪を使って，結晶格子をある特定の方向に伸ばせ

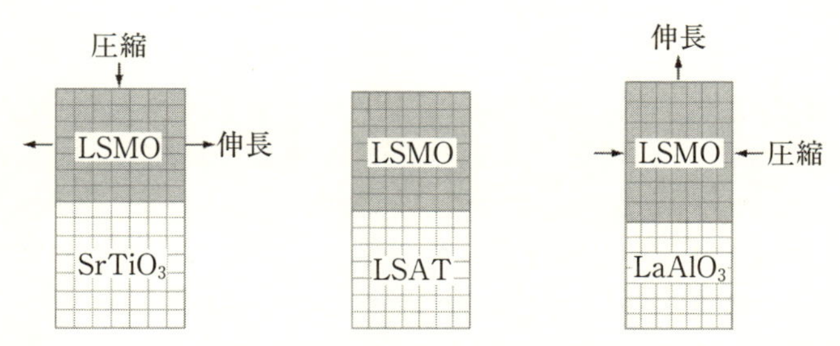

図 2.21　$LaAlO_3$，LSAT，$SrTiO_3$ 上に作製した $La_{1-x}Sr_xMnO_3$ (LSMO) 薄膜のエピタキシャル歪の模式図．

ば，その方向の軌道秩序を誘起することができ，電荷やスピンの秩序状態の制御も可能になる．

その実際の例として，格子定数が小さい順に$LaAlO_3$，LSAT，$SrTiO_3$の3

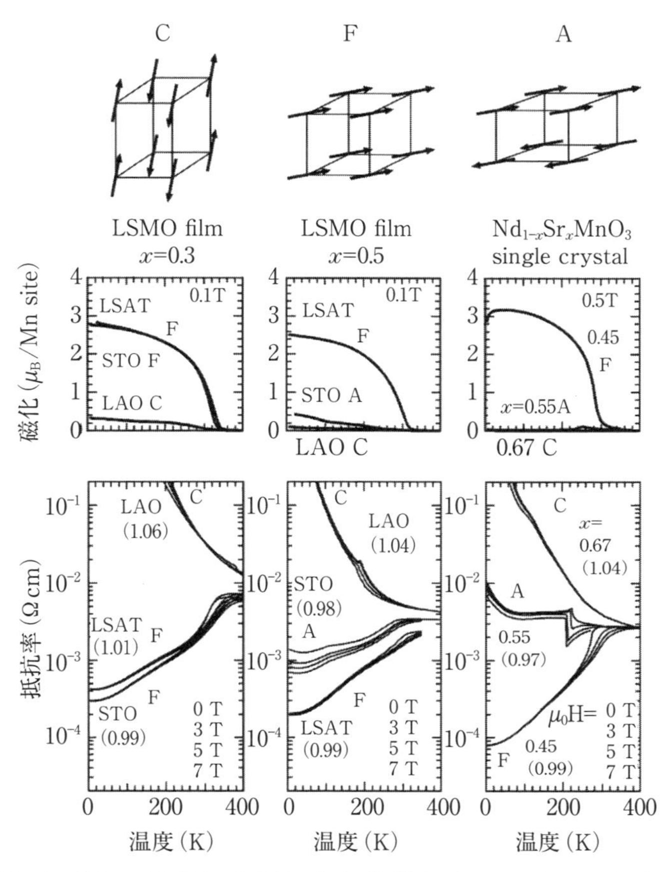

図 2.22 $LaAlO_3$，LSAT，$SrTiO_3$上に作製した$La_{1-x}Sr_xMnO_3$ ($x=0.3$と0.5)薄膜の磁化と電気抵抗の温度依存性[25]．上部の図はC，F，Aタイプのスピン秩序の模式図．図面内の数字は格子定数の比．$c/a>1$は面内方向に圧縮歪，$c/a<1$は引張歪を受けている．参照として，C，F，Aタイプのスピン秩序を持つ$Nd_{1-x}Sr_xMnO_3$バルク単結晶の磁化と電気抵抗の温度依存性も表示．

種類の基板上に，異なったエピタキシャル歪を持った$La_{1-x}Sr_xMnO_3$(x＝0.3と0.5)エピタキシャル薄膜(**図 2.21**)を作製し，その磁気および電気伝導特性を調べた結果が報告されている(**図 2.22**)[25]．まず，x＝0.5の結果について解説すると，x＝0.5のバルクは図 2.22の上段中央に示すようなFタイプのスピン秩序を有する強磁性金属であるが，格子定数が小さい$LaAlO_3$基板上に作製すると，結晶格子が面直方向に伸び，面直方向の$d_{3z^2-r^2}$軌道を電子が占有する．その結果，Cタイプ(図 2.22の上段左)のスピン秩序を有する反強磁性絶縁体となっている．LSAT基板の場合，格子不整合が小さいため，薄膜の結晶構造はほぼ等方的となり，その結果，$d_{x^2-y^2}$と$d_{3z^2-r^2}$の電子の占有率はほぼ同じになり，バルクと同じ強磁性金属となっている．格子定数の大きな$SrTiO_3$基板の場合，薄膜は面内方向に引張歪を受けている(図 2.21)．その結果，面内の軌道である$d_{x^2-y^2}$を電子が占有し，Aタイプのスピン秩序(図 2.22の上段右)を有する反強磁性金属となっている．一方，x＝0.3の格子定数はx＝0.5よりも若干大きいため，$SrTiO_3$基板上に作製した場合でも結晶構造はほぼ等方的となり，バルクと同じ強磁性金属となっている．実験で得られたスピン秩序を，Sr置換量xと面内(a)と面直(c)の格子定数の比 (c/a)の相図としてまとめたのが，**図 2.23**(a)である[25]．この相図は，図 2.23(b)に示すように，第一原理計算でも再現されている．

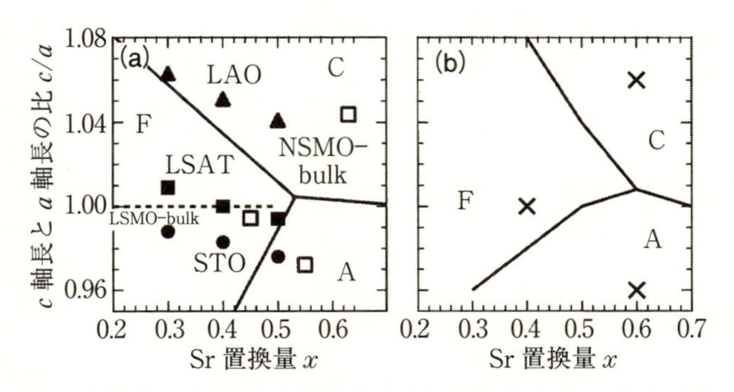

図 2.23　Sr置換量xと面内(a)と面直(c)の格子定数の比 (c/a)に対する$La_{1-x}Sr_xMnO_3$薄膜のスピン秩序の相図((a)は実験結果，(b)は第一原理計算の結果)[25]．

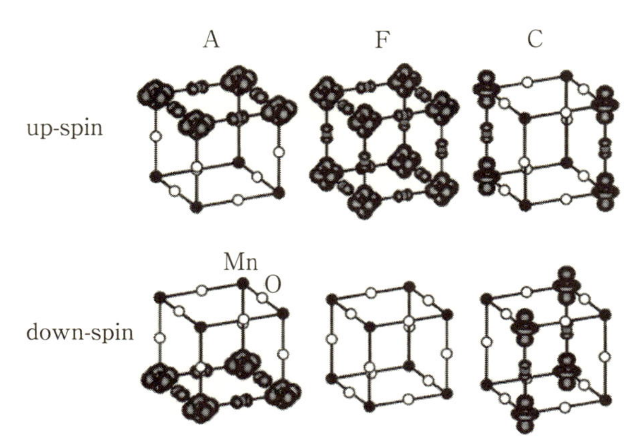

図 2.24　$La_{1-x}Sr_xMnO_3$ の A，F，C タイプのスピン秩序に対応するアップスピン電子とダウンスピン電子の軌道占有状態[25]．

図 2.24 は A，F，C タイプのスピン秩序に対応するアップスピン電子とダウンスピン電子の軌道占有状態を第一原理計算で求めた結果である．これらの結果から，強相関酸化物において，エピタキシャル歪は，軌道秩序の制御を通して電気伝導性や磁気特性などを制御するツールとして活用できることがわかる．

参考文献

1）鯉沼秀臣編，酸化物エレクトロニクス，培風館(2001)．
2）日本化学会編，化学便覧 応用化学編 第 7 版，丸善(2016) p. 732；五弓勇雄編，金属工学実験，丸善(1972) p. 343.
3）T. Siegrist et al., Appl. Phys. Lett., **60**, 2489(1992).
4）A. Sawa, H. Obara, and S. Kosaka, Appl. Phys. Lett., **64**, 649(1994).
5）応用物理学会／薄膜・表面物理分科会編，薄膜作製ハンドブック，共立出版(1991).
6）R. People and J. C. Bean, Appl. Phys. Lett., **47**, 322(1985).
7）J. H. van der Merwe, J. Appl. Phys., **34**, 123(1963).

8) J. W. Matthews, S. Mader, and T. B. Light, J. Appl. Phys., **41**, 3800(1970) ; J. W. Matthews, J. Vac. Sci. Technol., **12**, 126(1975).
9) M. Scigaj et al., Appl. Phys. Lett., **102**, 112905(2013).
10) H. Yamada, Y. Toyosaki, and A. Sawa, Adv. Electron. Mater., **2**, 201500334 (2016).
11) M. Kawasaki et al., Science, **266**, 1540(1994).
12) 川崎雅司，高橋和浩，鯉沼秀臣，応用物理，**64**, 1124(1995).
13) T. Ohnishi et al., Appl. Phys. Lett., **74**, 2531(1999).
14) Y. Mukunoki et al., Appl. Phys. Lett., **86**, 171908(2005).
15) S. Miyazawa and M. Mukaida, Appl. Phys. Lett. **64**, 2160(1994).
16) J. Matsuno et al., Phys. Rev. Lett., **93**, 67202(2004).
17) G. Shirane, Phys. Rev. B **1**, 3777(1970).
18) K. J. Choi et al., Science, **306**, 1005(2004).
19) Y. Muraoka and Z. Hiroi, Appl. Phys. Lett., **80**, 583(2002).
20) S. Shin et al., Phys. Rev. B **41**, 4993(1990).
21) L. A. Ladd and W. Paul, Solid State Commun., **7**, 425(1969).
22) A. Schilling et al., Nature, **363**, 56(1993).
23) N. Takeshita et al., J. Phys. Soc. Jpn., **82**, 023711(2013).
24) J.-P. Locquet et al., Nature, **394**, 453(1998).
25) Y. Konishi et al., J. Phys. Soc. Jpn., **68**, 3790(1999).

3 酸化物ダイオード

バンド構造，電子状態等が異なる二つの材料をつなぎ合わせると，それらの特性の違いは，接合界面でさまざまな現象を引き起こす．例えば，金属と半導体をつなぎ合わせると，接合界面にショットキー障壁が形成し，正と負の電圧印加に対して流れる電流量が異なる（素子の特定の方向にだけ電流が流れやすい）整流性（ダイオード特性）が発現する．p 型と n 型の半導体をつなぎ合わせた p-n 接合も同様に整流性を示し，その p-n 接合ダイオードは半導体回路の重要な構成要素となっている．また，p-n 接合は，太陽電池，発光ダイオード，半導体レーザー等の基本構造となっている．このように，電子・光デバイスの多くが，異なる特性を有する材料をつなぎ合わせた接合界面に特有のバンド構造と，それにより発現する現象を利用している．すなわち，接合界面は，デバイス機能が発現する舞台となっており，それは半導体に限らず酸化物も含め他の材料においても同じである．

本章では，最も基本的な接合であるショットキー接合と p-n 接合について，まず，その機能発現の要因である界面のバンド構造を紹介する．続いて，具体例をあげながら酸化物のショットキー接合と p-n 接合の特長，特有の現象を紹介し，最後に，酸化物の光機能デバイスについて紹介する．

3.1 ショットキー接合

3.1.1 バンド構造

先に述べたように，金属と半導体をつなぎ合わせることにより，整流性を示す接合を作製することができる．これは，半導体表面の空間電荷によって，表面にポテンシャル障壁が形成するためであり，1938 年に，このモデルを最初に提案した Schottky の名を取って，ポテンシャル障壁はショットキー障壁（Schottky barrier），接合はショットキー接合（Schottky junction）と呼ばれている[1]．

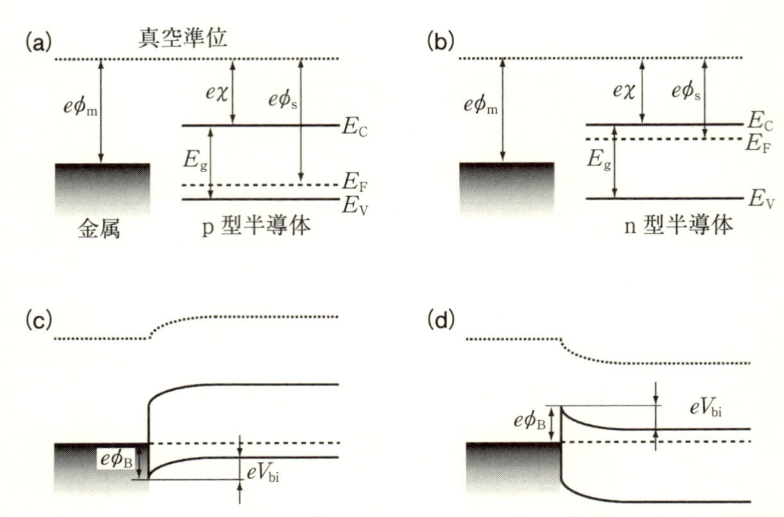

図3.1　(a)孤立した金属とp型と，(c)それらを接合した界面のバンド構造の模式図．(b)孤立した金属とn型と，(d)それらを接合した界面のバンド構造の模式図．

図3.1は，孤立した金属とp型およびn型半導体のバンド構造と，それらを接合した理想的な接合界面のバンド構造である．ここでは，接合前の金属と半導体のフェルミレベルE_Fが違っており，金属のE_Fは半導体のバンドギャップE_g内にあると仮定している．この金属と半導体を接合すると，金属と半導体のE_Fは一致し，半導体内部でバンドの曲がりが生じる．その際，接合界面では，金属のE_Fと半導体の伝導帯または価電子帯の差に対応するショットキー障壁が形成する．金属側の電子(またはホール)が半導体側へと移動する際のショットキー障壁の高さϕ_Bは，金属と半導体の仕事関数ϕ_mとϕ_s，半導体の電子親和力χ，E_gを用いて，n型とp型の場合，それぞれに対して[2]，

$$\text{n 型}：e\phi_B = e\phi_m - e\chi \tag{3.1}$$

$$\text{p 型}：e\phi_B = E_g - (e\phi_m - e\chi) \tag{3.2}$$

で与えられる．ここでeは素電荷である．一方，バンドの曲がりにより，半導体側の電子が金属側へと移動する際に感じる電位は，内蔵電位(built-in potential)V_{bi}と呼ばれ，金属と半導体のE_Fの差，すなわち，仕事関数の差，

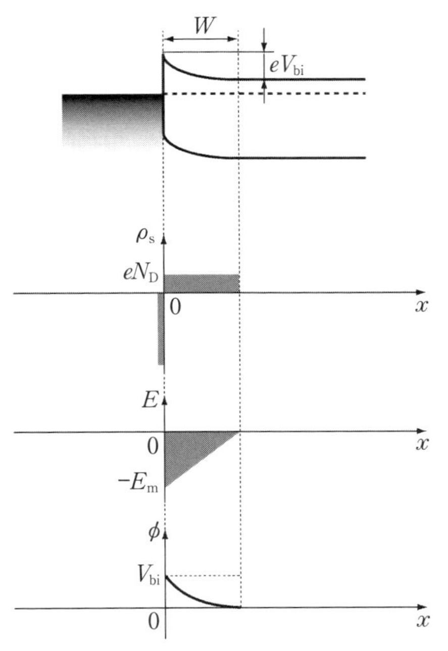

図 3.2　上から順に理想的な n 型ショットキー接合のバンド構造，電荷，電界，電位(ポテンシャル)の空間分布の模式図.

$$V_{bi} = |\phi_s - \phi_m| \tag{3.3}$$

で与えられる.

次に，バンドが曲がっている領域の幅 W を考える．半導体のバンドの曲がりが生じている領域は，空乏層(depletion layer)と呼ばれる．空乏層には，バンドの曲がりため，n 型の場合は電子がはぎ取られて正に帯電したドナーが，p 型の場合はホールがはぎ取られて負に帯電したアクセプタが存在し，それらが空間電荷として働く．**図 3.2** に，n 型のショットキー接合の電荷，電界，電位(ポテンシャル)の空間分布を示す．ドナーの濃度を N_D とすると，空乏層内($0 \leq x \leq W$)の空間電荷密度は $\rho_s = eN_D$，空乏層の外($x > W$)では $\rho_s = 0$ で与えられ，空乏層全体の単位面積当たりの空間電荷量は $Q_s = eN_D W$ になる．一方，金属側には，Q_s と同量で符号が反対の電荷が，表面の極狭い領域に存在する．接合界面($x = 0$)から半導体側へ生じる電界分布は，マクスウェル方程式($\nabla \cdot E = \rho_s / \varepsilon_0 \varepsilon_s$)より,

$$|E(x)| = -\frac{eN_D}{\varepsilon_0 \varepsilon_s} x + E_m \tag{3.4}$$

で与えられる．ここで，ε_0 は真空の誘電率，ε_s は半導体の比誘電率である．境界条件($E(W)=0$)から,

$$E_m = \frac{eN_D}{\varepsilon_0 \varepsilon_s} W \tag{3.5}$$

となり，(3.4)式は,

$$|E(x)| = \frac{eN_D}{\varepsilon_0 \varepsilon_s}(W - x) \tag{3.6}$$

となる．空乏層の電位分布は(3.6)式の積分(または，ポアソン方程式；$\Delta\phi = -\rho_s / \varepsilon_0 \varepsilon_s$)により得られるので,

$$|\phi(x)| = \frac{eN_D}{\varepsilon_0 \varepsilon_s}\left(\frac{W^2}{2} - Wx + \frac{x^2}{2}\right) \tag{3.7}$$

となる．ここでも，$\phi(W)=0$ の境界条件を用いている．V_{bi} は $x=0$ の電位に相当するので,

$$V_{bi} = \frac{eN_D}{2\varepsilon_0 \varepsilon_s} W^2 \tag{3.8}$$

となる．したがって，理想的なショットキー接合では，W は(3.3)式より,

$$W = \sqrt{\frac{2\varepsilon_0 \varepsilon_s V_{bi}}{eN_D}} = \sqrt{\frac{2\varepsilon_0 \varepsilon_s (\phi_m - \phi_s)}{eN_D}} \tag{3.9}$$

で与えられる．

3.1.2　静電容量-電圧特性

ショットキー接合に電圧を印加すると，ショットキー障壁のポテンシャル分布が変化し，その変化に対応して接合を流れる電流量や静電容量などの電気特性も変化する．まず，静電容量について考えると，ショットキー接合は空乏層と金属の表面に符号の異なる同量の電荷を蓄積していることから，キャパシタと見なすことができる．接合に蓄積された電荷は，空乏層内の空間電荷に対応することから，電圧を印加しない状態での単位面積当たりの空間電荷量 Q_s

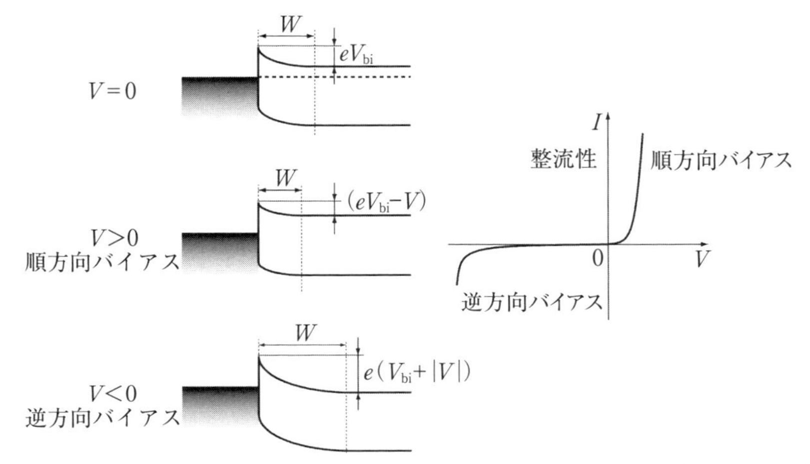

図 3.3　(左)上から順に電圧を印加しない状態，順方向バイアス印加時および逆方向バイアス印加時のバンド構造の模式図．(右)ショットキー接合の電流-電流特性(ダイオード特性)の模式図．

は，(3.8)式を用いて，

$$Q_{\mathrm{S}} = eN_{\mathrm{D}}W = \sqrt{2e\varepsilon_0\varepsilon_{\mathrm{S}}N_{\mathrm{D}}V_{\mathrm{bi}}} \tag{3.10}$$

と与えられる．接合に電圧 V を印加すると，空乏層内に係る電圧は $V_{\mathrm{bi}}-V$ となるため(**図 3.3**)，電圧印加した際の空間電荷量は，(3.10)式を書き換えて，

$$Q_{\mathrm{S}} = \sqrt{2e\varepsilon_0\varepsilon_{\mathrm{S}}N_{\mathrm{D}}(V_{\mathrm{bi}}-V)} \tag{3.11}$$

となる．静電容量 C は空間電荷量の電圧微分で与えられることから，ショットキー接合の C は，

$$C = \sqrt{\frac{e\varepsilon_0\varepsilon_{\mathrm{S}}N_{\mathrm{D}}}{2(V_{\mathrm{bi}}-V)}} \tag{3.12}$$

となる．(3.9)式の W と空乏層内の電位の関係から，(3.12)式は $C=\varepsilon_0\varepsilon_{\mathrm{S}}/W$ と書き換えることができる．これは，ショットキー接合は厚さ W の空乏層を絶縁層と見なしたキャパシタとして取り扱えることを示している．また，(3.12)式は，

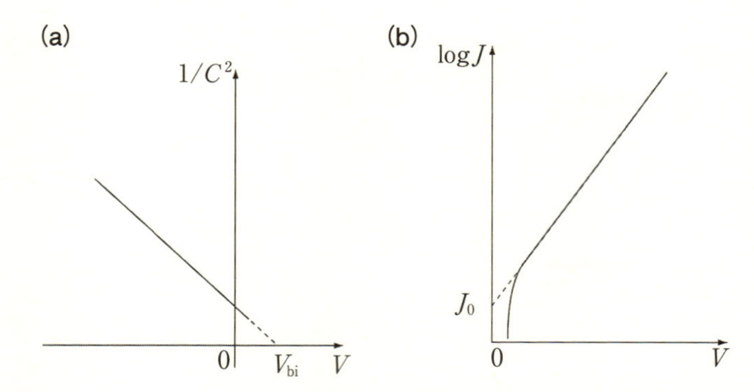

図 3.4　理想的なショットキー接合の(a)印加電圧と $1/C^2$ の関係と，(b)順方向バイアスの電流-電圧特性の模式図.

$$\frac{1}{C^2} = \frac{2(V_{\mathrm{bi}} - V)}{e\varepsilon_0\varepsilon_{\mathrm{S}} N_{\mathrm{D}}} \tag{3.13}$$

と書き直すことができる．この式は，ショットキー接合の静電容量 C を印加電圧の関数として測定し，データを $1/C^2 - V$ のグラフにプロットすると線形関係が得られ，それを $1/C^2 = 0$ に外挿した電圧から V_{bi} が求まることを示している(**図 3.4**(a))．また，半導体の誘電率が既知の場合，$1/C^2 - V$ の傾きからドナー濃度 N_{D} を求めることもできる．ただし，C-V 特性を測定できるのは，電流が流れにくい逆方向バイアスを印加した場合であり，順方向バイアスを印加した場合は，接合に大きな電流が流れるため C を測定することはできない.

3.1.3　電流-電圧特性

次に，電流-電圧特性を考える．トンネル過程を考えない場合，ショットキー接合の伝導は，ショットキー障壁よりも高いエネルギーを持った熱電子が担っている．この伝導過程を，熱電子放射(thermionic emission)過程と呼ぶ．n 型のショットキー接合の場合，ショットキー障壁よりも高いエネルギーを持った電子の密度 n_{th} は，

$$n_{\mathrm{th}} = N_{\mathrm{c}} \exp\left(-\frac{e\phi_{\mathrm{B}}}{k_{\mathrm{B}}T}\right) \tag{3.14}$$

で与えられる．ここで，N_c は伝導帯の状態密度，k_B はボルツマン定数，T は温度である．金属から半導体へ流れる電流の電流密度を J_m，半導体から金属に流れる電流の電流密度を J_s とすると，印加電圧ゼロの熱平衡状態では，

$$|J_m| = |J_s| = AN_c \exp\left(-\frac{e\phi_B}{k_B T}\right) \tag{3.15}$$

で表される．ここで A は電子の密度を電流に変換する際の比例定数であり，AN_c は，リチャードソン定数 $A^*(=4\pi em^* k_B^2/h^3$；m^* は電荷の有効質量，h はプランク定数)を用いると，$AN_c = A^* T^2$ になる．ここで，ショットキー接合に順方向バイアス V を印加すると，J_s は

$$|J_s| = A^* T^2 \exp\left(-\frac{e(\phi_B - V)}{k_B T}\right) \tag{3.16}$$

となる．一方，J_m は電圧を印加しても変化しない．したがって，順方向バイアスを印加した際にショットキー接合を流れる電流の電流密度 J は，$J = J_s - J_m$ であることから，

$$J = A^* T^2 \exp\left(-\frac{e\phi_B}{k_B T}\right)\left[\exp\left(\frac{eV}{k_B T}\right) - 1\right] \tag{3.17}$$

で与えられる．一方，逆方向バイアス(電流が流れにくい方向の電圧)を印加した場合は，空乏層内にかかる電圧は $\phi_B + V$ となること以外は順方向バイアスの場合と同じであることから，逆方向バイアス時にショットキー接合を流れる電流の電流密度 J は，同じく(3.17)式で与えられる(ただし，V は負の値であることに注意)．

実際のショットキー接合では，熱電子放射過程に加えて，熱電界放出(thermionic field emission)や電界放出(field emission)等のトンネル過程により流れる電流も存在する．また，逆方向バイアスを印加すると，鏡像効果によりショットキー障壁の高さが低くなることが知られており，その場合の J は第4章の(4.19)式で与えられる．さらに，界面におけるショットキー障壁の高さ，空乏層の厚さの空間的な変化が存在する場合，測定される電流密度と印加電圧の関係は，理想的な場合の(3.17)式からのずれが生じる(これらの効果の詳細は参考文献[2)]を参照)．そのため，実際の実験結果の解析には，(3.17)式に少し変更を加えた式が用いられる．印加電圧が $V > 3k_B T/e$ の領域における，

順方向バイアスの電流密度 J_F の解析には，

$$J_F = A^* T^2 \exp\left(-\frac{e\phi_B}{k_B T}\right)\exp\left(\frac{eV}{nk_B T}\right) \tag{3.18}$$

が用いられる．ここで n は理想因子(ideality factor)と呼ばれ，ショットキー接合の品質を評価する一つの指標である．理想的な接合は $n=1$ に対応し，ショットキー障壁の空間的な変化等があると n は1よりも大きな値になる．この式から，ショットキー接合の電流密度 J を順方向バイアスの電圧の関数として測定し，データを $\log J - V$(または $\ln J - V$)のグラフにプロットすると線形関係が得られ，それを $V=0$ に外挿した電流密度 J_0 は，

$$J_0 = A^* T^2 \exp\left(-\frac{e\phi_B}{k_B T}\right) \tag{3.19}$$

で与えられる．この J_0 の値からショットキー障壁の高さ ϕ_B を見積もることができる(図3.4(b))．この見積もりでは，リチャードソン定数 A^* が既知である必要があるが，A^* がわからない場合でも，J_0 の温度依存性を測定し，$\ln(J_0/T^2) - 1/T$ のプロットの傾きから ϕ_B を見積もることができる．

3.2　p-n 接合

3.2.1　バンド構造

p型とn型の半導体をつなぎ合わせたp-n接合も，ショットキー接合と同様に整流性を示す．これは，p-n接合の界面に空間電荷が生じ，その領域に内蔵電位 V_{bi} が発生するためである．**図3.5**は，孤立したp型およびn型半導体のバンド構造と，それらを接合した理想的な接合界面のバンド構造である．E_F が一致するため，接合界面でバンドの曲がりが生じる．それにより，p型からn型にホールが，n型からp型に電子が拡散し，バンドの曲がりが生じている領域，すなわち，空乏層からキャリアがいなくなる．一方，イオン化したアクセプタとドナーは移動することができないため空乏層内に残り，p側に負(アクセプタ)，n側に正(ドナー)の空間電荷が生じる．

図3.5は，一つの真性半導体にアクセプタとドナーをドープして作製するホモp-n接合であるが，酸化物の場合，ZnO等のごく限られた材料を除き，ほ

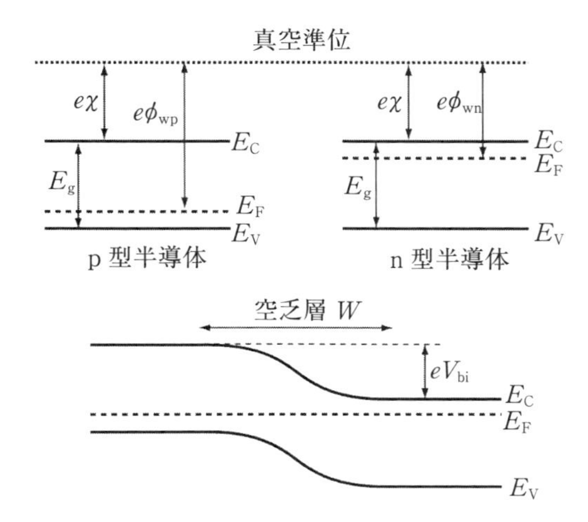

図 3.5　孤立した p 型および n 型半導体のバンド構造と，それらを接合した界面のバンド構造の模式図.

とんどの酸化物は p 型または n 型のどちらか一方の特性しか示さないため，これまでに報告されている酸化物 p-n 接合の多くは，異なる酸化物を接合したヘテロ p-n 接合である．**図 3.6** の例のように，バンドギャップや仕事関数が異なる二つの半導体を接合したヘテロ p-n 接合では，伝導帯端と価電子帯端のエネルギーが異なるため，界面に ΔE_C と ΔE_V で示したようなバンド不連続(band discontinuity)が生じる．バンド不連続が生じるものの，空乏層内に発生する V_{bi} は仕事関数の差に相当し，空乏層の幅 W は V_{bi}，比誘電率，アクセプタとドナーの濃度により決まることなどは，ホモ p-n 接合と同じである．

図 3.7 は，p-n 接合の電荷，電界，電位(ポテンシャル)の空間分布である．ここでは，ヘテロ p-n 接合も含めて取り扱えるように，p 型と n 型の比誘電率は異なるものとしている．ショットキー接合で述べたように，接合に発生する電位はポアソン方程式により求めることができる．理想的な場合，p 型半導体の空乏層内の空間電荷密度はアクセプタの濃度と，n 型半導体ではドナーの濃度と一致している．空乏層の外側では，ホールと電子のキャリアが存在するため，アクセプタとドナーの持つ電荷は補償され，中性領域(電荷密度 =0)となる．したがって，p 型と n 型半導体の空乏層内のポアソン方程式は[2]，

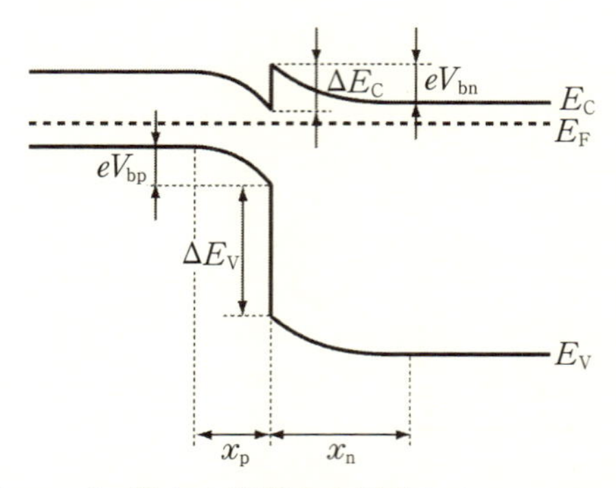

図3.6　バンドギャップの異なる半導体を接合したヘテロ p-n 接合のバンド構造の模式図.

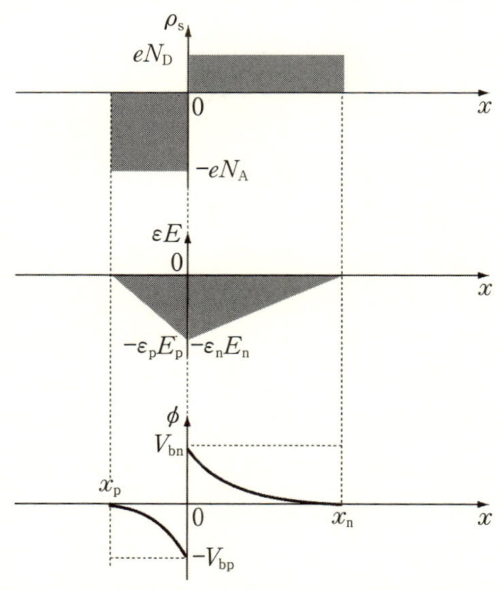

図3.7　上から順に理想的な p-n 接合の，電荷，電界，電位(ポテンシャル)の空間分布の模式図.

$$\frac{d^2\phi}{dx^2} = \frac{eN_A}{\varepsilon_0\varepsilon_p} \qquad (-x_p \leq x < 0) \tag{3.20}$$

$$\frac{\mathrm{d}^2\phi}{\mathrm{d}x^2} = -\frac{eN_\mathrm{D}}{\varepsilon_0\varepsilon_\mathrm{n}} \qquad (0 < x \le x_\mathrm{n}) \tag{3.21}$$

となる．ここで，ε_p と ε_n は p 型と n 型半導体の比誘電率である．$x = -x_\mathrm{p}$ と $x = x_\mathrm{n}$ において，電界 $E = 0$，電位 $\phi = 0$ の境界条件を用いて，上記の式を解くと，

$$\phi(x) = -\frac{eN_\mathrm{A}}{\varepsilon_0\varepsilon_\mathrm{p}}\left(\frac{x_\mathrm{p}^2}{2} - x_\mathrm{p}x + \frac{x^2}{2}\right) \quad (-x_\mathrm{p} \le x < 0) \tag{3.22}$$

$$\phi(x) = \frac{eN_\mathrm{D}}{\varepsilon_0\varepsilon_\mathrm{n}}\left(\frac{x_\mathrm{n}^2}{2} - x_\mathrm{n}x + \frac{x^2}{2}\right) \qquad (0 < x \le x_\mathrm{n}) \tag{3.23}$$

が得られる．p 型と n 型半導体の空乏層の内蔵電位（V_bp と V_bn）は $x = 0$ の電位に相当するので，V_bp と V_bn の和で与えられる全体の内蔵電位 V_bi は，

$$V_\mathrm{bi} = \frac{eN_\mathrm{A}x_\mathrm{p}^2}{2\varepsilon_0\varepsilon_\mathrm{p}} + \frac{eN_\mathrm{D}x_\mathrm{n}^2}{2\varepsilon_0\varepsilon_\mathrm{n}} \tag{3.24}$$

となる．空乏層内の空間電荷の中性条件から，

$$N_\mathrm{A}x_\mathrm{p} = N_\mathrm{D}x_\mathrm{n} \tag{3.25}$$

が与えられ，また，空乏層幅 W は，

$$W = x_\mathrm{p} + x_\mathrm{n} \tag{3.26}$$

であるので，上記の 3 式から，W は，

$$W = \sqrt{\frac{2\varepsilon_0}{e}\left(\frac{N_\mathrm{D}+N_\mathrm{A}}{N_\mathrm{D}N_\mathrm{A}}\right)^2\left(\frac{\varepsilon_\mathrm{p}\varepsilon_\mathrm{n}N_\mathrm{D}N_\mathrm{A}}{\varepsilon_\mathrm{n}N_\mathrm{D}+\varepsilon_\mathrm{p}N_\mathrm{A}}\right)V_\mathrm{bi}} \tag{3.27}$$

で与えられる．ここで，図 3.4 のようなホモ接合の場合は，比誘電率は同じ（$\varepsilon_\mathrm{s} = \varepsilon_\mathrm{p} = \varepsilon_\mathrm{n}$）であるので，(3.27)式は

$$W = \sqrt{\frac{2\varepsilon_0\varepsilon_\mathrm{s}}{e}\left(\frac{N_\mathrm{D}+N_\mathrm{A}}{N_\mathrm{D}N_\mathrm{A}}\right)V_\mathrm{bi}} \tag{3.28}$$

となる．

次に，(3.25)式，(3.26)式，(3.27)式から，x_p と x_n は，

$$x_\mathrm{p} = \sqrt{\frac{2\varepsilon_0\varepsilon_\mathrm{p}\varepsilon_\mathrm{n}N_\mathrm{D}}{eN_\mathrm{A}(\varepsilon_\mathrm{n}N_\mathrm{D}+\varepsilon_\mathrm{p}N_\mathrm{A})}V_\mathrm{bi}} \tag{3.29}$$

$$x_\mathrm{n} = \sqrt{\frac{2\varepsilon_0\varepsilon_\mathrm{p}\varepsilon_\mathrm{n}N_\mathrm{A}}{eN_\mathrm{D}(\varepsilon_\mathrm{n}N_\mathrm{D}+\varepsilon_\mathrm{p}N_\mathrm{A})}V_\mathrm{bi}} \tag{3.30}$$

となる．また，V_{bp} と V_{bn} は，

$$V_{bp} = \frac{\varepsilon_n N_D}{\varepsilon_n N_D + \varepsilon_p N_A} V_{bi} \tag{3.31}$$

$$V_{bn} = \frac{\varepsilon_p N_A}{\varepsilon_n N_D + \varepsilon_p N_A} V_{bi} \tag{3.32}$$

となる．理想的な場合，V_{bi} は p 型と n 型半導体の仕事関数の差であることから，半導体の仕事関数，比誘電率，アクセプタとドナーの濃度がわかっていれば，上記の四つの式を用いて，p 型と n 型半導体に形成した空乏層の幅，空乏層内に発生した電位を求めることができる．

3.2.2　静電容量-電圧特性

界面に空間電荷が存在する p-n 接合は，ショットキー接合と同様に，空乏層が絶縁層に対応するキャパシタと見なすことができる．p-n 接合の場合も，電圧印加により空乏層の厚さ W が変化するため，ショットキー接合と同様に，静電容量 C は電圧依存性を示す．空乏層が p 型と n 型半導体の両方に広がっている通常の p-n 接合の C は複雑な電圧依存性となるため，ここでは，どちらか一方の半導体の不純物濃度が他方に比べて極端に大きい場合($N_A \gg N_D$ または $N_A \ll N_D$)について考える．このような p-n 接合は片側階段接合と呼ばれる．片側階段接合の空乏層の厚さ W は，(3.27)式を書き換えることにより，

$$W = \sqrt{\frac{2\varepsilon_0 \varepsilon_s}{eN_i} V_{bi}} \tag{3.33}$$

で与えられる．ここで，ε_s と N_i は不純物濃度が低い方の半導体の比誘電率(ε_p または ε_n)と不純物濃度(N_A または N_D)である．ここで重要な点は，この式がショットキー接合の(3.9)式と同じということである．すなわち，片側階段接合では，不純物濃度の低い方の半導体側にだけ空乏層が生じていると見なせる．したがって，片側階段接合の W の印加電圧 V 依存性は，

$$W = \sqrt{\frac{2\varepsilon_0 \varepsilon_s}{eN_i} (V_{bi} - V)} \tag{3.34}$$

で与えられる．また，ショットキー接合の場合と同様に，片側階段接合の静電容量 C の V 依存性は，$Q = eN_iW$ の電圧微分から，

$$C=\sqrt{\frac{\varepsilon_0\varepsilon_s eN_i}{2(V_{bi}-V)}} \tag{3.35}$$

と，

$$\frac{1}{C^2}=\frac{2(V_{bi}-V)}{e\varepsilon_0\varepsilon_s N_i} \tag{3.36}$$

で与えられる．したがって，静電容量 C を印加電圧の関数として測定し，データを $1/C^2-V$ のグラフにプロットすると線形関係が得られ，$1/C^2=0$ に外挿した電圧から V_{bi} が求まり，半導体の誘電率が既知の場合，$1/C^2-V$ の傾きから不純物濃度 N_i を求めることができる．

3.2.3 電流-電圧特性

次に，p-n 接合の電流-電圧特性を考える．理想的な p-n 接合に流れる電流は，空乏層に生じる電位によるキャリアのドリフトに起因するドリフト電流と，キャリア密度の空間変化(密度勾配)に起因する拡散電流の和である(**図 3.8**)．拡散電流の流れる方向はドリフト電流の流れる方向の反対であり，印加電圧ゼロの熱平衡状態では，電流量の絶対値は同じであるため互いに打ち消され，接合には電流は流れない．接合に順方向バイアスを印加すると，空乏層内の電位が減少するためドリフト電流は減少し，一方，空乏層と半導体との境界で少数キャリア濃度が増加するため拡散電流は増大する．逆方向バイアスを印加した場合は，空乏層と半導体との境界で少数キャリア濃度が大きく減少するため，拡散電流が大きく減少する．ここで，電圧印加時に接合を流れる電流は，少数キャリアの拡散電流が支配的とした場合，p 型半導体から n 型半導体の中性領域(空乏層を越えた領域)に拡散する少数キャリアのホール電流密度 J_p は，

$$J_p=\frac{eD_p p_{n0}}{L_p}\left[\exp\left(\frac{eV}{k_B T}\right)-1\right] \tag{3.37}$$

で与えられる[2)]．ここで，D_p と L_p は，n 型半導体の中性領域でのホールキャリアの拡散係数と拡散長で，p_{n0} は n 型半導体中で接合界面から無限長離れた場所でのホールキャリアの密度である．同様に，n 型半導体から p 型半導体の中性領域に拡散する少数キャリアの電子電流密度 J_n は，

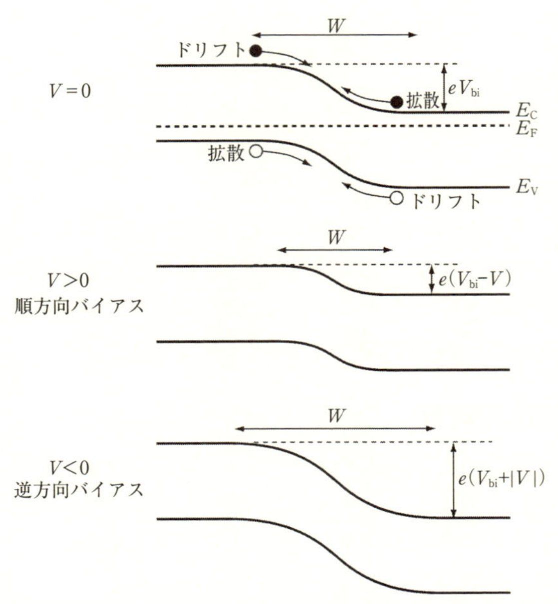

図 3.8　上から順に電圧を印加しない状態，順方向バイアス印加時および逆方向バイアス印加時のバンド構造の模式図．

$$J_n = \frac{eD_n n_{p0}}{L_n}\left[\exp\left(\frac{eV}{k_B T}\right) - 1\right] \tag{3.38}$$

で与えられる．ここで，D_n と L_n は，p 型半導体の中性領域での電子キャリアの拡散係数と拡散長で，n_{p0} は p 型半導体中で接合界面から無限長離れた場所での電子キャリアの密度である．接合を流れる電流 J は，J_p と J_n の和であるので，

$$J = J_s\left[\exp\left(\frac{eV}{k_B T}\right) - 1\right] \tag{3.39}$$

$$J_s = \frac{eD_p p_{n0}}{L_p} + \frac{eD_n n_{p0}}{L_n} \tag{3.40}$$

が得られる．

実際の p-n 接合では，バンドギャップ内の生成・再結合中心を介した電子

とホールの放出，再結合が起こるため，電流-電圧特性は(3.39)式とは必ずしも一致しない．そのため，ショットキー接合の場合の(3.18)式と同様に，通常，順方向バイアスの電流-電圧特性の実験結果の解析には，理想因子 n を導入して，(3.39)式に少し変更を加えた式，

$$J = J_{\mathrm{s}} \exp\left(\frac{eV}{nk_{\mathrm{B}}T}\right) \tag{3.41}$$

が用いられる(印加電圧 $V > 3k_{\mathrm{B}}T/e$ の領域)．拡散電流が支配的な場合は，n は 1 に近づき，再結合電流が支配的な場合は，n は 2 に近づく．やはり，ショットキー接合の場合と同様に，電流密度 J を順方向バイアスの電圧の関数として測定し，データを $\log J - V$(または $\ln J - V$)のグラフにプロットすると線形関係が得られる．その傾きから n を求めることができ，伝導を支配している要因を調べることができる．

3.2.4 太陽電池

p-n 接合は整流性など電子デバイスとしての機能に加え，光デバイスの機能も有している．その一つが，太陽電池(photovoltaic cell または solar cell)である．**図 3.9** は，p-n 接合に光を照射した際のバンド図である．半導体に光を照射すると，半導体はバンドギャップ E_{g} 以上のエネルギーを持った光子を吸収し，電子・正孔(ホール)対が作られる．バンドギャップよりも大きな部分の大半は，熱となってしまうため，実際にはバンドギャップ程度のエネルギーしか電子・正孔対の形成には寄与しない．p-n 接合の界面付近で生成された電子・正孔対は，拡散と空乏層内の電位により分離され，その結果，電圧を印加していない状態でも，回路に電流が流れる．これが太陽電池の基本的な原理である．

p-n 接合の太陽電池の電流(密度)-電圧特性は[2]，

$$J = J_{\mathrm{s}}\left[\exp\left(\frac{eV}{k_{\mathrm{B}}T}\right) - 1\right] - J_{\mathrm{L}} \tag{3.42}$$

$$J_{\mathrm{s}} = eN_{\mathrm{C}}N_{\mathrm{V}}\left(\frac{1}{N_{\mathrm{A}}}\sqrt{\frac{D_{\mathrm{n}}}{\tau_{\mathrm{n}}}} + \frac{1}{N_{\mathrm{D}}}\sqrt{\frac{D_{\mathrm{p}}}{\tau_{\mathrm{p}}}}\right)\exp\left(-\frac{E_{\mathrm{g}}}{k_{\mathrm{B}}T}\right) \tag{3.43}$$

で与えられる．ここで，J_{L} は光の吸収により発生する電流の電流密度，N_{C} と

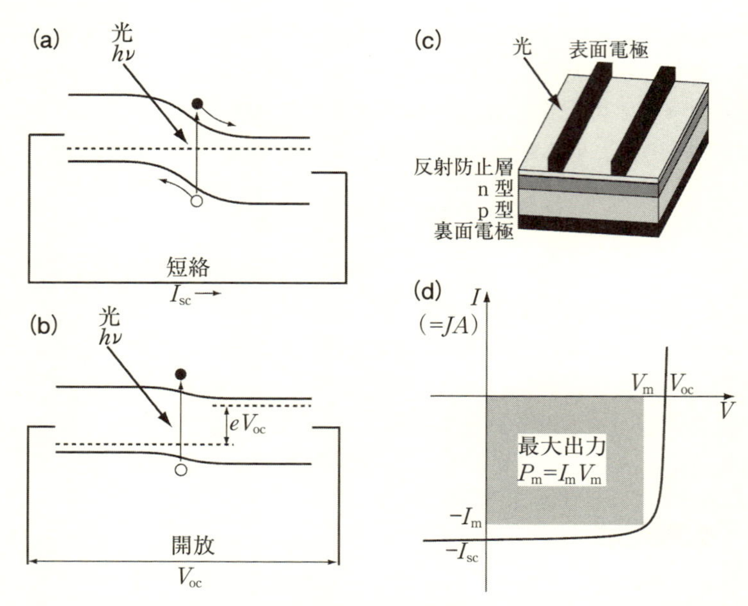

図 3.9　(a)短絡状態と(b)開放状態の太陽電池のバンド構造の模式図．(c)太陽電池の模式図．(d)太陽電池の電流-電圧特性．

N_V は伝導帯と価電子帯の有効状態密度，τ_n と τ_p は少数キャリアの電子とホールの平均緩和時間である．太陽電池の特性は，図 3.9(d)の電流-電圧特性に示したような，電圧 0 の状態で回路を流れる短絡電流 J_{sc}，回路を流れる電流が 0 になる開放電圧 V_{oc}，最大出力 P_m で表される．理想的な場合，V_{oc} と P_m は，

$$V_{oc} = \frac{k_B T}{e} \ln\left(\frac{J_L}{J_s} + 1\right) \tag{3.44}$$

$$P_m \cong J_L\left[V_{oc} - \frac{k_B T}{e} \ln\left(1 + \frac{eV_m}{k_B T}\right) - \frac{k_B T}{e}\right]A \tag{3.45}$$

で与えられる．ここで A は p-n 接合の断面積である．太陽電池に入射する光のパワー P_{in} と P_m の比が，太陽電池の最も重要な性能指数である電力変換効率 $\eta = P_m/P_{in}$ である．電力変換効率は，基本的には半導体材料のバンド

ギャップにより決まり，1.4 eV 付近で最も大きくなる．その理由は，バンドギャップが小さいと短絡電流は増加するが開放電圧が減少し，バンドギャップが大きいと開放電圧は増加するが短絡電流が減少することから，両者のバランスが取れるバンドギャップが最大効率を与えるためである．そのため，バンドギャップ 1.4 eV 付近での理論限界効率は約 30% と言われている．また，最大出力を開放電圧と短絡電流の積で割った値($P_{\mathrm{m}}/(V_{\mathrm{oc}} \times J_{\mathrm{sc}} \times A)$)は曲線因子(Fill Factor ; FF)と呼ばれ，太陽電池の性能を評価する指標の一つである．実用化されている太陽電池では，FF は 70～80% が得られている．

半導体への光の入射により発生する光電流を利用したデバイスとしては，太陽電池の他に，フォトダイオードがある．フォトダイオードは，通常，p-n 接合の界面に真性半導体層(絶縁層)を挿入した p-i-n 接合が用いられ，逆方向バイアスを印加することにより，効率の良い光検出を実現している．このような太陽電池やフォトダイオードの機能は，ショットキー接合も有している．

3.2.5 発光デバイス

p-n 接合のもう一つの重要な光デバイス機能は，発光機能である．p-n 接合に順方向バイアスを印加すると，n 型から電子，p 型からホールのキャリアが界面に拡散する．拡散したキャリアは，界面で再結合し，バンドギャップ E_{g} に相当する光が放出される(**図 3.10**)．これが，発光ダイオード(Light Emitting Diode ; LED)の基本的な原理である．LED の電流-電圧特性は[2]，

$$I = I_{\mathrm{d}} \exp\left[\frac{e(V - IR_{\mathrm{s}})}{k_{\mathrm{B}}T}\right] + I_{\mathrm{r}} \exp\left[\frac{e(V - IR_{\mathrm{s}})}{2k_{\mathrm{B}}T}\right] \tag{3.46}$$

で与えられる．ここで，I_{d} と I_{r} は拡散と再結合による飽和電流量，R_{s} はデバイスの直列抵抗である．発光に寄与するのは I_{d} であるので，発光効率を上げるには，バンドギャップ中の再結合中心の密度を減らして I_{r} を減らし，R_{s} を小さくする必要がある．これは，(3.41)式で示される経験的な順方向バイアスの電流-電圧特性において，理想因子 n を 1 に近づけることに対応する．

p-n 接合の界面でキャリアの反転分布と，キャビティ構造による光の閉じ込めが実現されると，レーザー発振が可能となる．**図 3.11** は，p-n 接合の界面にバンドギャップの小さな活性層(発光層)を挿入したダブルヘテロ接合レー

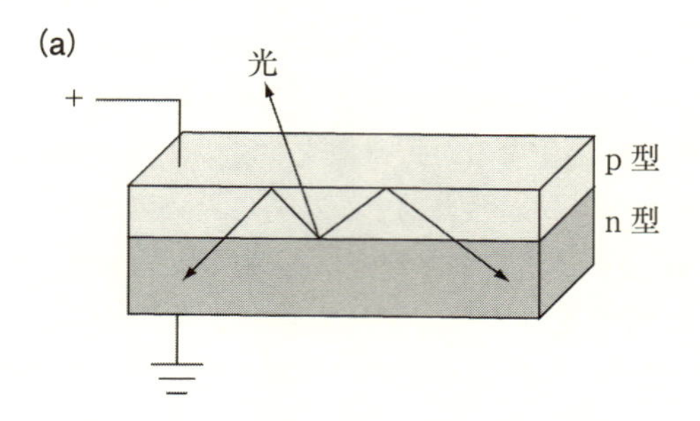

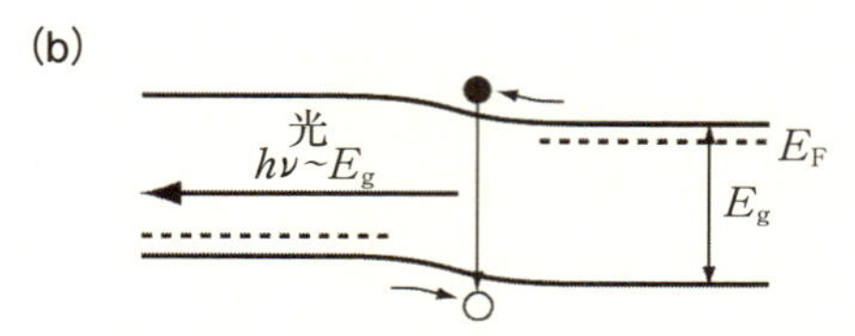

図 3.10　発光ダイオードの（a）構造と（b）バンド構造の模式図.

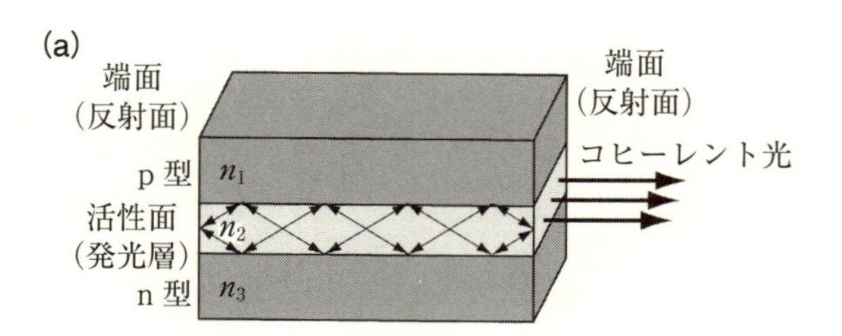

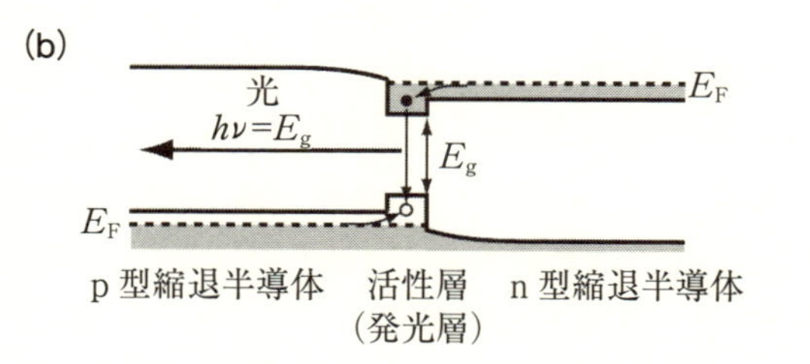

図 3.11　ダブルヘテロ接合レーザーの（a）構造と（b）バンド構造の模式図.

ザー(Double Hetero-Junction Laser)のバンド図である．レーザーダイオード(Laser Diode ; LD)には，アクセプタやドナーの濃度が高く，フェルミレベルが価電子帯や伝導帯の中に入っている半導体，いわゆる縮退半導体が用いられる．このような縮退半導体をつなぎ合わせた接合界面の活性層では反転分布状態が実現される．この反転分布が実現された活性層で，電子とホールが再結合し，活性層のバンドギャップに対応する光が放出される．ここで，活性層の光の屈折率(n_2)が，p 型と n 型の半導体の屈折率(n_1, n_3)よりも大きい場合，活性層と半導体層の界面に入射した光は，その入射角度が全反射の臨界角 θ_c ($\sin\theta_c = n_1/n_2$ or n_3/n_2)よりも大きな場合，界面で反射され活性層に閉じ込められる．これにより，誘導放出光が促進される．接合の端面(通常，劈開面)を反射面にし，活性層内で光を何度も反射させることにより，利得が大きくなり，さらに光の位相もそろい，コヒーレントなレーザー光が端面から放出される．これが LD の原理である．

3.3　酸化物ショットキー接合と p-n 接合

3.3.1　接合を用いたバンド構造評価

二つの材料をつなぎ合わせた単純な構造ながら，整流性や様々な光機能を発現するショットキー接合と p-n 接合は，重要かつ最も基本的な電子デバイスである．また，半導体デバイスのハンド構造と基本的な原理を理解するモデルデバイスでもある．そのようなことから，デバイス応用とバンド構造の理解を目的に，さまざまな酸化物のショットキー接合と p-n 接合が研究されている．

バンド構造の観点では，接合の電流-電圧特性や静電容量-電圧特性を解析することにより，材料の仕事関数，不純物濃度，比誘電率等を見積もることができる．例えば，静電容量-電圧特性から，二つの材料の仕事関数の差を見積もることができる．また，ショットキー接合では，順方向バイアスの電流-電圧特性から，金属の仕事関数と半導体の伝導帯端または価電子帯端とのエネルギー差を見積もることができる．これらは，「仕事関数の差 = 内蔵電位」，「金属の仕事関数と半導体の伝導帯端(価電子帯端)とのエネルギー差 = ショットキー障壁高さ」の関係が成り立つことを前提としている．しかし，実際の半導体ショットキー接合では，多くの場合，このような関係が成立しない．その原因は，半導体のバンドギャップ内に存在する界面準位によるフェルミレベルのピニングである．

ショットキー接合の界面準位の起源として，金属電極の波動関数が半導体に浸み出して形成する金属誘起準位（Metal-Induced Gap States ; MIGS）と，半導体表面の原子のダングリングボンドに起因する準位，半導体表面の周期性の乱れに起因する乱れ誘起準位（Disorder-Induced Gap States ; DIGS）等のモデルが提案されているが，近年の研究では，表面のダングリングボンドや乱れに起因

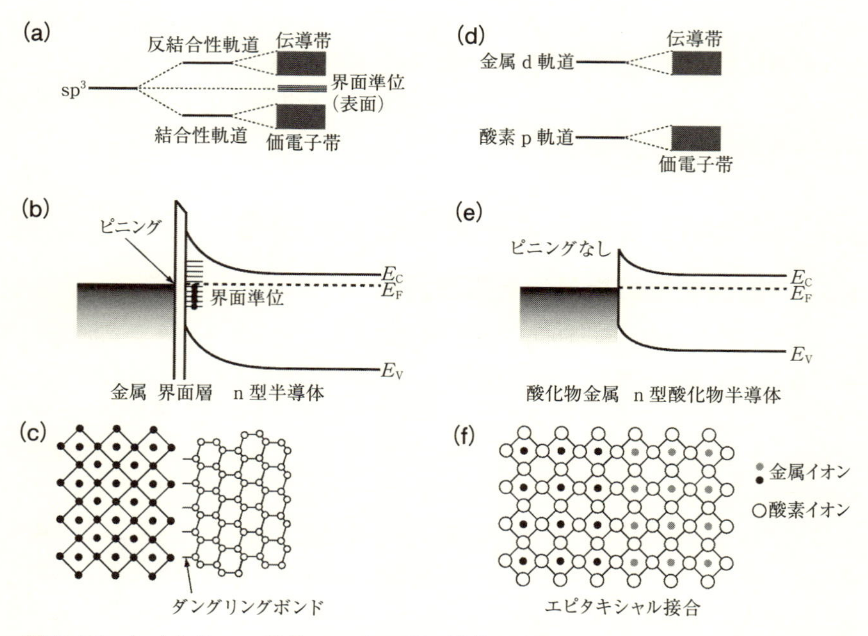

図 3.12　（a）シリコン結晶のエネルギー準位．金属とシリコンをつなぎ合わせたn型ショットキー接合の（b）バンド構造と（c）界面構造．金属のフェルミレベルが界面準位にピニングされている．（d）酸化物結晶のエネルギー準位．同じ結晶構造を持つ酸化物金属と酸化物半導体をつなぎ合わせたn型ショットキー接合の理想的な（e）バンド構造と（f）界面構造．理想的な場合，結晶が界面で連続につながるため欠陥に起因する界面準位がなく，フェルミレベルのピニングが起きない．

する準位が支配的とされている．ここで，シリコンを例として，共有結合性半導体の界面準位について考える．シリコンの伝導帯と価電子帯は，それぞれシリコン-シリコンの結合の反結合軌道と結合軌道から構成されている(**図3.12**(a))．表面では結合するシリコン原子が存在しないため，周期性が壊れ，結合していないダングリングボンドを持った原子が配列していることになる．このダングリングボンドに起因する準位は，もとのシリコン原子の準位に近く，その結果，バンドギャップの中心付近に形成すると考えられる．このような界面準位を持つ半導体と金属をつなぎ合わせたショットキー接合では，金属のフェルミレベルが界面準位にピニングされる(図3.12(b))．本来，ショットキー障壁の高さは金属の仕事関数に依存して変化するが，このように金属のフェルミレベルがピニングされると，理想的な場合に比べ依存度が小さくなるか，またはほとんど依存しなくなる．**図3.13**に示すように，n型シリコンのショットキー障壁高さと金属の仕事関数の間には(3.1)式の関係が成立しておらず，ピニング現象が起きていることがわかる[3)]．

金属の仕事関数ϕ_mの変化に対するショットキー障壁高さϕ_Bの変化の割合

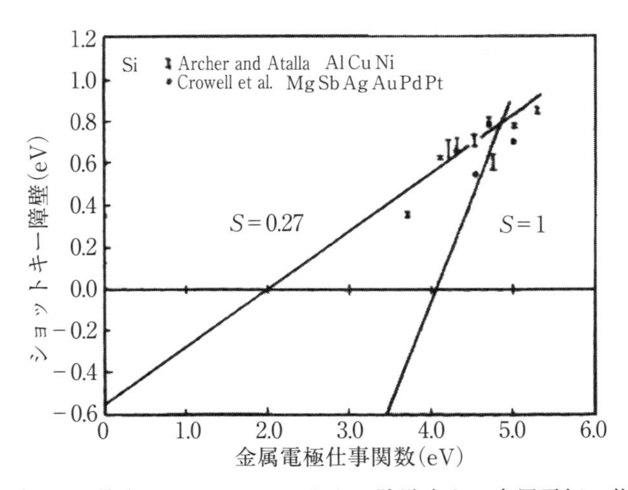

図3.13　金属/Si接合におけるショットキー障壁高さの金属電極の仕事関数依存性[3)]．フェルミレベルのピニング現象のため，金属/Si接合のショットキー障壁高さと仕事関数の間には(3.1)式の関係が成立していない．

は S 値と呼ばれ，

$$S=\frac{\partial\phi_B}{\partial\phi_m} \tag{3.47}$$

で与えられる．$S=0$ は，ϕ_B が ϕ_m に全く依存しない場合であり，この極限はピニングモデルを提案した Bardeen の名を取ってバーディーン極限(Bardeen limit)と呼ばれている．一方，ϕ_B が ϕ_m に完全に依存する $S=1$ は，ショットキー極限(Schottky limit)と呼ばれている．

シリコンのショットキー接合等に見られるピニング現象は，半導体が共有結合性であることに加え，金属と半導体の結晶構造，格子定数等の構造的特性が異なることも要因の一つと考えられる．構造的特性が異なるため，界面で必ず構造が不連続になり，ダングリングボンドや構造の乱れ，欠陥等が発生してしまう．一方，酸化物の場合，絶縁体，強誘電体，金属，強磁性体などさまざまな特性を示す材料を，金属元素を変えることにより同じ結晶構造で実現することができる．それにより，異なる特性を持った材料を，界面で構造の連続性を保ったままつなぎ合わせることが可能である．また，酸化物の多くはイオン結合性が強く，界面準位の形成も，共有結合性の半導体とは異なると考えられる．

図3.12(d)に示すように，d電子系酸化物の多くは，酸素の2p軌道が価電子帯を形成し，金属元素のd軌道が伝導帯を形成する．そのため，界面で不連続が発生した場合であっても，界面準位は伝導帯と価電子帯の近くに形成すると考えらえる．一方，同じ結晶構造を持つ材料をつなぎ合わせた接合界面では，未結合や構造の乱れに起因する界面準位は大幅に抑制でき，フェルミレベルのピニングが起きないと予想される(図3.12(e))．実際，バンドギャップの大きい(ワイドギャップ)半導体の $SrTiO_3$ と，そのバンドギャップの中心付近にフェルミレベルがくる同じ結晶構造の酸化物をつなぎ合わせたショットキー接合においては，フェルミレベルに依存してショットキー障壁高さと内蔵電位が変化する．**図3.14** は，n型半導体の Nb ドープ $SrTiO_3$(Nb:$SrTiO_3$)の上に，同じペロブスカイト型結晶構造の $La_{1-x}Sr_xMO_3$(M は Mn, Fe, Co, Ni)の薄膜をエピタキシャル成長させて作製したショットキー接合(または p-n 接合)の電流-電圧特性と静電容量($1/C^2$)-電圧特性である[4]．電流-電圧特性

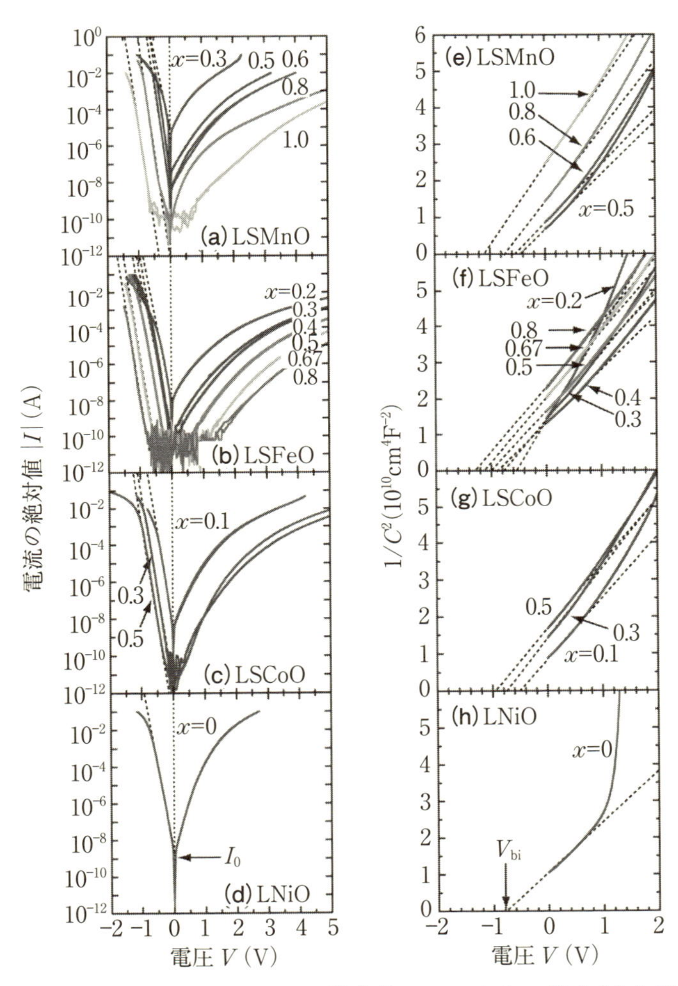

図 3.14 $La_{1-x}Sr_xMO_3$/Nb : $SrTiO_3$ 酸化物ショットキー接合(または p-n 接合)の電流-電圧特性と静電容量($1/C^2$)-電圧特性[4]．M は Mn, Fe, Co, Ni.

と静電容量-電圧特性は，Sr の量 x に対して系統的に変化している．**図 3.15** の下のグラフは，(3.13)式，(3.18)式および(3.19)式を用いて求めたショットキー障壁高さ ϕ_B と内蔵電位 V_{bi} を，$x=0.5$ の ϕ_B と V_{bi} を基準とした相対変

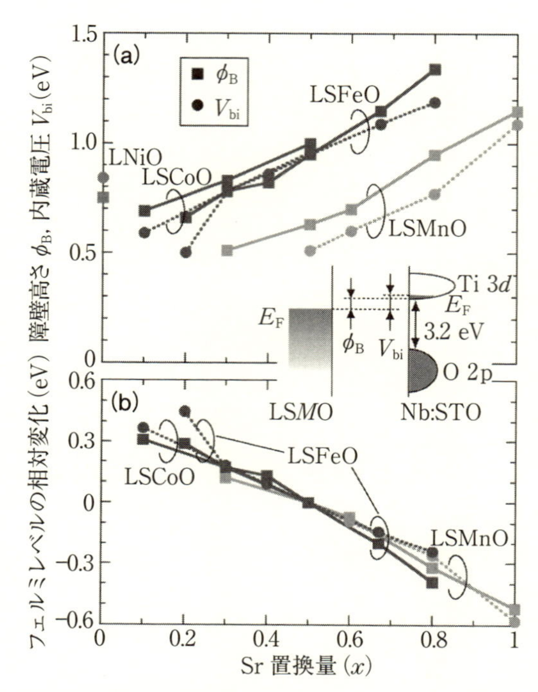

図 3.15　$La_{1-x}Sr_xMO_3$/Nb:$SrTiO_3$ 酸化物ショットキー接合(または p-n 接合)における(a)ショットキー障壁高さ ϕ_B と内蔵電位 V_{bi} の Sr 置換量(x)依存性と，(b) $x=0.5$ の ϕ_B と V_{bi} の値を基準とした ϕ_B と V_{bi} の相対変化量($\phi_B(x=0.5)-\phi_B(x)$ と $V_{bi}(x=0.5)-V_{bi}(x)$)[4]．

化量($\phi_B(x=0.5)-\phi_B(x)$ と $V_{bi}(x=0.5)-V_{bi}(x)$)として x に対してプロットした結果である．ϕ_B と V_{bi} の相対変化量は，x に対して線形性を示しており，金属元素 M によらず，約 1 eV/x の同じ傾きとなっている．光電子分光により，$La_{1-x}Sr_xMO_3$ のフェルミレベルは x とともに深くなり，その変化量は金属元素によらず約 1 eV/x であることがわかっている．この値は，図 3.15 の傾きと一致している．この一致は，$La_{1-x}Sr_xMO_3$/Nb:$SrTiO_3$ 接合はショットキー極限の理想的なショットキー接合であることを示している．すなわち，$La_{1-x}Sr_xMO_3$ のフェルミレベルが界面準位にピニングされていないことを示している．

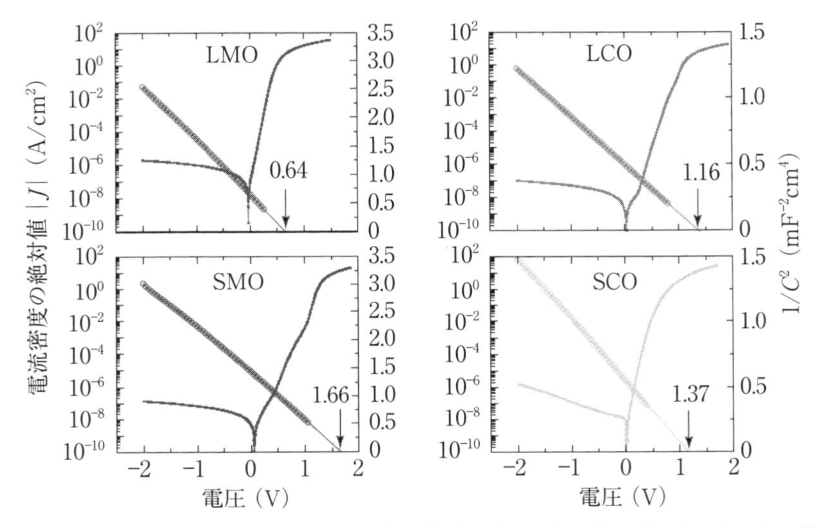

図 3.16　$LaMnO_3$(LMO)/Nb:$SrTiO_3$接合，$SrMnO_3$(SMO)/Nb:$SrTiO_3$接合，La_2CuO_4(LCO)/Nb:$SrTiO_3$接合，Sm_2CuO_4(SCO)/Nb:$SrTiO_3$接合の電流密度-電圧特性と静電容量($1/C^2$)-電圧特性[5].

電子親和力とバンドギャップが既知の半導体を用いて，ショットキー極限のショットキー接合を作製し，その測定からϕ_Bを得ることができれば，(3.1)式と(3.2)式を用いて金属の仕事関数を求めることができる．Nb:$SrTiO_3$は電子親和力が～3.9 eV，バンドギャップが～3.2 eV の n 型半導体であることがわかっているので，図 3.15 のϕ_Bの値に 3.9 eV を加えると$La_{1-x}Sr_xMO_3$の仕事関数が求まる．これからわかるように，バンド構造が既知の半導体を用いて作製したショットキー接合は，金属のバンド構造を調べるツールとして利用できる．これは，p-n 接合も同じである．

図 3.16 は，Nb:$SrTiO_3$上に強相関材料の$LaMnO_3$(LMO)，$SrMnO_3$(SMO)，La_2CuO_4(LCO)，Sm_2CuO_4(SCO)の薄膜をエピタキシャル成長させて作製した p-n 接合と n-n 接合の電流-電圧特性と静電容量($1/C^2$)-電圧特性である[5]．LMO と LCO は p 型，SMO と SCO は n 型であり，これらのキャリア濃度(不純物量)は Nb:$SrTiO_3$よりも 1 桁以上大きいことから，これらの接合は片側階段接合と見なすことができる．静電容量($1/C^2$)-電圧特性から

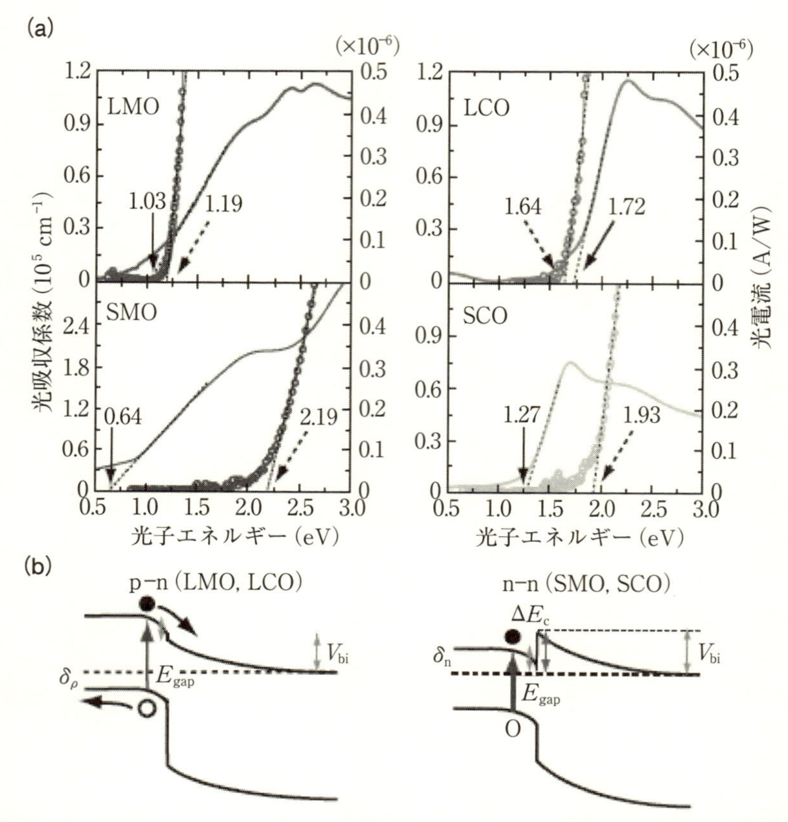

図 3.17　（a）$LaMnO_3$（LMO）/Nb : $SrTiO_3$ 接合，$SrMnO_3$（SMO）/Nb : $SrTiO_3$ 接合，La_2CuO_4（LCO）/Nb : $SrTiO_3$ 接合，Sm_2CuO_4（SCO）/Nb : $SrTiO_3$ 接合の光吸収スペクトルと光電流作用スペクトル[5]．（b）各接合の予想されるバンド構造.

V_{bi}，すなわち仕事関数差が求まる．次に，これらの接合の光吸収スペクトルから強相関材料のバンドギャップ，光電流作用スペクトルから伝導帯のバンド不連続を求めることができる（**図 3.17**）[5]．これらの強相関材料のバンドギャップは，Nb : $SrTiO_3$ のバンドギャップ（～3.2 eV）よりも小さいため，光吸収スペクトルの立ち上がる光子のエネルギーは強相関材料のバンドギャップを与える．一方，図 3.17 の模式図に示されているように，光電流作用スペク

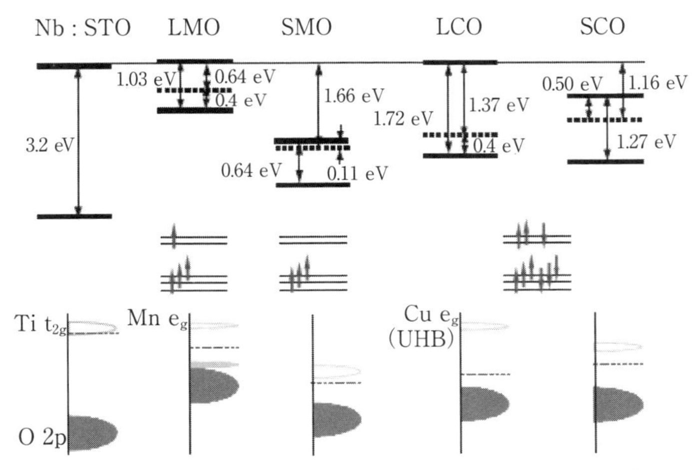

図 3.18　図 3.16 と 3.17 の結果から求めた Nb:$SrTiO_3$ の伝導帯端を基準とした $LaMnO_3$(LMO)，$SrMnO_3$(SMO)，La_2CuO_4(LCO)，Sm_2CuO_4(SCO)のバンド構造[5]．

トルが立ち上がる光子のエネルギーは，強相関材料のバンドギャップと強相関材料側から見たバンド不連続のエネルギーの和に相当する．これらの測定結果と Nb:$SrTiO_3$ のバンド構造から，**図 3.18** に示すような強相関材料のバンド構造を求めることができる[5]．

材料のバンド構造は，通常，光電子分光等の分光測定により調べられてきた．一方，上記のように，バンド構造が既知の半導体を用いたショットキー極限のショットキー接合や p-n 接合を使えば，光電子分光のような大型装置を用いなくても，バンド構造を調べることが可能である．特に，同じ結晶構造の材料を用いてエピタキシャルのショットキー接合や p-n 接合を作製することができるペロブスカイト型酸化物は，接合を用いたバンド構造の評価に適した材料である．

3.3.2　界面バンド構造制御

ピニング現象のないショットキー極限の酸化物エピタキシャル・ショットキー接合では，界面構造の制御により，電流-電圧特性などの接合特性を人工

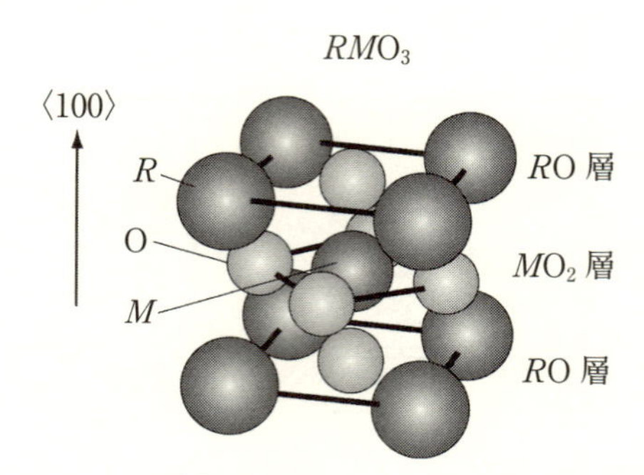

図 3.19　ペロブスカイト型酸化物(RMO_3)の結晶構造．⟨100⟩方向に RO 層と MO$_2$層が交互に積層している．

的に制御することができる．3.1 節で述べたように，ショットキー極限のショットキー接合では，障壁高さや空乏層幅等は，金属の仕事関数や半導体の電子親和力，不純物(ドナー，アクセプタ)濃度等により決まる．また，界面準位によるフェルミレベルのピニング現象が起きることからわかるように，バンド構造は界面近傍の電子状態に強く依存する．したがって，界面構造を制御することによって，界面の極狭い領域の電子状態を任意に変化させることで，障壁高さや空乏層幅等のバンド構造を制御することができる．

ペロブスカイト型酸化物のエピタキシャル・ショットキー接合では，界面ダイポールの導入によるショットキー接合のバンド構造の制御が行われている．**図 3.19** に示すように，ペロブスカイト型酸化物 RMO_3 を(001)面方向に見ると，(RO)層と(MO$_2$)層を交互積層した構造となっている．また，イオン結合性の強い酸化物では，各層は，金属イオンと酸素イオンの価数の和に相当する電荷を持っていると見なすことができる．

図 3.20 に示す $SrRuO_3$ と $SrTiO_3$ の場合は，Sr は2+，Ru と Ti は4+，O は2− なので，(SrO)層，(RuO_2)層，(TiO_2)層は全て電荷がゼロである．一方，$LaAlO_3$ は，La と Al の価数は3+ なので，(LaO)層は1+，(AlO_2)層は1− になり，電荷を持った層が交互積層した構造となっている．(001)面の n 型半導体 Nb ドープ $SrTiO_3$(Nb:$SrTiO_3$)の上に金属の $SrRuO_3$ のエピタキシャル膜を成長させて作製したショットキー接合の界面に，$(LaO)^+$ や $(AlO_2)^-$ 等の電荷を持った層を挿入すると，この電荷を遮蔽するため，金属

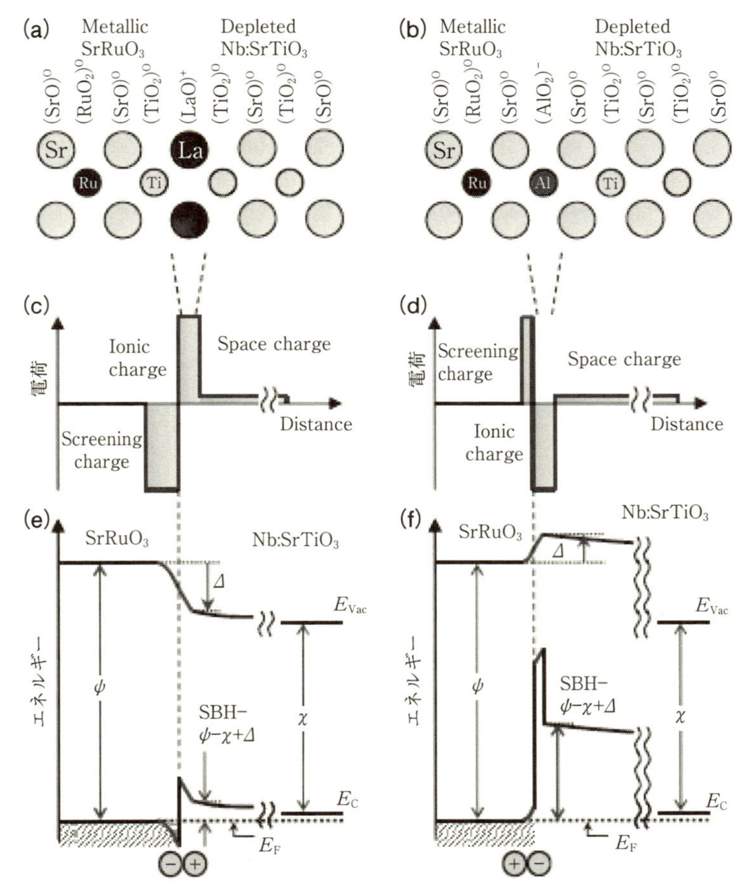

図 3.20 $SrRuO_3$/$(LaO)^+$/Nb : $SrTiO_3$ 接合と $SrRuO_3$/$(AlO_2)^-$/Nb : /$SrTiO_3$ 接合の予想される界面構造，電荷分布，バンド構造[6)].

の $SrRuO_3$ 側の界面に電荷が蓄積される．図 3.20 に示すように，$(LaO)^+$ や $(AlO_2)^-$ と $SrRuO_3$ の界面に蓄積された電荷は，ある種のダイポールと見なされ，界面に電位を作り出す[6)]．この電位により，実効的なショットキー障壁高さやポテンシャル分布が変化する．**図 3.21** は，電流-電圧特性，静電容量-電圧特性，内部光電子分光，軟 X 線光電子分光から求めた $SrRuO_3$/$(LaO)^+$/Nb : $SrTiO_3$ 接合または$SrRuO_3$/$(AlO_2)^-$/Nb : $SrTiO_3$ 接合のショットキー障

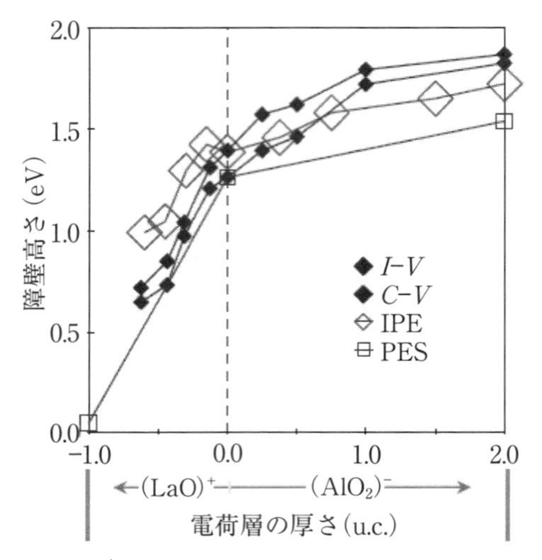

図 3.21　$SrRuO_3/(LaO)^+/Nb:SrTiO_3$ 接合と $SrRuO_3/(AlO_2)^-/Nb:SrTiO_3$ 接合におけるショットキー障壁高さの $(LaO)^+$ 層と $(AlO_2)^-$ 層の膜厚依存性[6].

壁高さの $(LaO)^+$ 層または $(AlO_2)^-$ 層の厚さ依存性である[6]．図 3.20 から予想されるように，$(LaO)^+$ 層を導入するとショットキー障壁高さは低くなり，$(AlO_2)^-$ 層を導入すると高くなっている．

図 3.20 では，$(LaO)^+$ 層と $(AlO_2)^-$ 層の導入による効果をダイポールにより説明しているが，$(LaO)^+$ 層と $(AlO_2)^-$ 層を空間電荷層と見なし，通常のショットキー接合と同様に，半導体側($(LaO)^+$ 層と $(AlO_2)^-$ 層を含む)についてポアソン方程式を解いても，界面のポテンシャル分布の変化を説明することができる．電荷を持った層の働きについてはいくつか考え方があるものの，図 3.21 の結果は，界面のわずか 1 層の電荷分布の変化が，ショットキー障壁の変化を引き起こしていることを示している．このようなショットキー障壁の制御が行えるのは，イオン結合性が強く，結晶構造が連続なエピタキシャル・ショットキー接合が作製できる酸化物の特長の一つである．

3.3.3　強相関酸化物 p-n 接合の磁気抵抗効果

ショットキー接合と p-n 接合のバンド構造は，理想的な場合，つなぎ合わ

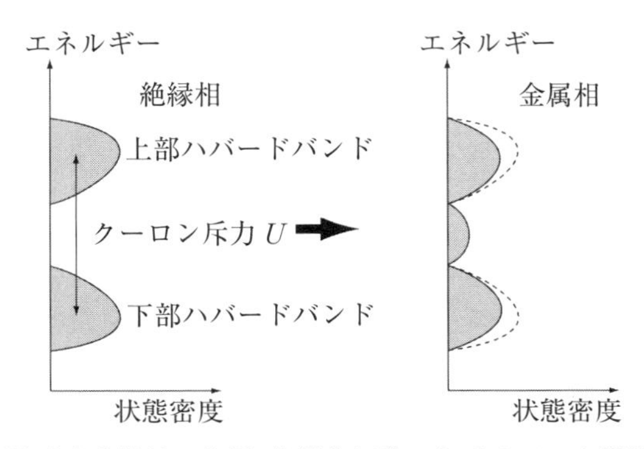

図 3.22　強相関電子系材料の金属-絶縁体転移におけるバンド構造の変化の模式図.

せる二つの材料の仕事関数，電子親和力，バンドギャップ，不純物濃度等により決まり，バンド構造が決まると，それに合わせて電流-電圧特性や静電容量-電圧特性も決まる．通常の金属と半導体では，磁場，電場，光といった外場の刺激を与えても，仕事関数や電子親和力等は変化しないため，接合のバンド構造は外場の刺激に対して変化を示さない．したがって，光照射による光励起キャリアの生成等を除いて，電流-電圧特性や静電容量-電圧特性等の接合特性は，外場の刺激に対して変化を示さない.

一方，強相関電子材料は，外場の刺激を与えると金属-絶縁体転移等の電子相転移を示す．これは，外場の刺激により電子状態(バンド構造)が変化することに起因しており，金属-絶縁体転移の場合，絶縁相から金属相に転移するとバンドギャップが消失する(**図 3.22**)．このような電子相転移を示す強相関材料を用いて作製したショットキー接合や p-n 接合は，外場の刺激を与えるとバンド構造が変化し，その結果，電流-電圧特性や静電容量-電圧特性が変化する.

図 3.23 の上の図は，強相関電子系 Mn 酸化物 $La_{0.7}Sr_{0.3}MnO_3$ の電気抵抗率の温度依存性である[7]．酸素欠損のない $La_{0.7}Sr_{0.3}MnO_3$ は，磁場を印加すると 300-400 K で電気抵抗率がわずかに減少するが，300 K 以下では磁場を印加しても電気抵抗率はほとんど変化しない．一方，酸素欠損のある $La_{0.7}Sr_{0.3}MnO_{3-\delta}$ の電気抵抗率は，$La_{0.7}Sr_{0.3}MnO_3$ よりも 1 桁以上大きく,

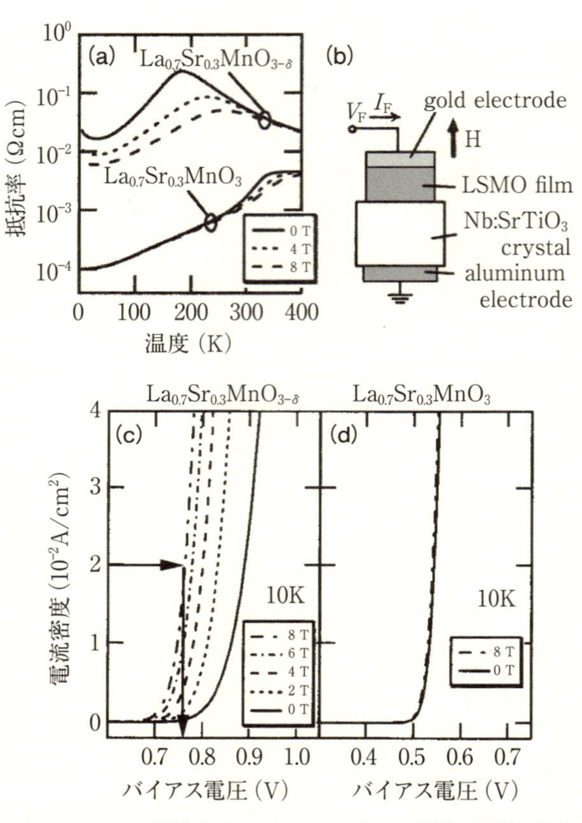

図 3.23　$La_{0.7}Sr_{0.3}MnO_3$ 薄膜と $La_{0.7}Sr_{0.3}MnO_{3-\delta}$ 薄膜の電気抵抗率の温度依存性と，$La_{0.7}Sr_{0.3}MnO_3$/Nb : $SrTiO_3$ 接合と $La_{0.7}Sr_{0.3}MnO_{3-\delta}$/Nb : $SrTiO_3$ 接合の温度 10 K における順方向バイアスの電流-電圧特性[7]．$La_{0.7}Sr_{0.3}MnO_{3-\delta}$/Nb : $SrTiO_3$ 接合の電流-電圧特性は磁場印加により低電圧側にシフト．

300 K 以下では，磁場を印加すると大きく減少する．この電気抵抗率の減少は，磁場による $La_{0.7}Sr_{0.3}MnO_{3-\delta}$ の電子状態の変化に起因していると考えられる．図 3.23 の下の図は，このような磁場応答を示す $La_{0.7}Sr_{0.3}MnO_{3-\delta}$ を n 型半導体 Nb : $SrTiO_3$ の上にエピタキシャル成長させて作製した強相関酸化物 p-n 接合について，温度 10 K で測定した順方向バイアスの電流-電圧特性であ

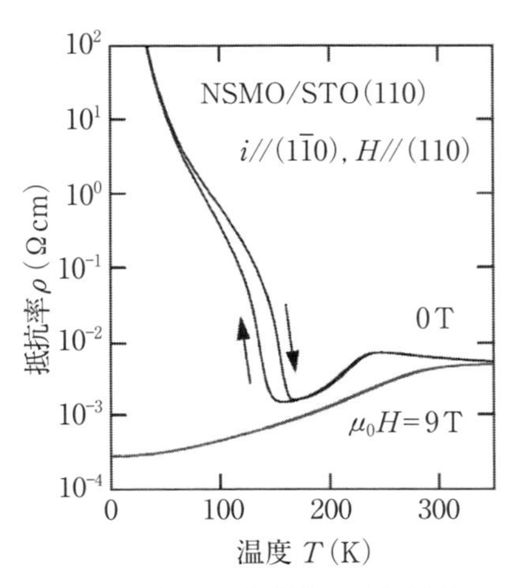

図 3.24 $Nd_{0.5}Sr_{0.5}MnO_3$(NSMO)薄膜の電気抵抗率の温度依存性[8)].

る．磁場を印加すると電流-電圧特性が低電圧側にシフトしている．すなわち，磁場を印加すると接合を流れる電流が大きくなっており，印加電圧 0.76 V で見ると，磁場 8 T を印加すると電流値が 2 桁以上増加している．これは，磁場による $La_{0.7}Sr_{0.3}MnO_{3-\delta}$ の電子状態の変化が，p-n 接合のバンド構造変化を誘起したことによるものと考えらえる．一方，磁場を印加しても電気抵抗率が変化しない $La_{0.7}Sr_{0.3}MnO_3$ と Nb:$SrTiO_3$ の接合では，磁場印加による電流-電圧特性の変化は観測されない．

強相関酸化物 p-n 接合の磁場印加による電流-電圧特性の変化は，$Nd_{0.5}Sr_{0.5}MnO_3$/Nb:$SrTiO_3$ 接合でも観測されている．**図 3.24** は，$Nd_{0.5}Sr_{0.5}MnO_3$ 薄膜の電気抵抗率の温度依存性である[8)]．磁場を印加していない場合，$Nd_{0.5}Sr_{0.5}MnO_3$ 薄膜は 150 K 付近で金属-絶縁体転移を示し，転移温度以下で絶縁相になる．しかし，磁場 9 T を印加すると金属-絶縁体転移が抑制され，極低温まで金属相が安定化する．これは，150 K 以下の温度領域において，磁場により金属-絶縁体転移を誘起できることを示している．このような磁場誘起の金属-絶縁体転移は，磁場により，図 3.22 に示すような電子状態の変化起こったためと考えられる．この磁場誘起の金属-絶縁体転移を示す $Nd_{0.5}Sr_{0.5}MnO_3$ を Nb:$SrTiO_3$ 上にエピタキシャル成長させて作製した p-n

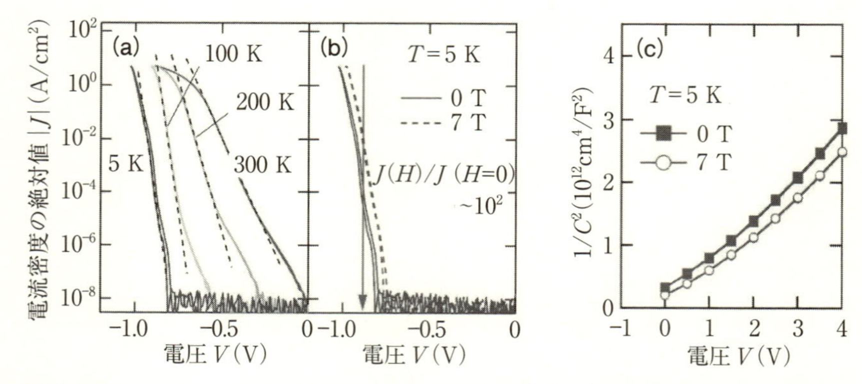

図 3.25　$Nd_{0.5}Sr_{0.5}MnO_3$(NSMO)/Nb : $SrTiO_3$ 接合の電流-電圧特性と静電容量($1/C^2$)-電圧特性[8]．NSMO の金属-絶縁体転移温度以下の低温において，磁場印加により電流-電圧特性と静電容量($1/C^2$)-電圧特性がシフト．

接合の順方向バイアスの電流-電圧特性は，**図 3.25** に示すように，$La_{0.7}Sr_{0.3}MnO_{3-\delta}$/Nb : $SrTiO_3$ 接合の場合(図 3.23(c))と同様に，磁場を印加すると電流値が約 2 桁増加する．また，磁場を印加すると接合の静電容量 C も増加する．このような電流値と静電容量の増加は，磁場印加より $Nd_{0.5}Sr_{0.5}MnO_3$ の電子状態が変化し，接合のバンド構造が変化した結果と考えられる．磁場印加により図 3.22 のようなバンドギャップの消失が起きたと考えると，$Nd_{0.5}Sr_{0.5}MnO_3$/Nb : $SrTiO_3$ 接合は，磁場印加により p-n 接合からショットキー接合へと変化していることになる．磁場等の外場の刺激による p-n 接合からショットキー接合へのバンド構造の変化は，通常の半導体の接合では起きない現象であり，強相関酸化物 p-n 接合に特有の現象の一つである．

3.3.4　酸化物太陽電池

通常の太陽電池に用いられている半導体の Si のバンドギャップは約 1.2 eV である．先に述べたように，太陽電池はバンドギャップ以上のエネルギーを持った光子を吸収して発電するが，バンドギャップよりも大きな部分の光の大半は熱となってしまうため，発電にはほとんど寄与していない．一方，**図 3.26** に示した地上に届く太陽光のスペクトルを見ると，シリコンのバンド

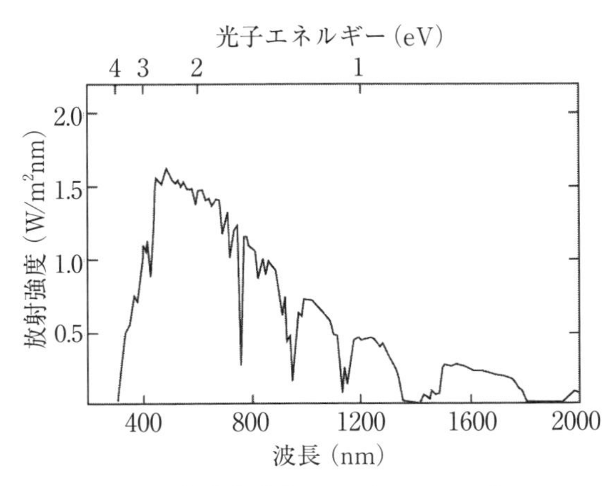

図 3.26　基準太陽光(AM-1)のスペクトル.

ギャップよりも大きなエネルギーを持った可視光領域にピークがあることがわかる．Si の太陽電池で利用できていないこのようなエネルギー領域の光も発電に利用することができれば，太陽電池の高効率化につながるため，バンドギャップの異なる太陽電池(p-n 接合)を積層した多接合太陽電池の研究開発が進められている．酸化物半導体の特長の一つに，ワイドギャップがあり，ワイドギャップ酸化物半導体を用いて太陽電池が作製できれば，高いエネルギー領域の太陽光による発電が実現できるものと期待される．

効率の良い太陽電池を作製するには，大きなキャリア移動度と拡散長を有する半導体が必要である．n 型酸化物半導体としては，有機材料を用いた色素増感太陽電池にも用いられている TiO_2 や ZnO など，比較的大きなキャリア移動度と拡散長を有する材料がある．一方，p 型酸化物半導体については，そのような特性を持った太陽電池材料の候補は少ない．少ない候補の中で最もよく用いられている材料の一つが Cu_2O である．Cu_2O のハンドギャップは～2.1 eV であり，ホールキャリア密度 1×10^{14} cm^{-3} において 200 cm^2/Vs を越える大きな移動度を持った薄膜の作製も報告されている．Miyata らは[9]，Cu 板を熱酸化するという簡単な方法で作製した多結晶 Cu_2O シート上に，n 型酸化物半導体の ZnO と Al ドープ ZnO(AZO)の薄膜を積層して作製した太陽電池により，**図 3.27** に示すように，4% 程度と酸化物太陽電池としては非常に高い

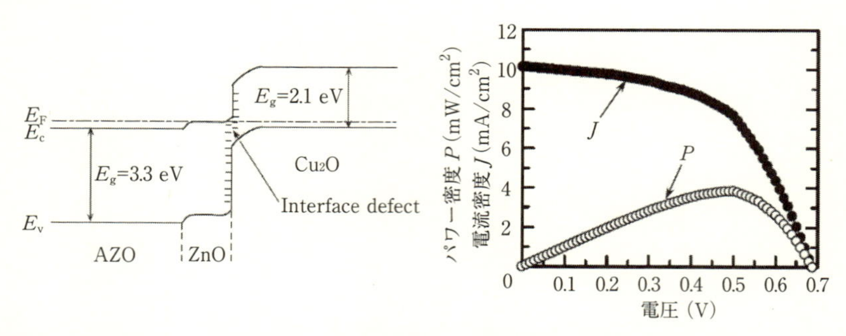

図 3.27　Al ドープ ZnO(AZO)/ZnO/Cu_2O 太陽電池の(左)予想されるバンド構造，(右)電流密度-電圧特性と出力密度-電圧特性[9)].

電力変換効率を報告している．図 3.27 のバンド図にあるように，多結晶 Cu_2O と ZnO の界面にはキャリアの再結合の要因となる多くの欠陥が存在するものと考えられるにもかかわらず，このような高い電力変換効率が実現されていることは，界面構造の制御・改善によりさらなる電力変換効率向上の可能性も秘めている．

3.3.5　酸化物発光デバイス

GaN を用いた青色発光ダイオードが実用化され，光の 3 原色を全て発光ダイオードで出せるようになって以降，青色よりもさらに波長の短い紫外線を発光できる発光ダイオードの研究開発が展開されている．紫外線発光ダイオードは，可視領域の光を励起する光源として利用でき，蛍光灯を置き換える照明などへの応用が期待されている．紫外線発光ダイオードの作製には，紫外線に相当する大きなバンドギャップを有する半導体，すなわち透明な半導体が必要である．スズドープ酸化インジウム(Indium Tin Oxide；ITO)に代表されるように，酸化物にはバンドギャップの大きな透明半導体や透明導電体(縮退半導体)があり，それらを用いた紫外線発光ダイオードの研究開発が行われている．

発光デバイスの実現には，p-n 接合を作製する必要があるが，酸化物の多くは p 型または n 型のどちらか一方の特性しか示さない．また，前述のように TiO_2 や ZnO 等，ダイオードに好適な大きなキャリア移動度，キャリア拡散長を有するワイドギャップ n 型透明酸化物半導体はあるものの，そのような特

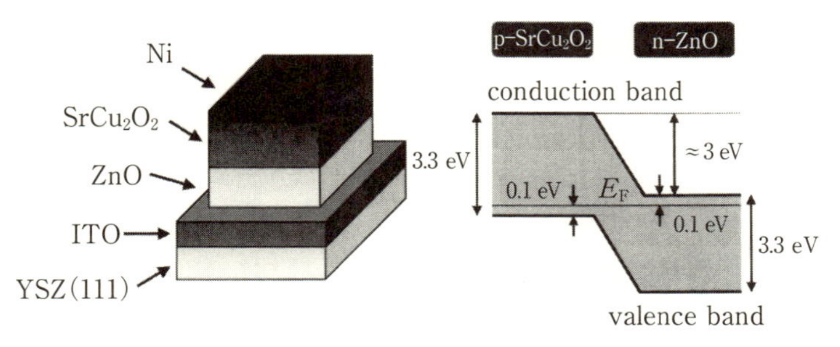

図 3.28　$SrCu_2O_2$/ZnO 紫外線発光ダイオードの（左）素子構造と（右）バンド構造の模式図[10]．

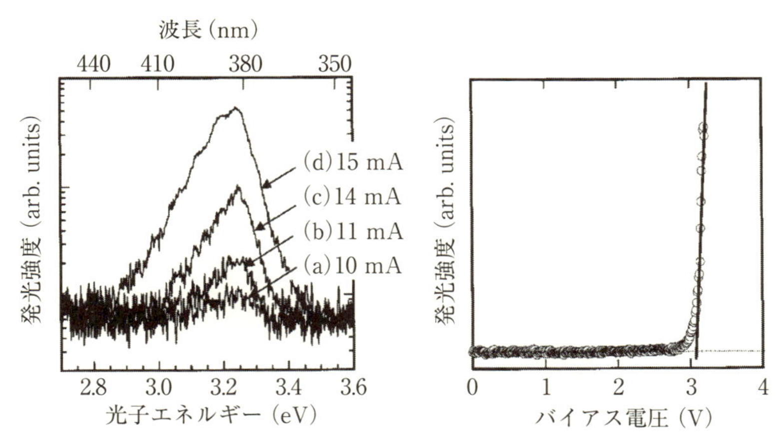

図 3.29　$SrCu_2O_2$/ZnO 紫外線発光ダイオードの（左）発光スペクトルと（右）発光強度の印加電圧依存性[11]．

性を有するワイドギャップ p 型透明酸化物半導体は非常に少ない．そのため，酸化物の紫外線発光ダイオードの実現には，ワイドギャップ p 型半導体の開発とその高品位薄膜の作製が課題であった．これら課題を解決し，酸化物 p-n 接合による最初の紫外線発光ダイオードが 2000 年に実現された．Hosono らは，バンドギャップが～3.3 eV の p 型透明酸化物半導体 $SrCu_2O_2$ を開発し，それと n 型透明酸化物半導体 ZnO をつなぎ合わせた p-n 接合（**図 3.28**）を作製することで[10]，**図 3.29** に示すように，波長 382 nm（～3.25 eV）の紫外線の

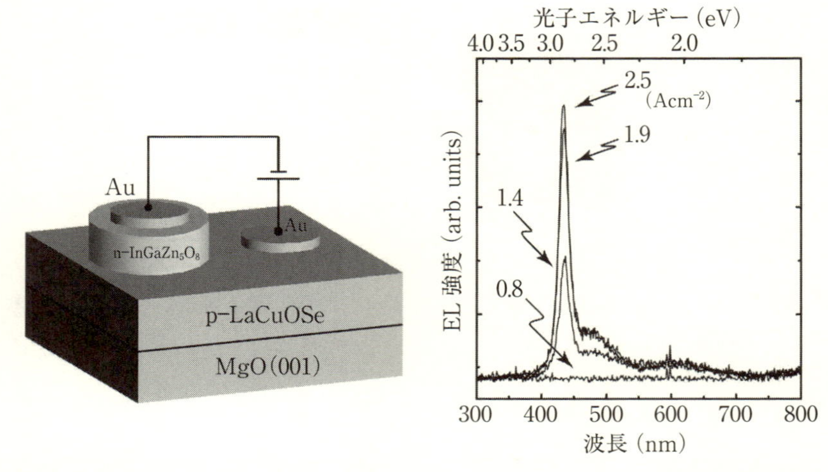

図 3.30　LaCuOSe/$InGaZn_5O_8$ 青色発光ダイオードの(左)素子構造の模式図と(右)発光スペクトル[12].

発光に成功した[11]．この接合では，$SrCu_2O_2$ は発光しない材料であるため，$SrCu_2O_2$ から ZnO へのキャリア注入により，ZnO で発光が起きている．

発光ダイオードは，大きなキャリア移動度を持った半導体から，大きな少数キャリア拡散長を持った材料にキャリアを注入して発光させると，発光効率が上昇する．酸化物半導体の多くは，価電子帯は酸素の p 軌道から構成されており，バンドがフラットであるため移動度が小さい．そのため，n 型から p 型にキャリアを注入して発光させる方が高い発光効率を得ることができる期待される．Hosono らは，大きなキャリア移動度(~8 cm^2/Vs)を持ち，発光する p 型酸化物半導体 LaCuOSe と，大きなキャリア移動を持った n 型透明酸化物半導体の $InGaZn_5O_8$ をつなぎ合わせた p-n 接合を開発し，LaCuOSe 中での発光を実現した(**図 3.30**)[12]．この LaCuOSe はバンドギャップが~2.8 eV と $SrCu_2O_2$ よりも小さく，透明半導体ではないことから，この p-n 接合の発光は紫外線ではなく，中心波長が~430 nm の青色光である．

上記の発光ダイオードは，p 型と n 型の材料が異なるヘテロ p-n 接合であるが，同じ母材料の p 型と n 型をつなぎ合わせたホモ p-n 接合の発光ダイオードも開発されている．Tsukazaki と Kawasaki らは，p 型透明酸化物半導体であるNドープZnO(ZnO:N)の結晶性の優れた高品位薄膜の作製技術を開発し，それと絶縁体ZnO，n型ZnOをつなぎ合わせることにより，青色光を発光するp-i-n接合を実現した[13]．

ZnOの励起子束縛エネルギーは～60 meVであり，GaAsの～5 meVやGaNの～24 meVよりも大きいことから，励起子準位を介した再結合による高効率の発光が期待される材料である．また，ZnOは他の短波長発光材料に比べ安価な材料である．そのため，ZnOのホモ接合による安価な短波長発光ダイオードの研究開発が精力的に行われている．ZnOは，酸素欠損やGa等のドナーとなる不純物のドーピングによりn型ZnOを作製するのは容易であるが，N等のアクセプタとなる不純物をドープしたp型ZnOを作製するのが困難であった．TsukazakiとKawasakiらは，この課題を克服するため，反復温度調整法を考案し，表面が平坦で結晶性の良いp型のZnO:N薄膜の作製をした[13]．表面が平坦で結晶性の良いZnO薄膜を作製するためには，基板温度を1000℃以上に上げる必要があるが，基板温度を上げると薄膜からNが抜けて

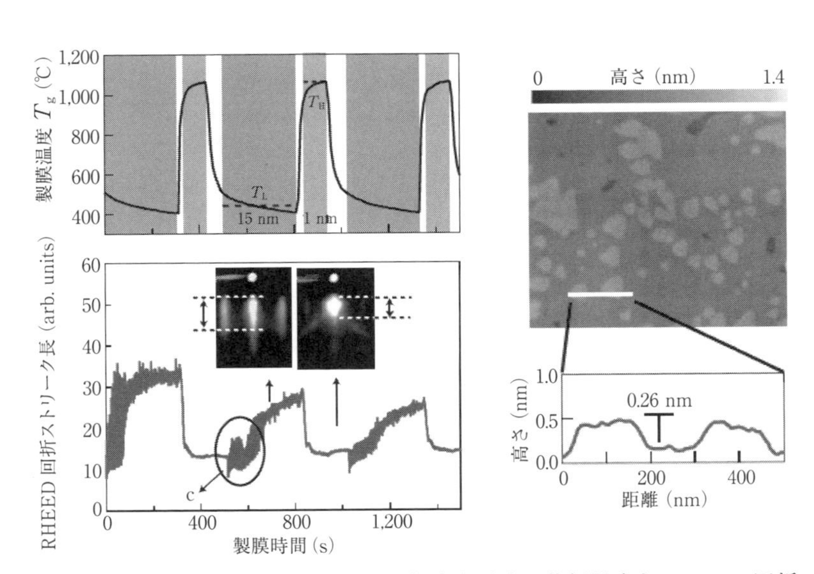

図 3.31 (左)反復温度調整法における薄膜成長時の基板温度とRHEED回折ストリーク長の時間変化[13]．(右)反復温度調整法により作製したZnO:N薄膜の表面AFM像[13]．

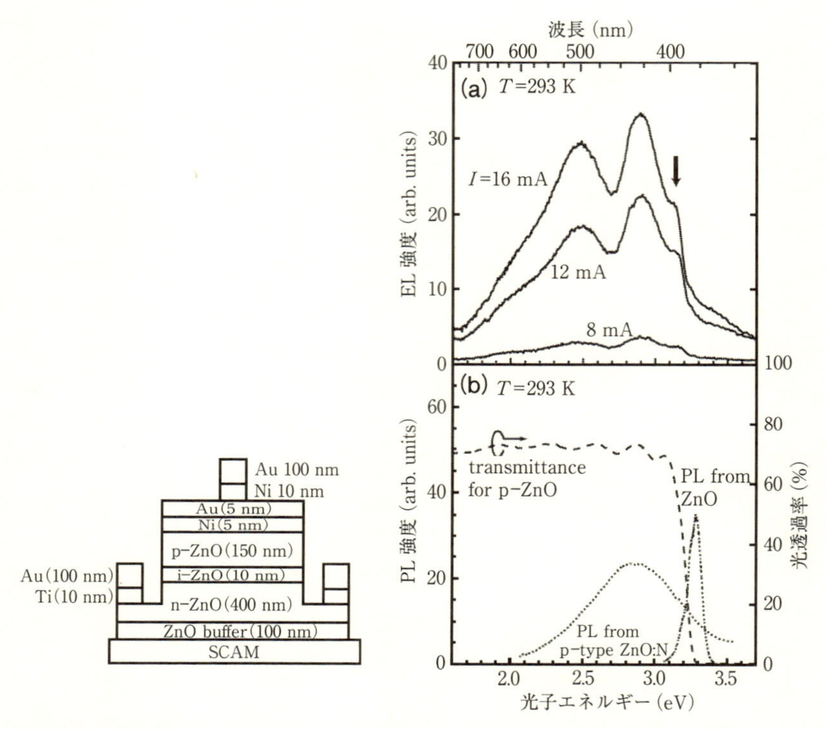

図 3.32　(左)ZnO ホモ p-i-n 青色発光ダイオードの素子構造の模式図．(右上)発光ダイオードの発光スペクトル．(右下)n 型 ZnO と p 型 ZnO:N のフォトルミネッセンススペクトルと，p 型 ZnO:N の光透過スペクトル[14]．

しまう．一方，基板温度を 400℃程度にして製膜すると，効果的に N をドープすることができるものの，表面の平坦性が悪くなる．そこで，基板温度を 400℃程度と 1000℃程度の間で反復して変化させながら薄膜作製を行う反復温度調整法を用いることにより，効果的な N ドープと表面が平坦な結晶性の良い薄膜の作製の両立に成功している(**図 3.31**)．**図 3.32** に示すデバイスの発光スペクトルには，～420 nm と～500 nm の二つの発光ピークが見られるが，これらは p 型 ZnO:N から発光した 440 nm の光が ZnO 層内で回折したことに起因している[14]．上記のデバイスの薄膜は PLD 法により $ScAlMgO_4$ (SCAM)基板上に作製されていたが，製膜方法を MBE に，基板を ZnO の単

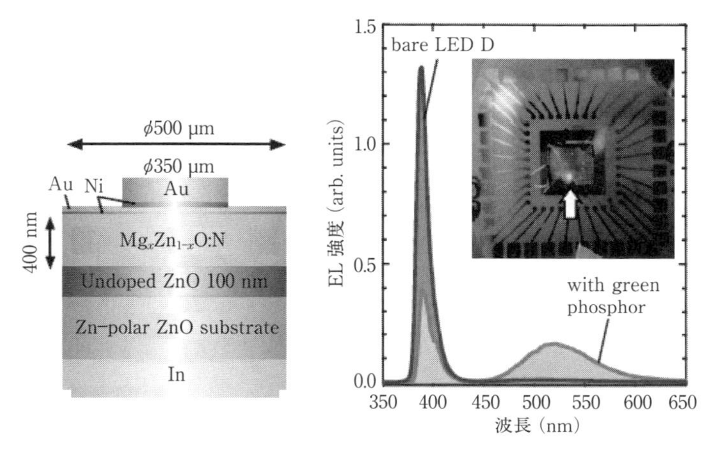

図 3.33　(左)ZnO ホモ p-i-n 紫外線発光ダイオードの素子構造[15]．(右)紫外線発光ダイオードの発光スペクトルと緑色蛍光体の励起発光スペクトル[15]．

結晶基板に変更することにより結晶性を向上させ，さらに Zn の一部を Mg に置換することによりバンドギャップを大きくすることで，ZnO ホモ p-i-n 接合による紫外線発光ダイオードも実現されている(**図 3.33**)[15]．この発光ダイオードにより緑色蛍光体を励起させた緑色発光も観測されており，今後，特性の向上が進めば，ZnO 紫外線発光ダイオードによる蛍光体励起型白色発光ダイオードの実現も期待される．

参考文献

1) W. Schottky, Naturwissenschaften, **26**, 843(1938).
2) S. M. Sze and Kwok. K. Ng, Physics of Semiconductor devices, 3rd ed., John Wiley & Sons, Inc. New Jersey(2007).
3) A. M. Cowley and S. M. Sze, J. Appl. Phys., **36**, 3212(1965).
4) A. Sawa et al., Appl. Phys. Lett., **90**, 252102(2007).
5) M. Nakamura et al., Phys. Rev. B **82**, R201101(2010).
6) T. Yajima et al., Nature Comm., **6**, 6759(2015).
7) N. Nakagawa et al., Appl. Phys. Lett., **86**, 082504(2005).

8）J. Matsuno et al., Appl. Phys. Lett., **92**, 122104(2008).
9）T. Minami et al., Appl. Phys. Express, **4**, 062301(2011).
10）H. Ohta et al., J. Appl. Phys., **89**, 5720(2001).
11）H. Ohta et al., Appl. Phys. Lett., **77**, 475(2000).
12）H. Hiramatsu et al., Appl. Phys. Lett., **87**, 211107(2005).
13）A. Tsukazaki et al., Nat. Mater., **4**, 42(2005).
14）A. Tsukazaki et al., Jpn. J. Appl. Phys., **44**, L643(2005).
15）K. Nakahara et al., Appl. Phys. Lett., **97**, 013501(2010).

4

酸化物トンネル接合

ショットキー接合，p-n 接合と並んで，多様な機能を示す接合にトンネル接合がある．トンネル接合とは，絶縁体の極薄膜を二つの導体(電極)で挟み込んだ構造の接合であり，電圧を印加するとトンネル効果により電子が絶縁体を通り抜けて，片方の導体からもう片方の導体へと移動する．導体に強磁性体を用いたトンネル接合は磁気トンネル接合(Magnetic Tunneling Junction；MTJ)と呼ばれ，トンネル磁気抵抗効果(Tunnel Magentoresistance Effect；TMR Effect)を示す．この MTJ は磁気記憶装置のハードディスクの読出ヘッドとして実用化されている．また，導体に超伝導体を用いたトンネル接合はジョセフソン接合(Josephson junction)と呼ばれ，巨視的な量子現象であるジョセフソン効果(Josephson effect)を示す．このジョセフソン接合は電圧標準に用いられており，二つのジョセフソン接合の並列回路である超伝導量子干渉計(Superconducting Quantum Interference Device；SQUID)は高感度の磁気センサーとして実用化されている．本章では，このような多様な機能を示すトンネル接合の基本的な特性を述べた後，酸化物 MTJ と酸化物超伝導体トンネル接合について述べる．

4.1　トンネル効果と接合の伝導特性

4.1.1　トンネル電流の Simmons モデル

ここでは，金属を電極とするトンネル接合の電流-電圧特性を用いて，トンネル接合の基本的な特性を説明する．Simmons は，図 4.1 に示すような任意のポテンシャル形状のトンネル障壁を有するトンネル接合について，トンネル電流の一般式を与えており，その一般式は Simmons モデルとしてトンネル接合の電流-電圧特性の解析によく用いられている[1)]．Simmons モデルでは，トンネル接合に電圧 V を印加した際に流れるトンネル電流 J_{T} は，

$$J_{\mathrm{T}} = J_0[e\tilde{\phi}\exp(-A\sqrt{e\tilde{\phi}}) - e(\tilde{\phi}+V)\exp(-A\sqrt{e(\tilde{\phi}+V)})] \qquad (4.1)$$

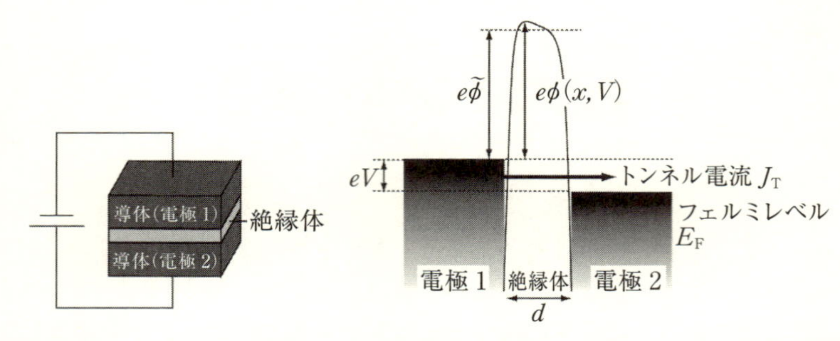

図4.1　トンネル接合の構造とバンド構造の模式図．V はトンネル接合に印加した電圧，$e\tilde{\phi}$ はトンネル障壁の平均高さ，d はトンネル障壁の厚さ．

$$\tilde{\phi}=\frac{1}{\Delta d}\int_0^d \phi(x, V)\mathrm{d}x \tag{4.2}$$

$$J_0=\frac{e}{2\pi h(\beta\Delta d)^2} \tag{4.3}$$

$$A=\left(\frac{4\pi\beta\Delta d}{h}\right)\sqrt{2m} \tag{4.4}$$

で与えられる．ここで，d はトンネル障壁の物理的な厚さ，Δd はトンネル障壁の実効的な厚さ，e は素電荷，m は電子の有効質量，h はプランク定数である．また，β は補正因子で，ほぼ1である．(4.1)式の第1項は電極1から電極2へのトンネル電流，第2項は電極2から電極1へのトンネル電流である．絶縁体の厚さがトンネル障壁の厚さ（$d=\Delta d$），また接合全体をトンネル電流が均一に流れているならば，トンネル接合の電流-電圧特性を(4.1)式で解析することにより，トンネル障壁の平均高さ（$e\tilde{\phi}$）を求めることができる．

次に，Simmons のモデルを用いて，**図4.2** に示すような理想的な矩形のトンネル障壁を持ったトンネル接合のトンネル電流を求めてみる．以下に示すように，印加する電圧と障壁の高さの関係により，トンネル電流は三つ異なる電圧依存性を示す．

・$V \ll \phi_0$　($V \approx 0$)

図4.2(a)のように，電圧がトンネル障壁高さよりも十分に小さい領域で

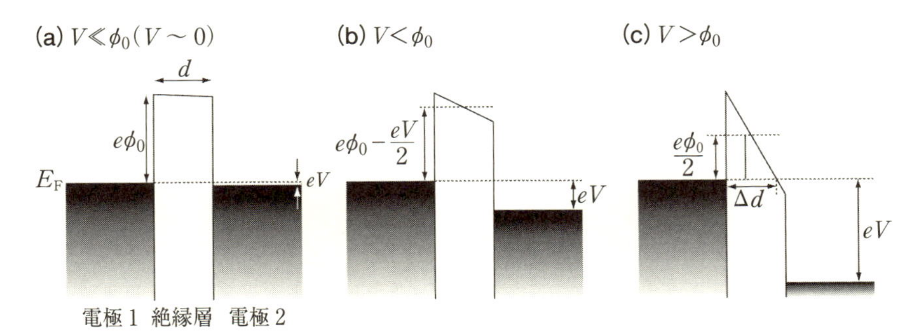

図 4.2 理想的な矩形のトンネル障壁を持ったトンネル接合のバンド構造の印加電圧依存性．Simmons のモデルでは，トンネル障壁の平均高さ，実効的なトンネル障壁の厚さが印加電圧に依存する．(c)は Fowler-Nordheim トンネルに対応．

は，(4.1)式は，

$$J_T = J_L \sqrt{e\tilde{\phi}}\, V \exp(-A\sqrt{e\tilde{\phi}}) \tag{4.5}$$

$$J_L = \frac{\sqrt{2m}}{\Delta d}\left(\frac{e}{h}\right)^2 \tag{4.6}$$

に書き換えられる．この式は，電圧がトンネル障壁に比べて十分に小さい場合，電流-電圧特性はオーミックになることを示している．ここで，図 4.1 (a)に示すような理想的な場合，$\Delta d = d$，$\tilde{\phi} = \phi_0$ であるので，

$$J_T = \frac{\sqrt{2me\phi_0}}{d}\left(\frac{e}{h}\right)^2 V \exp\left(-\frac{4\pi d\sqrt{2me\phi_0}}{h}\right) \tag{4.7}$$

となる*1

・$V < \phi_0$

次に，図 4.2(b)のように，電圧が十分に大きくなると，トンネル障壁の高さが電圧依存するようになり，その平均の高さは，

---

*1 Simmons の論文[1)]では，J_T は係数 1.5 がかかり，第 1 章の走査プローブ顕微鏡で示したトンネル電流の式が与えられている．

$$\tilde{\phi} = \phi_0 - \frac{V}{2} \tag{4.8}$$

で与えられる．この式を(4.1)式に代入すると，

$$J_{\mathrm{T}} = \frac{e}{2\pi h d^2}\left[e\left(\phi_0 - \frac{V}{2}\right)\exp\left(-\frac{4\pi d\sqrt{2me\left(\phi_0 - \frac{V}{2}\right)}}{h}\right)\right.$$
$$\left. - e\left(\phi_0 + \frac{V}{2}\right)\exp\left(-\frac{4\pi d\sqrt{2me\left(\phi_0 + \frac{V}{2}\right)}}{h}\right)\right] \tag{4.9}$$

が得られる．

・$V > \phi_0$

最後に，図4.2(c)のように，電圧がトンネル障壁の高さよりも大きくなると，実効的なトンネル障壁の厚さは電圧に依存するようになり，電極1のフェルミレベルにおける実効的なトンネル障壁の厚さは

$$\Delta d = \frac{d\phi_0}{V} \tag{4.10}$$

となる．また，トンネル障壁の平均高さは，元の高さの1/2になるので，

$$\tilde{\phi} = \frac{\phi_0}{2} \tag{4.11}$$

となる．さらに，このような電圧領域では，電極2から電極1へのトンネル電流は，電極1から電極2へのトンネル電流に比べて十分に小さくなるため，トンネル電流を求める際は，(4.1)式の第1項だけを考慮すればよい．したがって，上記の2式を(4.1)式に代入すると，

$$J_{\mathrm{T}} = \frac{e^2}{4\pi h\phi_0\beta^2}\left(\frac{V}{d}\right)^2\exp\left[-\frac{4\pi\beta\sqrt{m}}{eh}\left(\frac{d}{V}\right)(e\phi_0)^{\frac{3}{2}}\right] \tag{4.12}$$

が得られる．電圧がトンネル障壁の高さよりも小さい場合，βはほぼ1であったが，電圧がトンネル障壁の高さよりも大きい場合は約23/24となり，1よりも小さくなる．

4.1.2 Fowler-Nordheim トンネル

トンネル効果は，通常，トンネル障壁である絶縁層の厚さが数ナノメートル以下の極薄い場合に発現する．一方，Simmons のモデルを用いて矩形トンネル障壁のトンネル電流を考えた際に示したように，接合に印加する電圧がトンネル障壁の高さよりも大きい場合，実効的なトンネル障壁の厚さは絶縁層の物理的厚さよりも薄くなる．そのため，絶縁層が厚い場合でも，高い電圧を印加すると，実効的な障壁の厚さが数ナノメートルになり，トンネル効果による電流が流れる．このようなトンネル効果が，Fowler-Nordheim トンネル(FN トンネル)である[2,3]．

Simmons のモデルでは，Fowler-Nordheim トンネルのトンネル電流は(4.12)式で与えられる．しかし，Simmons のモデルでは(4.11)式で与えられるトンネル障壁の平均高さを用いているため，トンネル確率にトンネル障壁高さの x 依存性と電圧依存性の効果が取り入れられていない．第1章で示したように，x 依存性と電圧依存性を考慮した WKB 近似のトンネル確率は，

$$P(E, V) = \exp\left(-\frac{4\pi\sqrt{2m}}{h}\int_0^d \sqrt{e\phi(x, V) - E}\,\mathrm{d}x\right) \tag{4.13}$$

で与えられる．図 4.2(c)のような状況では，トンネル障壁内の x における障壁高さ $\phi(x, V)$ は，

$$\phi(x, V) = \phi_0 - \frac{V}{d}x \tag{4.14}$$

で与えられる．この式を(4.13)式に代入し，$x=0$ から $\Delta d(=(\phi_0 - E)d/eV)$ まで積分してトンネル確率を求めると，

$$P(E, V) = \exp\left[-\frac{8\pi\sqrt{2m}}{3he}\left(\frac{d}{V}\right)(e\phi_0 - E)^{\frac{3}{2}}\right] \tag{4.15}$$

が得られる．このトンネル確率を用いると，トンネル電流は，

$$J_\mathrm{T} = \frac{4\pi em}{h^3}\int_{E_{\mathrm{F}_2}}^{E_{\mathrm{F}_1}} \exp\left[-\frac{8\pi\sqrt{2m}}{3he}\left(\frac{d}{V}\right)(e\phi_0 - E)^{\frac{3}{2}}\right]E\,\mathrm{d}E \tag{4.16}$$

で与えられる．電圧 V を印加した状況での電極1のフェルミエネルギー E_{F1} から電極2のフェルミエネルギー E_{F2} まで積分，すなわち0から eV まで積分することにより，トンネル電流が得られる．しかし，この式は解析的に解けな

いため，ϕ_0 の周りのテーラー級数を用いて解くと，

$$J_{\mathrm{T}}=\frac{e^2}{8\pi h\phi_0}\left(\frac{V}{d}\right)^2\exp\left[-\frac{8\pi\sqrt{2m}}{3eh}\left(\frac{d}{V}\right)(e\phi_0)^{\frac{3}{2}}\right] \tag{4.17}$$

が得られる．この式と Simmons モデルの(4.12)式は係数が異なるものの，両式とも，J_{T} と V の間には $\log(J/V^2)\propto 1/V$ の関係が成り立つことを示している．

4.1.3　その他の伝導過程

トンネル効果の他に，絶縁体を二つの導体で挟んだ接合における電荷の伝導過程には，熱電子放射(ショットキー放射とも呼ばれる)，Poole-Frenkel 伝導，空間電荷制限電流(Space-Charge Limited Current；SCLC)などがある．ここでは，これら三つの伝導過程について簡単に説明する．

・熱電子放射

熱電子放射は，第3章のショットキー接合で説明したように，障壁よりも高いエネルギーを持った熱電子の放射過程による伝導である．**図4.3**(a)のような電圧印加状態においては，熱電子放射により右の電極から左の電極へ流れる電流は無視できるほど小さい．その場合，熱電子放射による左の電極から右の電極へ流れる電流だけを考慮すればよいので，接合を流れる電流は第3章の(3.15)式で与えられ，理想的な場合，印加電圧に依存せず一定の値になる．しかし，実際には，接合に電圧を印加すると，鏡像効果により，印加電圧に依存して障壁が低くなる．その減少量 $\Delta\phi$ は，

$$\Delta\phi=\sqrt{\frac{eV}{4\pi\varepsilon_0\varepsilon_{\mathrm{i}}d}} \tag{4.18}$$

で与えられる．ここで，ε_0 は真空の誘電率，ε_{i} は絶縁層の比誘電率である．(3.15)式に，障壁の高さとして $\phi-\Delta\phi$ を代入することにより，熱電子放射の電流-電圧特性として，

$$J=A^*T^2\exp\left(-\frac{e\left(\phi-\sqrt{\dfrac{eV}{4\pi\varepsilon_0\varepsilon_{\mathrm{i}}d}}\right)}{k_{\mathrm{B}}T}\right) \tag{4.19}$$

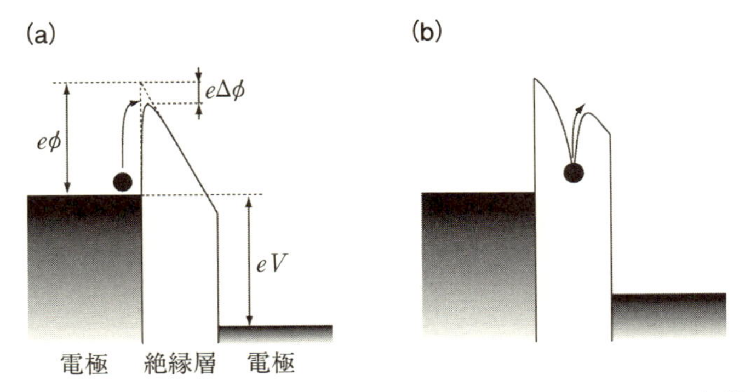

図 4.3 (a)熱電子放射(ショットキー放射)と(b)Poole-Frenkel 伝導の模式図. 熱電子放射では鏡像効果により印加電圧に依存して障壁が低くなる. Poole-Frenkel 伝導では絶縁層中にトラップされた電子が熱励起されて伝導する.

が得られる. ここで, A^* はリチャードソン定数, T は温度, k_B はボルツマン定数である. この式より, 熱電子放射の過程では, J と V の間には, $\log J \propto \sqrt{V}$ の関係が成り立つことがわかる.

・Poole-Frenkel 伝導

Poole-Frenkel 伝導は, 図 4.3(b)に示すような絶縁層中にトラップされた電子が, 熱励起されることにより電流が流れる伝導機構である[2,4]. まず, 電子はクーロンポテンシャル $V_C(r)$,

$$V_C(r) = -\frac{e^2}{4\pi\varepsilon_0\varepsilon_i r} \tag{4.20}$$

により束縛されていると考える(**図 4.4**(a)). ここで, r はトラップサイトからの距離である. ここに電界 $E(=V/d)$ を印加すると, 電子が感じるポテンシャル $V(r)$ は, $V_C(r)$ から電界効果 (eEr) の分だけ小さくなるので,

$$V(r) = V_C(r) - eEr = -\frac{e^2}{4\pi\varepsilon_0\varepsilon_i r} - eEr \tag{4.21}$$

で与えられる(図 4.4(b)). 次に, $V(r)$ の最大値を考える. $V(r)$ が最大となるのは, $\mathrm{d}V(r)/\mathrm{d}r = 0$ となる r の位置であり,

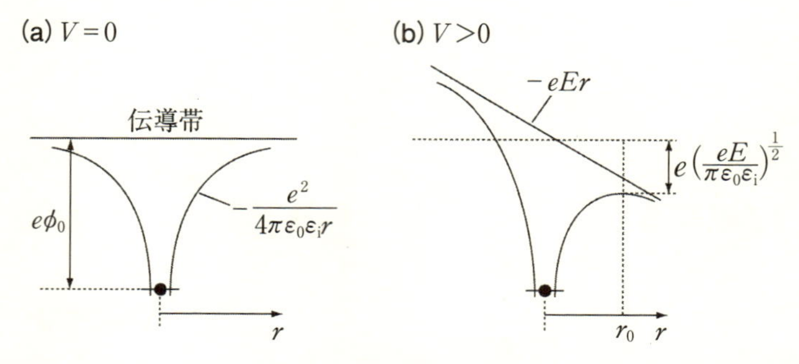

図 4.4　Poole-Frenkel 伝導における障壁の印加電圧による変化の模式図.

$$r_0=\sqrt{\frac{e}{4\pi\varepsilon_0\varepsilon_i E}} \tag{4.22}$$

で与えられる．したがって，$V(r)$ の最大値は，

$$V(r_0)=-e\sqrt{\frac{eE}{\pi\varepsilon_0\varepsilon_i}}=-e\sqrt{\frac{eV}{\pi\varepsilon_0\varepsilon_i d}} \tag{4.23}$$

となる．この $V(r_0)$ は，電圧印加によりトラップ電子の活性化エネルギーが減少した量に対応する．絶縁体の移動度は $\mu(\phi)=\mu_0\exp(-e\phi/k_BT)$（$\phi$ は活性化エネルギー）であることから，Poole-Frenkel モデルにおける電圧印加した際の移動度 $\mu(V)$ は，

$$\mu(V)=\mu_0\exp\left[-\frac{e\left(\phi_0-\sqrt{\dfrac{eV}{\pi\varepsilon_0\varepsilon_i d}}\right)}{k_BT}\right] \tag{4.24}$$

で与えられる．ここで，ϕ_0 は電圧を印加する前の活性化エネルギーである（図 4.4（a））．電流は移動度と電界の積に比例するので，Poole-Frenkel モデルでは，電流-電圧特性は，

$$J\propto\frac{V}{d}\exp\left[-\frac{e\left(\phi_0-\sqrt{\dfrac{eV}{\pi\varepsilon_0\varepsilon_i d}}\right)}{k_BT}\right] \tag{4.25}$$

となり，J と V の間には，$\log(J/V)\propto\sqrt{V}$ の関係が成り立つことになる．

・空間電荷制限電流

図 4.5 に示すような比較的厚い絶縁層に対してほぼオーミックな電極を接続した接合では，電極から絶縁層に注入された電荷の多くはもう一方の電極に到達することができないため，注入電極側の電荷密度が高くなり，空間電荷層が形成される．絶縁層を流れる電流は，この空間電荷層に制限を受けることから，このような伝導過程(電流)は空間電荷制限電流と呼ばれる．

電流 J は，電荷密度 n，ドリフト移動度 μ，電界 E を用いて，$J=en\mu E$ で表される．金属のように n の空間変化が無視できる場合，E は空間変化せず一定の値となるが，ここで考えている空間電荷を有する絶縁層の伝導の場合，n と E は空間変化する(1 次元モデルでは x に依存する)．この電流の式を，マクスウェル方程式に代入すると，

$$\frac{\partial E}{\partial x}=\frac{en}{\varepsilon_0\varepsilon_\mathrm{i}}=\frac{J}{\varepsilon_0\varepsilon_\mathrm{i}E} \tag{4.26}$$

が得られ，

$$E\partial E=\frac{J}{\varepsilon_0\varepsilon_\mathrm{i}\mu}\partial x \tag{4.27}$$

となる．この式を，$x=0$ において $E=0$ の境界条件で積分すると，

$$E(x)=\sqrt{\frac{2Jx}{\varepsilon_0\varepsilon_\mathrm{i}\mu}} \tag{4.28}$$

が得られる．ポアソン方程式より，電圧 V は電界 $E(x)$ を絶縁層の厚さ d まで積分することにより得られることから，

$$V=\sqrt{\frac{2J}{\varepsilon_0\varepsilon_\mathrm{i}\mu}}\int_0^d\sqrt{x}\,\mathrm{d}x=\sqrt{\frac{8J}{9\varepsilon_0\varepsilon_\mathrm{i}\mu}}\,d^{\frac{3}{2}} \tag{4.29}$$

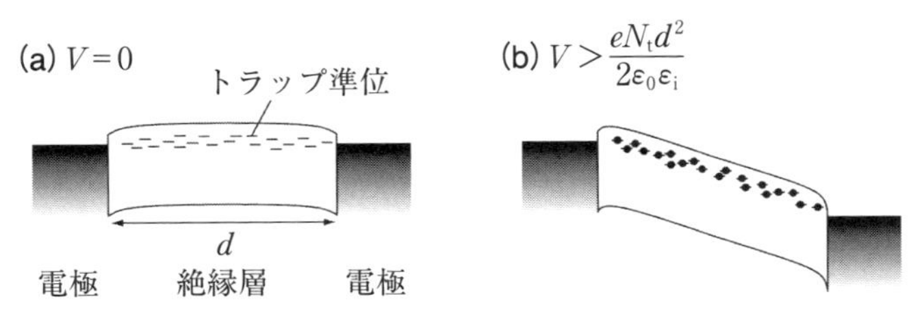

図 4.5　浅いトラップ準位を有する場合の空間電荷制限電流モデルの模式図．

となる．この式を変形することにより，電流-電圧特性は，

$$J = \frac{9\varepsilon_0\varepsilon_i\mu V^2}{8d^3} \tag{4.30}$$

で与えられる．この関係式はチャイルド則(child's law)と呼ばれ，トラップのない絶縁体の空間電荷制限電流を与える．

絶縁体中に浅いトラップ準位が存在する場合，電極から注入された電荷は，空間電荷層を形成する前に，トラップ準位に捕獲される．そして，トラップ準位が全て埋まった後，空間電荷層を形成する．ここで，トラップ準位の密度を N_t とすると，トラップ準位が全て埋まる電圧 V_t は，ポアソン方程式より，

$$V_t = \frac{eN_t}{\varepsilon_0\varepsilon_i}\int_0^d x\mathrm{d}x = \frac{eN_t d^2}{2\varepsilon_0\varepsilon_i} \tag{4.31}$$

で与えられる．印加電圧 V が V_t よりも小さい領域では，注入された電荷はトラップ準位にトラップされるため，伝導は絶縁体内に元々存在する少量の電荷によるオーミック伝導が支配的になる(**図4.6**)．V が V_t より大きくなると，注入された電荷により空間電荷層が形成し，注入された電荷による空間電荷制

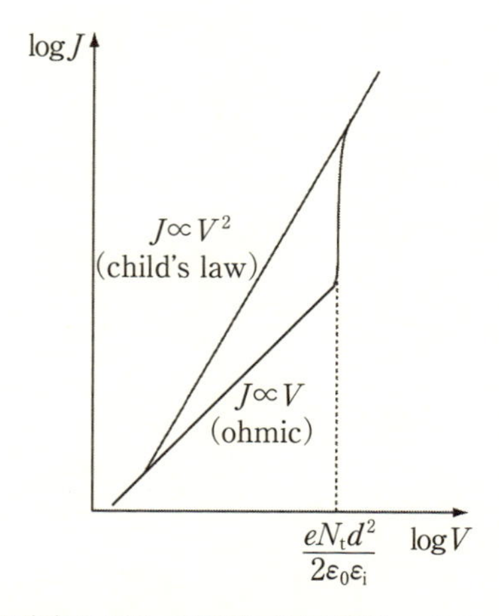

図4.6　空間電荷制限電流モデルの電流-電圧特性．トラップ準位がない理想的な場合，電流は電圧の2乗に比例する(child's law)．トラップ準位がある場合，トラップ準位が電荷で全て埋まる電圧までオーミック伝導を示し，その後，child's law へと移行する．

限電流が支配的になる．そのため，電流-電圧特性は，$V \approx V_t$ で急激な電流増加を示し，低電圧領域のオーミック特性から高電圧領域のチャイルド則へと変化する．

4.2 磁気トンネル接合

4.2.1 トンネル磁気抵抗効果

トンネル接合の電極に強磁性体を用いたものを磁気トンネル接合(Magnetic Tunneling Junction；MTJ)と言う．磁気トンネル接合では，二つの強磁性体電極の磁化の配置(平行または反平行)に依存してトンネル電流の大きさ，すなわち接合抵抗が変化する．この現象がトンネル磁気抵抗効果(Tunnel Magentoresistance Effect；TMR Effect)である[5,6]．

トンネル磁気抵抗効果の原理を理解するためには，トンネル電流の一般式に戻って考える必要がある(注：Simmons モデルではない)．第1章の走査トンネル分光で述べたように，温度 $T=0\,\mathrm{K}$ におけるトンネル電流 J_{T} は，二つの電極材料の状態密度 D_1，D_2 とトンネル確率 P_{T} を用いて，

$$J_{\mathrm{T}}(V)=\frac{2e}{h}\int_0^{eV} D_1(E-eV)D_2(E)P_{\mathrm{T}}(E,V)\mathrm{d}E \tag{4.32}$$

で与えられる．ここで，接合に印加する電圧 V が小さい ($V\approx 0$) 場合には，P_{T} は定数と見なせることから，(4.32)式より，J_{T} と D_1，D_2 の関係は，

$$J_{\mathrm{T}}(V\approx 0)\propto D_1(E_{\mathrm{F}})D_2(E_{\mathrm{F}}) \tag{4.33}$$

の式で表され，トンネル電流は電極材料のフェルミレベル E_{F} の状態密度の積に比例することがわかる．

次に電極が強磁性体の場合を考える．**図 4.7** の電子の状態密度の模式図に示すように，強磁性体ではフェルミレベルの状態密度がアップスピン電子とダウンスピン電子で異なっており，その状態密度の差に起因して磁性が生じる．アップスピン電子数 $N_\uparrow$ とダウンスピン電子数 $N_\downarrow$ の比率であるスピン分極率は，状態密度を用いて，

$$P=\frac{N_\uparrow - N_\downarrow}{N_\uparrow + N_\downarrow}=\frac{D_+ - D_-}{D_+ + D_-} \tag{4.34}$$

で与えられる．ここで，D_+ と D_- は多数スピンと少数スピンのフェルミレベ

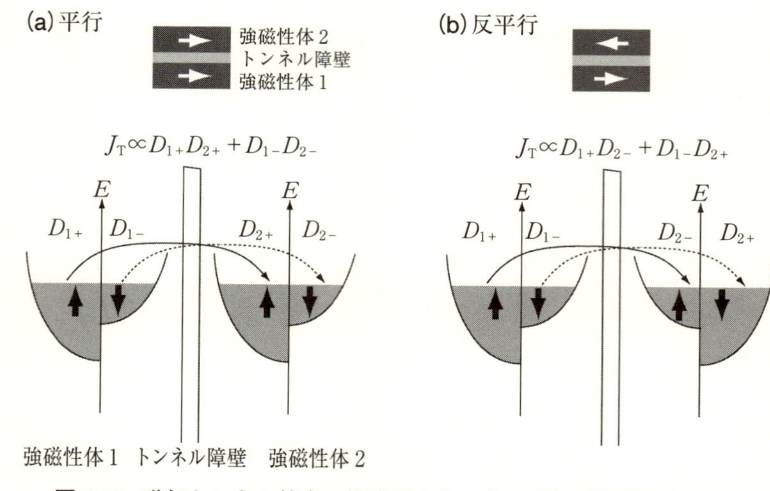

図 4.7　磁気トンネル接合の模式図とトンネル磁気抵抗効果の原理.

ルの状態密度である．量子現象であるトンネル効果においては，絶縁層が磁気的性質を持たない場合，理想的にはトンネルする電子のスピン状態は保存される．そのため，強磁性体 1 のアップスピンバンドの電子は，強磁性体 2 のアップスピンバンドへトンネルする．ダウンスピンバンドの電子も同様である．したがって，トンネル電流は，アップスピン電子によるトンネル電流とダウンスピン電子によるトンネル電流の和になる．ここで，図 4.7(a)の模式図に示すような二つの強磁性体の磁化が平行な場合では，両方の強磁性体でアップスピンが多数スピン，ダウンスピンが少数スピンとなることから，平行状態のトンネル電流 J_P は状態密度を用いて，

$$J_P \propto D_{1+}D_{2+} + D_{1-}D_{2-} \tag{4.35}$$

で表される．一方，図 4.7(b)に示すような反平行の場合では，強磁性体 1 ではアップスピンが多数スピン，ダウンスピンが少数スピンであるのに対し，強磁性体 2 ではアップスピンが少数スピン，ダウンスピンが多数スピンになるため，反平行状態のトンネル電流 J_{AP} は，

$$J_{AP} \propto D_{1+}D_{2-} + D_{1-}D_{2+} \tag{4.36}$$

で表される．この二つの式より，多数スピンと少数スピンの状態密度が異なる

強磁性体を電極とする磁気トンネル接合では，二つの強磁性体の磁化の配置の違いにより，トンネル電流の大きさが変化することがわかる．これがトンネル磁気抵抗効果である．

トンネル磁気抵抗効果の磁気抵抗比 MR は，平行と反平行のトンネル抵抗 R_{P} と R_{AP}，またはトンネルコンダクタンス $G_{\mathrm{P}}(=1/R_{\mathrm{P}})$ と $G_{\mathrm{AP}}(=1/R_{\mathrm{AP}})$ を用いて，

$$MR=\frac{R_{\mathrm{AP}}-R_{\mathrm{P}}}{R_{\mathrm{P}}}=\frac{G_{\mathrm{P}}-G_{\mathrm{AP}}}{G_{\mathrm{AP}}} \tag{4.37}$$

で与えられる．トンネルコンダクタンスはトンネル電流と置き換えることが可能であることから，(4.35)式と(4.36)式を用いて

$$MR=\frac{J_{\mathrm{P}}-J_{\mathrm{AP}}}{J_{\mathrm{AP}}}=\frac{(D_{1+}-D_{1-})(D_{2+}-D_{2-})}{D_{1+}D_{2-}+D_{1-}D_{2+}} \tag{4.38}$$

と書き換えることができる．さらに，(4.34)式のスピン分極率と状態密度の関係より，強磁性体1と2のスピン分極率 P_1 と P_2 を用いて，

$$MR=\frac{2P_1P_2}{1-P_1P_2} \tag{4.39}$$

と書き換えることができる．この式から明らかなように，強磁性体のスピン分極率が大きいほど MR が大きくなる．また，一方の強磁性体のスピン分極率が既知であれば，MR の値からもう一方の強磁性体のスピン分極率を見積もることができる．

磁気トンネル接合の磁場に対する抵抗変化は，**図 4.8** の模式図に示すような振る舞いを見せる．磁気トンネル接合を動作させるためには，二つの強磁性体に抗磁場の違いを持たせる必要がある．その方法としては，異なる抗磁場を持つ強磁性体を用いたり，同じ強磁性体を用いる場合は上部と下部の薄膜を異なる形状，膜厚，面積にしたり，反強磁性体薄膜を積層することにより反強磁性体と強磁性体の交換結合を利用したりするなどがある．二つの強磁性体の抗磁場が異なる場合，図 4.8 に示すように，接合に印加する磁場をスイープすると，二つの強磁性体の抗磁場の間の磁場で磁化が反平行になり，接合抵抗が大きくなる．このように，磁気トンネル接合は，外部磁場の大きさに応じて接合抵抗が変化する．この特長から，磁気トンネル接合はハードディスクの読出用

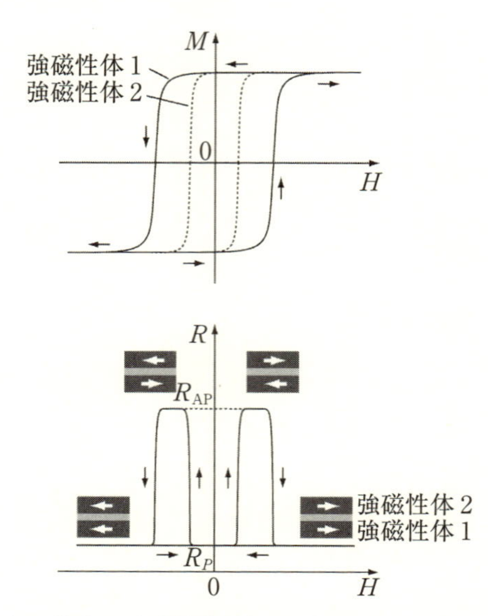

図 4.8　磁気トンネル接合の強磁性体電極の磁化カーブとトンネル磁気抵抗効果の電流-電圧特性の関係.

ヘッドに用いられている．また，抵抗変化が可逆，不揮発という特長から，不揮発性メモリへの応用が進められている．

4.2.2　MgO 障壁磁気トンネル接合

磁気トンネル接合を含め多くのトンネル接合の絶縁層には酸化物が用いられている．初期の磁気トンネル接合は，強磁性体層として Fe 等の遷移金属薄膜，絶縁層にアモルファスの Al_2O_3 薄膜を用いて作製されていた．Fe などの遷移金属のスピン分極率は 40% 程度と見積もられており，(4.39)式から，*MR* の最大値は 30% 程度になる．しかし，Butler らは，結晶方位のそろった Fe(001)/MgO(001)/Fe(001)エピタキシャル磁気トンネル接合は，(4.39)式で予想される最大値をはるかに上回る大きな *MR* が得られることを理論的に予測した[7,8]．この予想は，Yuasa らのグループ[9]と Parkin らのグループ[10]により実証された．**図 4.9** は，Yuasa らが作製した Fe/MgO/Fe エピタキシャル磁気トンネル接合の断面 TEM 像と磁気抵抗測定の結果である．Fe と MgO が

(a)

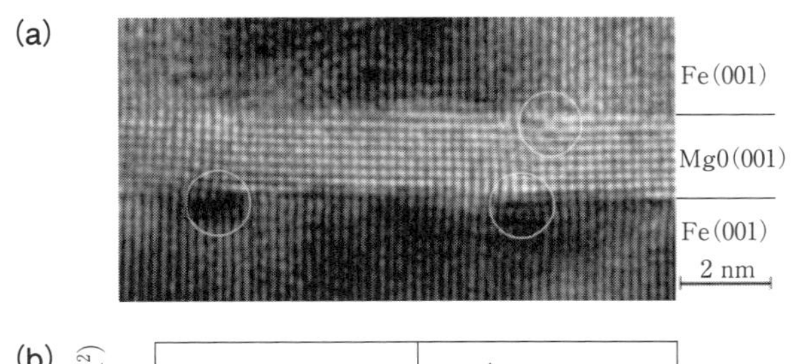

(b)

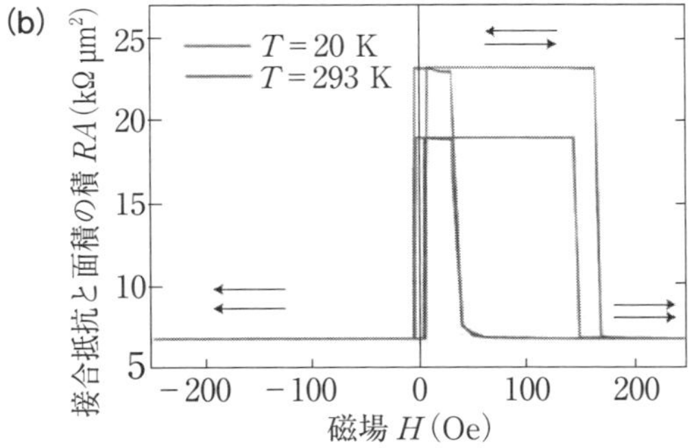

図 4.9 (a)Fe(001)/MgO(001)/Fe(001)エピタキシャル磁気トンネル接合の透過電子顕微鏡(TEM)像と(b)トンネル磁気抵抗効果[9].

(001)配向して成長していることがわかり，Butler らが予測した通り，Fe のスピン分極率から予想される値を大きく越える100% 以上の *MR* が得られている.

MgO エピタキシャル膜を絶縁層とする磁気トンネル接合で(4.39)式の予想を超える *MR* が得られる理由は，結晶構造の対称性によりコヒーレントなスピン依存トンネル効果が実現するためである．強磁性体中には対称性が異なるいくつものブロッホ電子状態が存在する．結晶の対称性のないアモルファス Al_2O_3 薄膜などをトンネル障壁に用いた接合では，トンネル障壁に浸み出したブロッホ電子状態は対称性に関係なく，界面からの距離に対してほぼ同じような割合で減衰する．すなわち，トンネル確率はブロッホ電子状態にほぼ依存しない(**図 4.10**(c))．一方，Fe(001)/MgO(001)/Fe(001)エピタキシャル磁気トンネル接合では，MgO(001)障壁に浸み出したブロッホ電子状態の減衰は対称性に依存する．すなわち，ブロッホ電子状態の対称性に依存してトンネル確

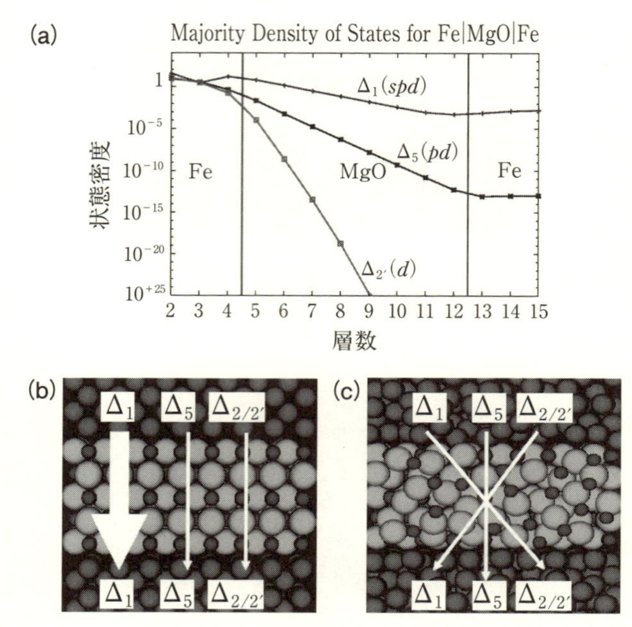

図 4.10　(a) Fe(001)/MgO(001)/Fe(001)エピタキシャル磁気トンネル接合におけるブロッホ電子状態の MgO 障壁内での減衰の計算結果[7)]．(b) Fe(001)/MgO(001)/Fe(001)エピタキシャル磁気トンネル接合と(c) Fe/MgO/Fe アモルファス磁気トンネル接合におけるブロッホ電子状態に依存したトンネル電流量(矢印の太さ)の模式図[8)]．

率が異なる値となる(図 4.10(b))．Fe(001)/MgO(001)/Fe(001)エピタキシャル磁気トンネル接合の場合，s 電子的な対称性を有する多数スピンの Δ_1 ブロッホ電子状態は，他のブロッホ電子状態よりも MgO(001)障壁中での減衰が極めて小さい(トンネル確率が高い)(図 4.10(a))．そのため，ほぼ Δ_1 ブロッホ電子状態の電子だけがトンネル電流に寄与することなり，大きな *MR* が実現される．Fe だけでなく，同じ体心立方晶の結晶構造を有する Fe を含む合金を用いても，この特性が得られる．現在，ハードディスクの読出用ヘッドには，FeCoB 合金を用いた FeCoB(001)/MgO(001)/FeCoB(001)磁気トンネル接合が用いられており，この接合をベースに不揮発性メモリの開発も進められている．

4.2.3 酸化物磁気トンネル接合

再び(4.39)式に戻って磁気抵抗比 MR を考えると，電極にスピン分極率が 100%（$P_1 = P_2 = 1$）の強磁性体を用いると，原理的には MR が無限大になることが予想される．**図 4.11** に示すように，アップスピンまたはダウンスピンのどちらか一方しかフェルミレベルに状態が存在しない場合，スピン分極率は 100% になり，そのような強磁性体は「ハーフメタリック磁性体」と呼ばれる．ハーフメタリック磁性体と考えられる物質としては，Co_2MnSi, Co_2MnGe，NiMnSb 等のホイスラー合金や，Fe_3O_4，CrO_2，$La_{1-x}Sr_xMnO_3$ (LSMO) 等の遷移金属酸化物があり，これらを磁気トンネル接合の電極に用いることにより，巨大な MR を得る試みがなされている．

ハーフメタリック磁性体と考えられる遷移金属酸化物の中で，磁気トンネル接合の研究に最もよく用いられているのは，ペロブスカイト型 Mn 酸化物 LSMO である．その理由の一つとして，$SrTiO_3$，$NdGaO_3$ 等の市販されているペロブスカイト型酸化物単結晶基板と比較的近い格子定数を持っていることから，基板と同じ材料を絶縁層に用いることで，これら基板上に良質のエピタキシャル磁気トンネル接合が作製可能な点が挙げられる．また，LSMO は

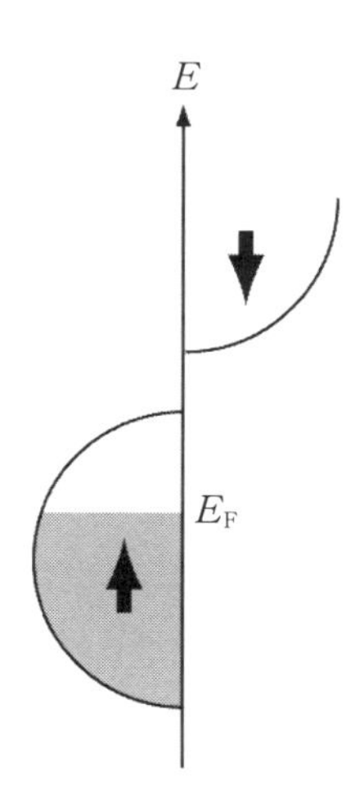

図 4.11 ハーフメタリック磁性体の電子状態の模式図．

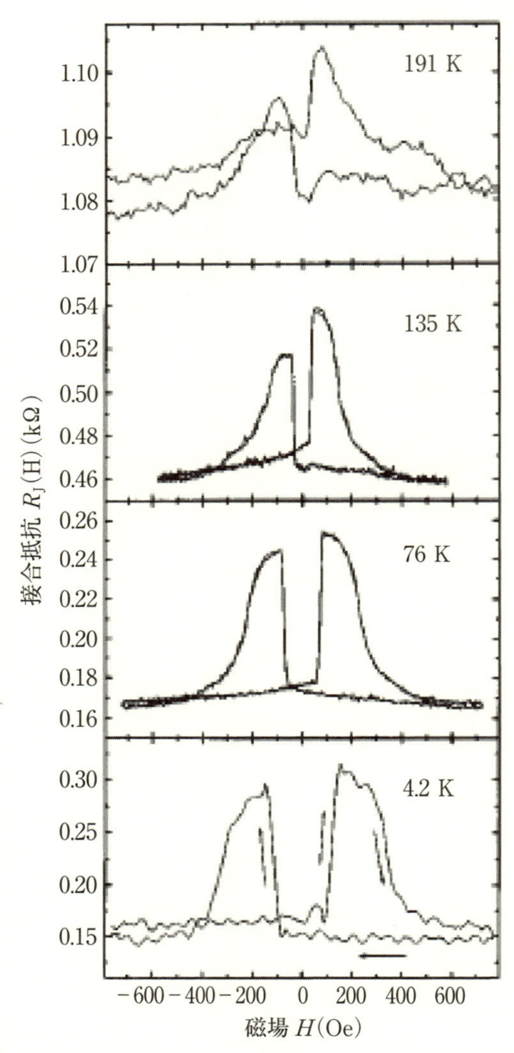

図 4.12　LSMO($x=0.33$)/$SrTiO_3$/LSMO($x=0.33$)エピタキシャル磁気トンネル接合のトンネル磁気抵抗効果[11].

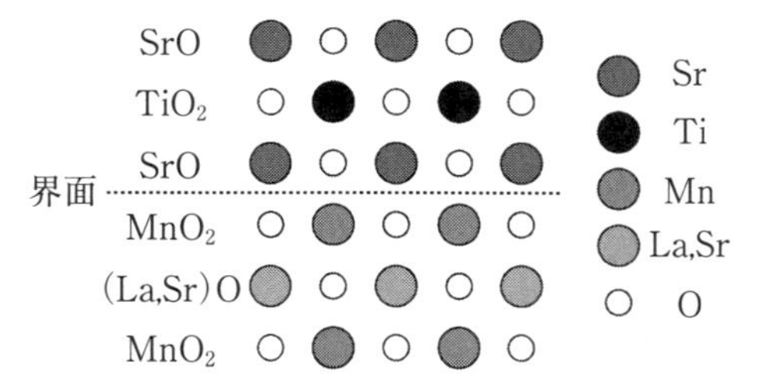

図 4.13　$SrTiO_3$/LSMO エピタキシャル界面の原子配列の模式図.

$x=0.3\sim0.4$ で強磁性転移温度が室温以上の約 370 K であり，デバイス応用の点から，室温動作が期待できることも挙げられる．**図 4.12** は，$SrTiO_3$ (100) 基板上に作製した LSMO($x=0.33$)/$SrTiO_3$/LSMO($x=0.33$) エピタキシャル磁気トンネル接合の磁気抵抗である[11]．4.2 K において，約 100% の比較的大きな *MR* が得られているが，ハーフメタリック磁性体から期待される特性からは大きなかい離がある（この *MR* から見積もられるスピン分極率は $P_1(=P_2)\approx0.58$）．また，磁気抵抗は 200 K 以下でしか観測されておらず，強磁性転移温度から期待される室温動作は得られていない．

上述の結果の原因として，LSMO/$SrTiO_3$ 界面における電荷移動とエピタキシャル歪の影響が考えられる．**図 4.13** の模式図に示すように，エピタキシャル成長した LSMO/$SrTiO_3$/LSMO 接合には，(La, Sr)O-MnO_2-SrO-TiO_2 積層構造を持った界面が存在する．このとき，(La, Sr)O 層と SrO 層に挟まれた MnO_2 層では，SrO 層の影響により Mn の価数が増え，+4 側に近づくと予想される（MnO_2 層から TiO_2 層に電子が移動）．その結果，界面近傍では A タイプのスピン秩序（面内は強磁性，面間は反強磁性）が相対的に安定化されると予想される．また，第 2 章のエピタキシャル歪で述べたように，LSMO は $SrTiO_3$ 基板からの引張歪により，A タイプのスピン秩序が相対的に安定化される．これらの効果により，$SrTiO_3$/LSMO 界面でスピンキャントが発生し，スピン分極率と強磁性転移温度の低下が引き起こされると予想される．実際，$SrTiO_3$/LSMO 界面におけるスピン分極率と強磁性転移温度の低下が，磁化誘起二次高調波発生測定により確認されている[12]．

$SrTiO_3$/LSMO 界面のスピンキャントを抑制する方法の一つとして，Sr

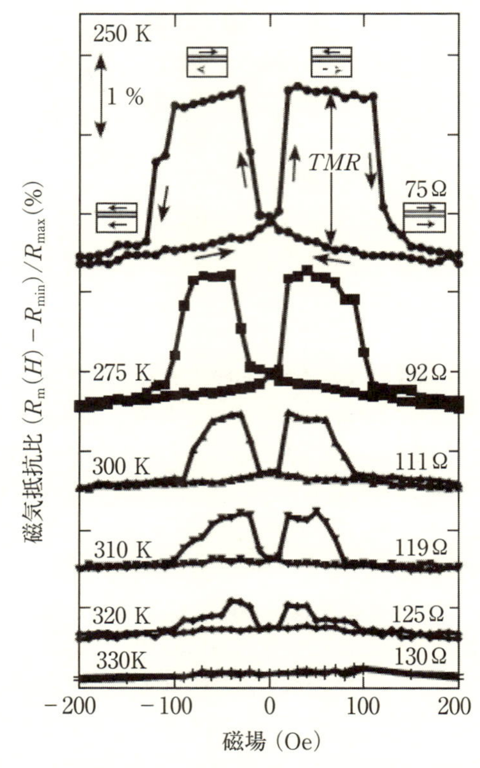

図 4.14　LSMO($x=0.3$)/$SrTiO_3$/LSMO($x=0.3$)エピタキシャル磁気トンネル接合のトンネル磁気抵抗効果[13].

ドープ量 x を小さくすることが考えられる．図 1.19 からわかるように，Sr ドープ量を小さくすると強磁性層が安定化され，また界面の電荷移動の影響も低減される．**図 4.14** は，LSMO($x=0.3$)を電極に用いた磁気トンネル接合の磁気抵抗である[13]．室温以上の 320 K まで磁気抵抗が観測されており，界面のスピンキャントが抑制されていることがわかる．この他に，$SrTiO_3$ と LSMO の界面にノンドープの $LaMnO_3$ (LMO) を挿入したり，絶縁層に $LaAlO_3$ を用いたりすることにより，界面の電荷移動の影響を低減する方法が考案されている．このような接合では，界面の MnO_2 層は LaO 層と (La, Sr)O

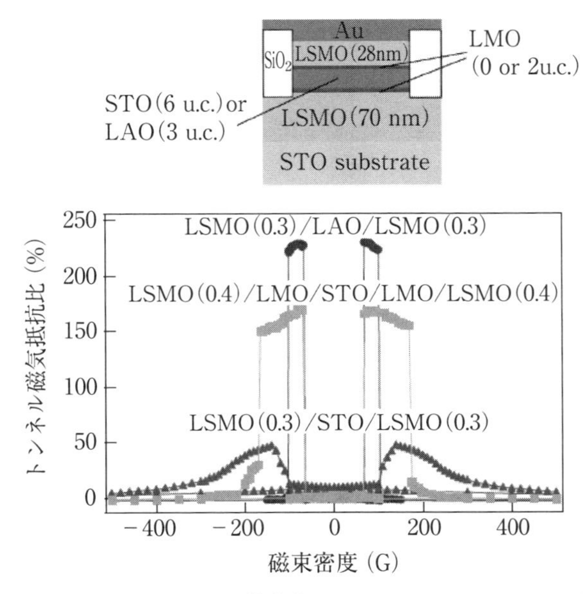

図 4.15　LSMO/$LaAlO_3$/LSMO 接合と LSMO/LMO/$SrTiO_3$/LMO/LSMO 接合のトンネル磁気抵抗効果[12].

層で挟まれるため，Sr ドープ量を小さくしたのと同じ効果を得ることができる．**図 4.15** は，10 K で測定した LSMO/$LaAlO_3$/LSMO 接合と LSMO/LMO/$SrTiO_3$/LMO/LSMO 接合の磁気抵抗である[12]．界面のスピンキャントが抑制され，約 230%(スピン分極率：$P \approx 0.88$)と約 170%($P \approx 0.75$)の MR が得られている．

上述のように，界面のスピン状態を考慮した材料選択とデバイス構造の設計により，LSMO を用いた磁気トンネル接合の MR の向上と室温動作が実現できているが，室温での MR は MgO 障壁磁気トンネル接合の MR よりも大幅に小さい．室温での MR を向上させるには，LSMO よりも強磁性転移温度の高い酸化物のハーフメタル磁性体を電極に用いるか，または MgO 障壁磁気トンネル接合のように，コヒーレントなスピン依存トンネル効果が発現する酸化物強磁性体と絶縁体の組み合わせを探索する必要がある．

次に，デバイス応用から離れ，ペロブスカイト型酸化物磁気トンネル接合を

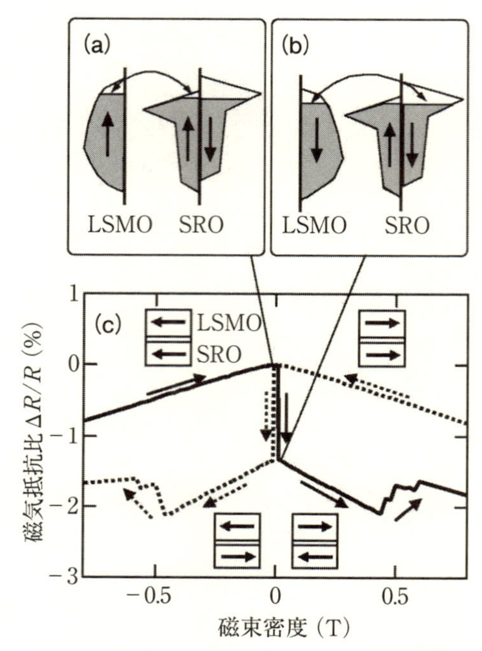

図 4.16　$SrRuO_3/SrTiO_3$/LSMO 接合のトンネル磁気抵抗効果[14]．$SrRuO_3$はダウンスピンが多数スピンであるため，スピンが反平行状態でトンネル抵抗が小さくなる．

用いて酸化物強磁性体の磁気特性を調べた例を紹介する．**図 4.16** は，強磁性体のペロブスカイト型酸化物 $SrRuO_3$ と LSMO から成る磁気トンネル接合の磁気抵抗である[14]．これまでの接合と異なり，$SrRuO_3/SrTiO_3$/LSMO 接合では，$SrRuO_3$ と LSMO の磁化が反平行の場合にトンネル抵抗が小さくなっている．この振る舞いは，$SrRuO_3$ と LSMO で多数スピンと少数スピンが異なっていることに起因する．すなわち，LSMO はアップスピンが多数スピンであるの対し，$SrRuO_3$ ではダウンスピンが多数スピンであることを示している．*MR* の値から，$SrRuO_3$ のスピン分極率は約 −12%（LSMO のスピン分極率を 80% と仮定した場合）と見積もられ，この値は強磁性-超伝導トンネル接合の実験から見積もった $SrRuO_3$ のスピン分極率（約 −9.5%）と同程度である．デバイス応用の点では先に述べたような課題があるものの，この結果が示すように，ペロブスカイト型酸化物磁気トンネル接合は材料の磁気特性を評価するツールとして活用できる.

4.2.4 磁気トンネル接合以外のトンネル磁気抵抗効果

この節の最後に，トンネル接合以外で観測される酸化物磁性体のトンネル磁気抵抗効果について紹介する.

ペロブスカイト型遷移金属酸化物には，化学式$(R,A)_{n+1}M_nO_{3n+1}$（R：希土類金属，A：アルカリ土類金属，M：遷移金属）で表される層状構造を有する一連の物質群が存在し，それらはRuddlesden-Popper相と呼ばれる. **図**

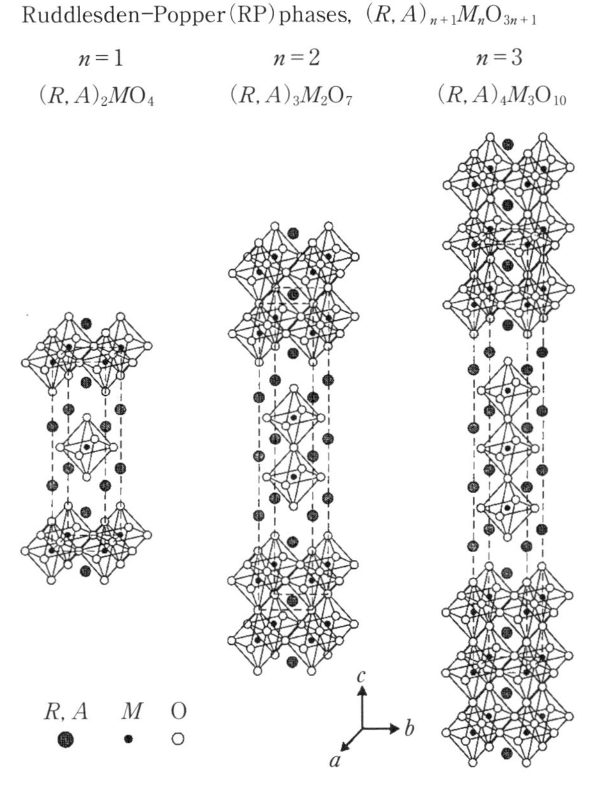

図 4.17 Ruddlesden-Popper 相（$(R, A)_{n+1}M_nO_{3n+1}$）の結晶構造[15].

4.17 に示すように，Ruddlesden-Popper 相は，岩塩構造の $(R, A)_2O_2$ 層が n 枚の MO_2 層を挟んだ構造が，a，b 軸方向に 1/2 単位格子ずれて，c 軸方向に積層した構造となっている[15]．ペロブスカイト型 Mn 酸化物の Ruddlesden-Popper 相の一つである $La_{2-2x}Sr_{1+2x}Mn_2O_7$ ($x=0.3$) では，**図 4.18** に示すように強磁性金属層の MnO_2 層と非磁性絶縁層の $(La, Sr)_2O_2$ 層が積層した構造となっている[16]．これは，磁性トンネル接合と同等の構造が積層した構造，すなわち，磁気トンネル接合の直列回路と見なすことができる．さらに，$x=3$ の場合，隣接する MnO_2 層対の間で，スピンは反平行状態となっている．磁気トンネル接合の直列回路と見た場合，強磁性金属層(電極)間のスピンが反平行状態なので，磁場を印加しない状態では MnO_2 層対の間のトンネル抵抗は大きく(トンネル確率は小さく)，一方，c 軸方向に磁場を印加し，MnO_2 層の全てのスピンの方向を一方向にそろえてやると，MnO_2 層対の間のトンネル抵抗が減少すると予想される．すなわち，MnO_2 層対の間にトンネル磁気抵抗効果が発現すると予想される．

図 4.19 は Kimura らにより測定された，$La_{2-2x}Sr_{1+2x}Mn_2O_7$ ($x=0.3$) 単結晶の c 軸方向の電気抵抗と磁化の磁場依存性である[16]．磁化の変化に対応し

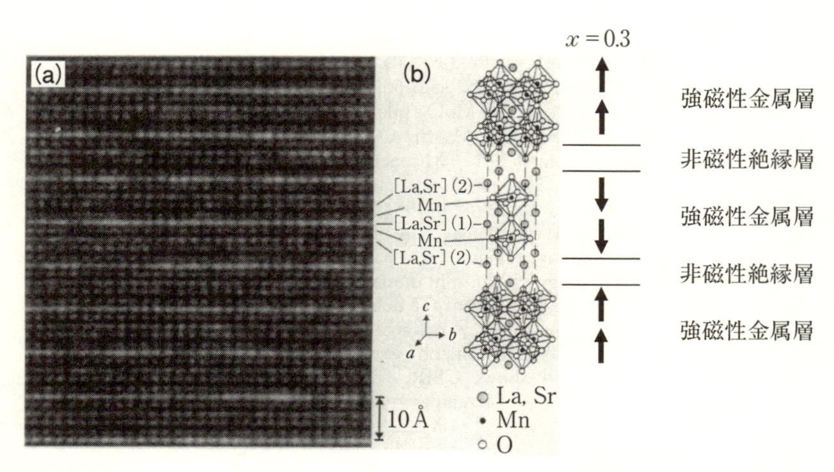

図 4.18　$La_{2-2x}Sr_{1+2x}Mn_2O_7$ ($x=0.3$) 単結晶の透過電子顕微鏡写真と結晶構造の模式図[16]．

て電気抵抗が変化しており，予想された通り，スピン秩序の変化に対応したMnO_2層対の間のトンネル抵抗の変化(トンネル磁気抵抗効果)が実現していることがわかる．MO_2層の間でトンネル効果が発現することは，他のRuddlesden-Popper相のペロブスカイト型遷移金属酸化物(層状ペロブスカイト型遷移金属酸化物)でも観測されており，次節では銅酸化物超伝導体の超伝導トンネル効果(intrinsic Josephson 効果)を紹介する．

薄膜作製技術により作製した磁気トンネル接合と，天然に合成された強磁性体／絶縁体／強磁性体の積層構造で発現するトンネル磁気抵抗効果について紹

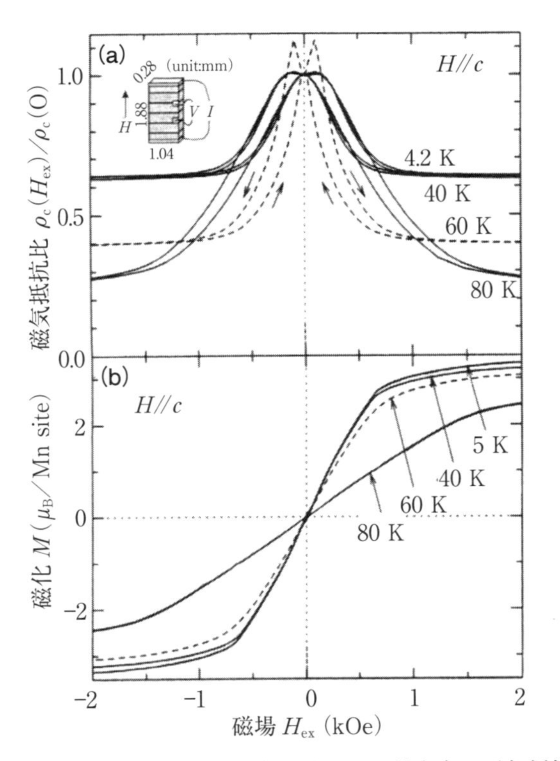

図 4.19 $La_{2-2x}Sr_{1+2x}Mn_2O_7$($x=0.3$)単結晶の$c$軸方向の電気抵抗と磁化の磁場依存性[16]．絶縁層を介したMnO_2層対間でトンネル磁気抵抗効果が発現している．

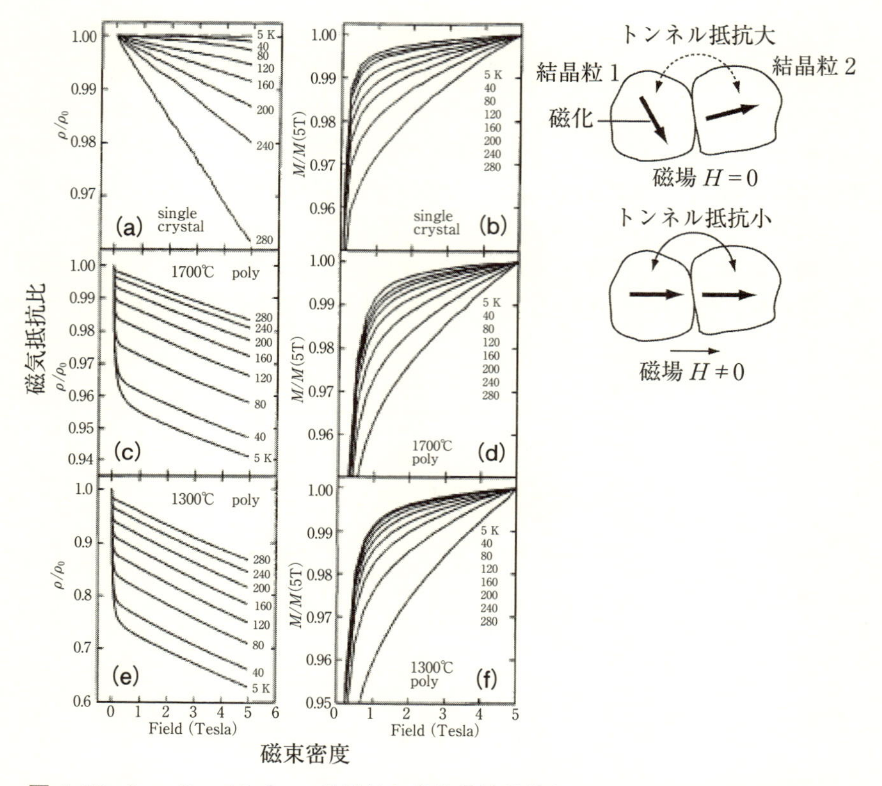

図 4.20　$La_{2/3}Sr_{1/3}MnO_3$ の単結晶と多結晶焼結体(セラミックス)の電気抵抗と磁化の磁場依存性((c)と(e)の温度は多結晶焼結体の焼結温度)[17]．多結晶焼結体では粒界を介した結晶粒間のトンネル磁気抵抗効果により，低磁場領域で大きな磁気抵抗が見られる．

介してきたが，トンネル磁気抵抗効果は二つの強磁性体間に何らかの原因により絶縁層が形成していれば発現する．そのような積層構造以外でトンネル磁気抵抗効果が発現する典型的な例が，粒界面で発現するトンネル磁気抵抗効果である．**図 4.20** は，$La_{2/3}Sr_{1/3}MnO_3$ の単結晶と多結晶焼結体(セラミックス)の電気抵抗と磁化の磁場依存性である[17]．磁化は単結晶と多結晶焼結体との間で大きな違いは見られないものの，磁気抵抗の大きさと振る舞いは大きく異なっている．単結晶の磁気抵抗は小さく，電気抵抗は磁場に対してほぼ直線的

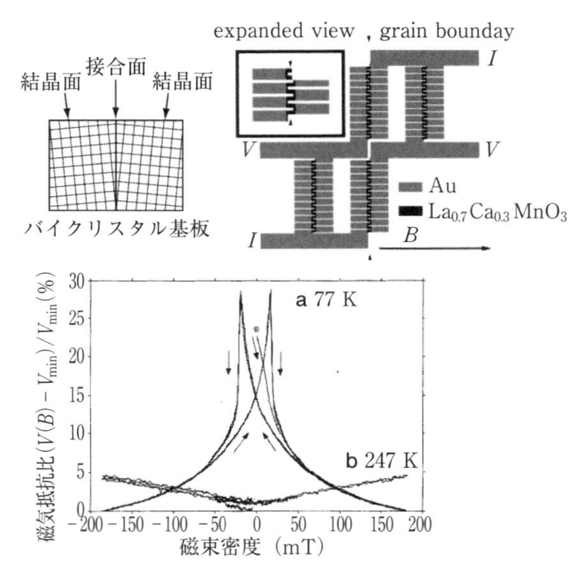

図 4.21 $SrTiO_3$ バイクリスタル基板を用いて人工的に作製した $La_{0.7}Ca_{0.3}MnO_3$ エピタキシャル薄膜の粒界接合の模式図と磁気抵抗効果[18].

に変化しているのに対し，多結晶焼結体では，低磁場で電気抵抗が大きく低下している．このような振る舞いの違いは，次のような機構で説明される．小さな結晶粒の集合体である多結晶焼結体では，結晶粒が接している粒界面がトンネル障壁として働き，結晶粒間ではトンネル効果により電流が流れている．そのため，磁化の磁場依存性に見られるように，低磁場で試料内の結晶粒のスピンが一方向に揃うことにより，結晶粒間のトンネル抵抗が減少し，低磁場で大きな磁気抵抗効果が発現する．また，多結晶焼結体の焼結温度を低くすると，結晶粒が小さくなり，結果として結晶粒界の数が増えるため，磁気抵抗効果が増強される．

粒界面によるトンネル磁気抵抗効果は，薄膜作製技術とバイクリスタル基板(bicrystal substrate)を用いることにより，人工的に制御して実現することが可能である．**図 4.21** に示すように，バイクリスタル基板とは，面方位を傾けて二つの単結晶を接合して作製した基板である．このようなバイクリスタル基板の上にエピタキシャル薄膜を作製すると，基板の接合面に沿って粒界を持った薄膜が成長する．図 4.21 は，$SrTiO_3$ バイクリスタル基板の上に作製した $La_{0.7}Ca_{0.3}MnO_3$ のエピタキシャル薄膜を用いて作製した粒界面をトンネル障壁とする接合素子の磁気抵抗である[18)]．$La_{0.7}Ca_{0.3}MnO_3$ 薄膜の強磁性転移温度よりも高い 247 K では小さな正の磁気抵抗が観測されるのに対し，強磁性転移温度よりも低い 77 K では，多結晶焼結体(図 4.20)と同様に，低磁場で大きな負の磁気抵抗が観測され，粒界面がトンネル障壁として働くことが示されている．バイクリスタル基板を用いて粒界面をトンネル障壁とするトンネル接合の作製は，銅酸化物超伝導体のジョセフソン接合の研究で発展した技術であり，次節で詳しく紹介する．

4.3　超伝導トンネル接合

超伝導は物性物理の主要な研究テーマの一つであり，また，エレクトロニクスから電力まで幅広い分野での応用研究も進められていることから，これまでに多くの優れた教科書，解説書が出版されている．紙面の関係もあり，本書では従来型超伝導の発現機構である BCS 理論や，GL 理論，マイスナー効果等の超伝導の一般的(基本的)な理論，特性の紹介は割愛するので，それらについては他の教科書，解説書[19)]を参照して頂きたい．本節では，本書のテーマである薄膜・接合に関連する超伝導トンネル接合の基本的な特性と，銅酸化物超伝導体を中心に酸化物超伝導トンネル接合の特長について紹介する．

4.3.1　常伝導金属／絶縁体／超伝導体トンネル接合

最初に，超伝導の分野では，超伝導体(Superconductor)，常伝導金属(Normal metal)，絶縁体(Insulator)の英語の頭文字を取って，常伝導金属／絶縁体／超伝導体トンネル接合は NIS 接合(または SIN 接合)，超伝導体／絶縁体／超伝導体トンネル接合は SIS 接合と呼ばれており，本書でも用いることとする．

解説するまでもないが，超伝導体は，超伝導転移温度 T_C 以下にすると，電気抵抗を持った常伝導金属状態から，電気抵抗ゼロの超伝導状態に転移する．超伝導転移すると，アップスピンとダウンスピンを持った電子がクーパーペア

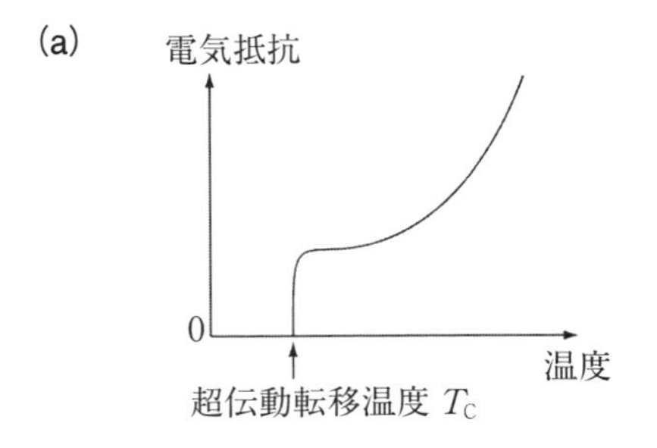

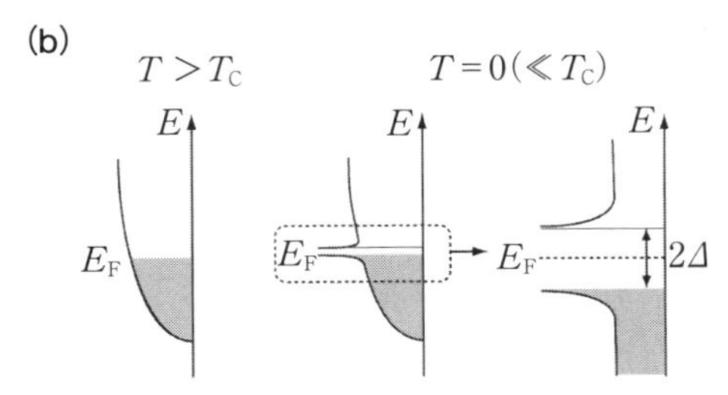

図 4.22 超伝導体の(a)電気抵抗の温度依存性と(b)電子状態の模式図.

と呼ばれるペアを組み，ボーズ凝縮する．その際，フェルミレベルに超伝導ギャップと呼ばれるエネルギーギャップが生じる(**図 4.22**)．超伝導ギャップの大きさは，クーパーペアを壊して2個の準粒子を励起するのに必要な最低エネルギーに相当し，$2\Delta(T)$で表される．BCS 理論では，0 K での超伝導ギャップ $2\Delta(0)$ と T_C の間には，

$$2\Delta(0)=3.528k_BT_C \tag{4.40}$$

の関係が成り立つとされている[19]．したがって，T_C が高いほど，$2\Delta(0)$ は大きくなる($T_C=10$ K と 100 K の場合では，$2\Delta(0)\approx3$ meV と 30 meV になる)．また，超伝導状態の状態密度 $D_S(E)$ と常伝導状態におけるフェルミレベルの状態密度 $D_N(0)$ の間には，$T=0$ K において

$$\frac{D_S(E)}{D_N(0)}=\frac{E}{\sqrt{E^2-\Delta^2}} \quad |E|>\Delta$$
$$=0 \quad |E|<\Delta \tag{4.41}$$

の関係がある．

上述のような電子状態を基に，NIS 接合の定性的な電流-電圧特性を導くことができる．後述するジョセフソン効果を除き，超伝導体のトンネル接合の場合も，接合を流れるトンネル電流 $J_T(V)$ は第1章で示した(1.9)式で与えられる．まず，T_C 以上の常伝導金属状態では，NIS 接合は2枚の金属電極で絶縁体を挟んだ通常のトンネル接合(NIN 接合)と見なすことができる．ここで，フェルミレベル近傍において二つの金属電極の状態密度($D_{1N}(0)$ と $D_{2N}(0)$)にエネルギー依存がなく，また，超伝導ギャップ程度の小さな電圧領域ではトンネル確率にも電圧依存性がないと仮定すると，トンネル電流 $J_T(V)$ と状態密度の関係は，

$$J_T(V) \propto D_{1N}(0)\,D_{2N}(0)\,eV \equiv G_{NN}V \tag{4.42}$$

で与えられ，電流-電圧特性は伝導率が G_{NN} のオーミック特性になる．次に，T_C 以下の温度になり金属電極2が超伝導状態に転移した場合を考えると，$J_T(V)$ は G_{NN} とフェルミ分布関数 $f(E)$ を用いて，

$$J_T(V) = G_{NN}\int_{-\infty}^{\infty} \frac{D_{2S}(E)}{D_{2N}(0)}\,[f(E) - f(E+eV)]\mathrm{d}E \tag{4.43}$$

で与えられる．ここで $J_T(V)$ を電圧 V で微分した微分伝導率 $\mathrm{d}\,J_T/\mathrm{d}\,V = G_{NS}$ を考えると，(4.43)式より，$T=0\,\mathrm{K}$ における G_{NS} は，

$$G_{NS} = G_{NN}\frac{D_{2S}(eV)}{D_{2N}(0)} \tag{4.44}$$

で与えられる．ここで，(4.41)式より，印加電圧が Δ/e よりも小さい場合は，$D_{2S}(eV)=0$ であるので，$G_{NS}=0$ になる．すなわち，$|V| < \Delta/e$ では，$J_T(V)=0$ となる．一方，$|V| > \Delta/e$ では，

$$G_{NS} = G_{NN}\frac{eV}{\sqrt{(eV)^2 - \Delta^2}} \tag{4.45}$$

となる．したがって，**図 4.23** の模式図に示すように，微分伝導率-電圧特性は超伝導状態の状態密度に対応したものとなる．これは，第1章の走査トンネル分光で述べた通常のトンネル接合の場合と同じである．電流-電圧特性は，微分伝導率を積分することにより得られ，図 4.23(c)のようになる．

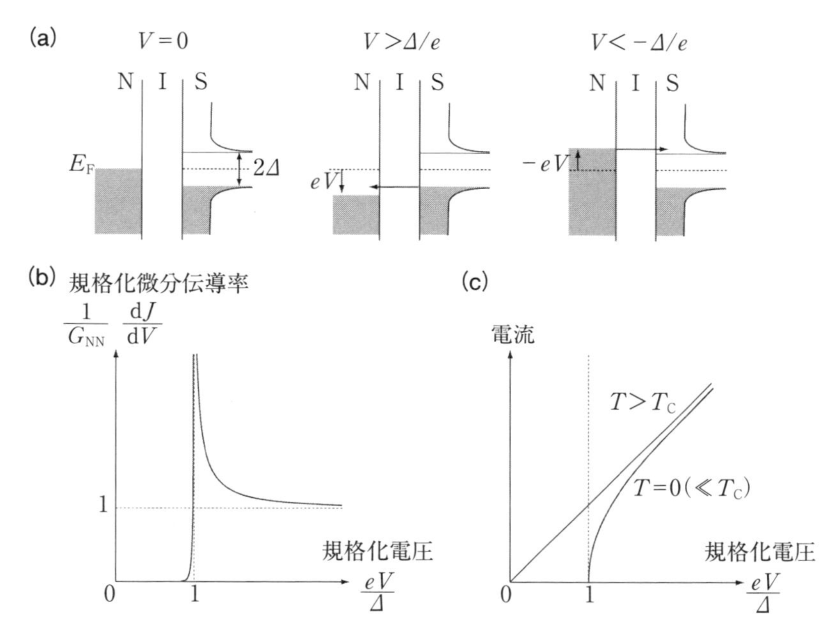

図 4.23　(a)常伝導金属／絶縁体／超伝導体(NIS)接合の印加電圧に依存したバンド構造の模式図．NIS 接合の(b)微分伝導率スペクトルと(c)電流-電圧特性の模式図．

4.3.2　アンドレーフ反射

上述のように NIS 接合の伝導特性(電流-電圧特性)は，通常のトンネル接合のモデルで説明可能であり，超伝導に特有の現象は見られない．しかし，絶縁体のトンネル障壁の厚さを薄くして電子の透過率を大きくしたり，トンネル障壁を完全になくして金属と超伝導体を直接つなぎ合わせたりすると，超伝導に特有の現象が発現する．

金属と超伝導体を直接つなぎ合わせた NS 接合に電圧を印加し，金属から電子 1 個を超伝導体に入射する状況を考える．このとき，入射する電子のエネルギーが超伝導ギャップの内にある(印加電圧 $|V|$ が Δ/e よりも小さい)場合，電子 1 個だけで超伝導体中に入射することはできない．それは，先に述べたように，超伝導体内で電子はクーパーペアを組んでいるためであり，入射してく

る電子も相方となる電子を見つけてクーパーペアを組む必要がある．そのため，金属から電子1個を接合界面に入射すると，その電子は接合界面近傍で相方の電子を見つけてクーパーペアを組んで超伝導体へと入っていく．その際に，界面には相方の電子の抜け殻として残されたホールが存在し，そのホールは電子の入射方向と反対の方向である金属側に伝導していく．すなわち，金属からNS接合界面に電子を1個入射すると，金属側にホールが1個反射してくる．この現象は，Andreevにより最初に予言されたことから[20]，アンドレーフ反射(Andreev reflection)と呼ばれている．

電子1個の入射によりホール1個が反射するアンドレーフ反射は，電子1個の入射により，電子の2倍の電荷が伝導することになる．一方，入射する電子のエネルギーが超伝導ギャップの外にある(印加電圧$|V|$がΔ/eよりも大きい)場合，電子1個は準粒子1個として超伝導体に入射できるため，ホールの反射は起きない．したがって，**図4.24**の模式図に示すように，アンドレーフ

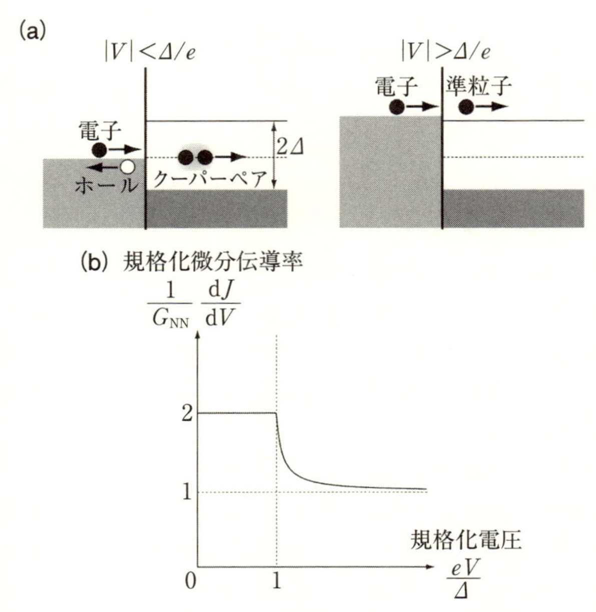

図4.24　アンドレーフ反射の(a)機構と(b)微分伝導率スペクトルの模式図．

反射が起きる $|V|<\Delta/e$ の電圧領域では，準粒子注入が起きる $|V|>\Delta/e$ の電圧領域の2倍の伝導率を持つことになる．

NIS接合の絶縁層(I)が薄く，電子の透過率が大きい場合も，アンドレーフ反射は発現する．また，後述するように，銅酸化物超伝導体のように異方的な超伝導秩序パラメータを持つ場合，アンドレーフ反射により，特異なトンネル現象が発現する．

4.3.3　ジョセフソン接合

超伝導体／絶縁体／超伝導体トンネル(SIS)接合は，ジョセフソン接合(Josephson junction)とも呼ばれ，接合に電圧を印加しなくても電流が流れるDCジョセフソン効果(DC Josephson effect)や，DC電圧を印加すると特定の周波数で振動する電流が流れるACジョセフソン効果(AC Josephson effect)など，特異な現象を示すことが知られている[21]．ここでは，ジョセフソン接合の伝導特性とジョセフソン効果の基本的な特性について述べる．

・準粒子トンネル

ジョセフソン効果について述べる前に，超伝導ギャップ以上の電圧を印加した際の準粒子トンネルについて簡単に述べる．**図4.25**の模式図に示すような同じ大きさの超伝導ギャップ 2Δ を持った超伝導体からなるSIS接合を考える．このSIS接合に $2\Delta/e$ 以上の電圧を印加すると，片側の超伝導体の占有されたバンド(超伝導ギャップの下のバンド)が，もう片方の超伝導体の非占有のバンド(超伝導ギャップの上のバンド)よりも上のエネルギーに来るため，クーパーペアではなく，準粒子(電子)のトンネルが起きる．この際に流れるトンネル電流 $J_{\mathrm{T}}(V)$ は，NIS接合の(4.43)式を二つの超伝導体電極の場合に拡張することにより，

$$J_{\mathrm{T}}(V)=G_{\mathrm{NN}}\int_{-\infty}^{\infty}\frac{D_{1\mathrm{S}}(E)}{D_{1\mathrm{N}}(0)}\frac{D_{2\mathrm{S}}(E+eV)}{D_{2\mathrm{N}}(0)}[f(E)-f(E+eV)]\mathrm{d}E \quad (4.46)$$

で与えられる．正確な電流-電圧特性を得るには数値計算が必要であるが，NIS接合の場合に述べたように，定性的には微分伝導率-電圧特性は超伝導体の状態密度を反映した形となり，それを積分することにより得られる電流-電

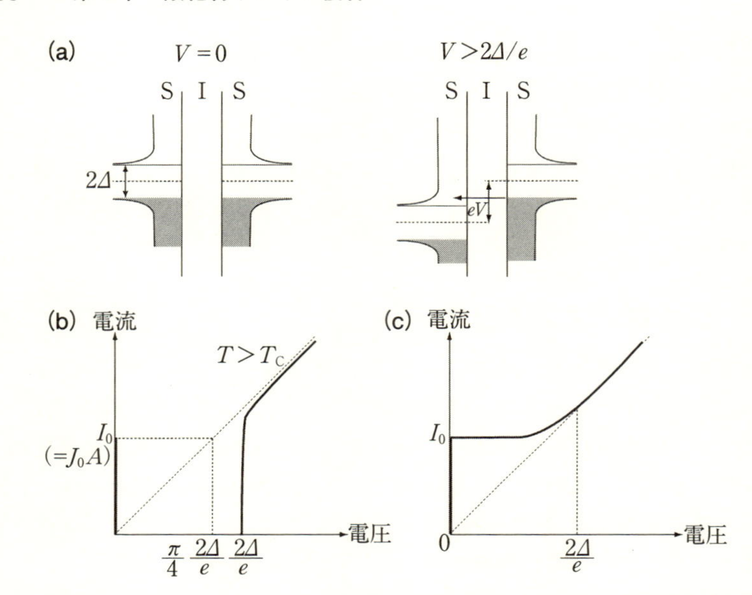

図 4.25　(a)ジョセフソン接合の印加電圧に依存したバンド構造の模式図．(b)理想的なジョセフソン接合と(c)弱結合型ジョセフソン接合の電流-電圧特性．

圧特性は図 4.25 のようになる．接合に印加する電圧 V が $2\Delta/e$ になると，電流は急激に増加し，$V>2\Delta/e$ では，両方の超伝導体が常伝導金属状態 $(T>T_C)$ にあるときのトンネル電流に漸近する．

・DC ジョセフソン効果

次に，接合に電圧を印加しない状態でも電流が流れる DC ジョセフソン効果について述べる．二つの超伝導体のクーパーペアの波動関数(確率振幅)を，それぞれ Ψ_1，Ψ_2 とすると，二つの超伝導体が絶縁層を介して結合している場合の時間依存シュレディンガー方程式は，

$$\frac{ih}{2\pi}\frac{\mathrm{d}\Psi_1}{\mathrm{d}t}=K\Psi_2,\quad \frac{ih}{2\pi}\frac{\mathrm{d}\Psi_2}{\mathrm{d}t}=K\Psi_1 \tag{4.47}$$

で与えられる．ここで，h はプランク定数，K は絶縁層を介したクーパーペアの移動相互作用である．二つの超伝導体の超伝導電子密度を n_1，n_2，位相を

θ_1，θ_2とすると，Ψ_1，Ψ_2は，

$$\Psi_1 = (n_1)^{1/2} e^{i\theta_1}, \quad \Psi_2 = (n_2)^{1/2} e^{i\theta_2} \tag{4.48}$$

となる．これらを(4.47)式に代入し，$(n_1)^{1/2}e^{-i\theta_1}$ または $(n_2)^{1/2}e^{-i\theta_2}$ を掛けると，それぞれの式の実数成分は，

$$\frac{h}{2\pi}\frac{\mathrm{d}n_1}{\mathrm{d}t} = 2K(n_1 n_2)^{1/2}\sin\phi \tag{4.49}$$

$$\frac{h}{2\pi}\frac{\mathrm{d}n_2}{\mathrm{d}t} = -2K(n_1 n_2)^{1/2}\sin\phi \tag{4.50}$$

$$\frac{h}{2\pi}\frac{\mathrm{d}\theta_1}{\mathrm{d}t} = -K\left(\frac{n_2}{n_1}\right)^{1/2}\cos\phi \tag{4.51}$$

$$\frac{h}{2\pi}\frac{\mathrm{d}\theta_2}{\mathrm{d}t} = -K\left(\frac{n_1}{n_2}\right)^{1/2}\cos\phi \tag{4.52}$$

となる．ここで，ϕは二つの超伝導体の位相差 $\theta_2 - \theta_1$ である．SIS 接合を流れる電流Jは，n_1とn_1の時間変化の差に相当することから，

$$J = e\frac{\mathrm{d}}{\mathrm{d}t}(n_1 - n_2) = J_\mathrm{C}\sin\phi \tag{4.53}$$

$$J_\mathrm{C} = \frac{4eK(n_1 n_2)^{1/2}}{(h/2\pi)} \tag{4.54}$$

が得られる．この式は，印加電圧がなくても SIS 接合には直流電流が流れ，その大きさは位相差ϕに依存し，その最大値はJ_C（最小値は $-J_\mathrm{C}$）になることを示している．そして，(4.51)式と(4.52)式より，$n_1 \approx n_2$の場合はϕの時間変化はゼロになることがわかる．

二つの超伝導体が同じ（Δが同じ）場合について，Ambegaokar と Baratoff は[22]，J_Cの温度依存性が，

$$J_\mathrm{C} = \frac{\pi}{4}\frac{2\Delta(T)G_\mathrm{NN}}{e}\tanh\left(\frac{\Delta(T)}{2k_\mathrm{B}T}\right) \tag{4.55}$$

で与えられることを示した．この式から，温度 $T \approx 0\,\mathrm{K}$ でのJ_Cは，超伝導ギャップに相当する電圧 $2\Delta/e$ を印加した際のトンネル電流の $\pi/4$ になることがわかる（図 4.25（b））．

ジョセフソン効果は，障壁層が常伝導金属の SNS 接合や，超伝導線の一部

を局所的に細くした構造，二つの超伝導体の点接触などでも発現する．これらは，弱結合型ジョセフソン接合と呼ばれており，図 4.25(c)の模式図に示すような電流-電圧特性を示す．

・AC ジョセフソン効果

SIS 接合に電圧を印加した場合，時間依存シュレディンガー方程式は(4.47)式から

$$\frac{ih}{2\pi}\frac{\mathrm{d}\Psi_1}{\mathrm{d}t}=K\Psi_2+eV\Psi_1,\quad \frac{ih}{2\pi}\frac{\mathrm{d}\Psi_2}{\mathrm{d}t}=K\Psi_1-eV\Psi_2 \tag{4.56}$$

と書き換えられる．DC ジョセフソン効果の場合と同じ計算を行って実数成分だけを取り出すと，超伝導電子密度 n_1，n_2 の時間微分に関しては，DC ジョセフソン効果と同じ(4.49)式と(4.50)式が得られる．一方，位相 θ_1，θ_2 の時間微分は，

$$\frac{h}{2\pi}\frac{\mathrm{d}\theta_1}{\mathrm{d}t}=-K\left(\frac{n_2}{n_1}\right)^{1/2}\cos\phi-eV \tag{4.57}$$

$$\frac{h}{2\pi}\frac{\mathrm{d}\theta_2}{\mathrm{d}t}=-K\left(\frac{n_1}{n_2}\right)^{1/2}\cos\phi+eV \tag{4.58}$$

となる．これらの式より，$n_1\approx n_2$ の場合，位相差 ϕ の時間微分は，

$$\frac{h}{2\pi}\frac{\mathrm{d}\phi}{\mathrm{d}t}=2eV \tag{4.59}$$

となる．この式は，SIS に電圧を印加すると ϕ が時間変化することを示している．この式を積分すると電圧 V を印加した場合の ϕ の時間(t)依存性が得られ，

$$\phi(t)=\phi_0+\frac{2eVt}{(h/2\pi)} \tag{4.60}$$

となる．したがって，SIS 接合を流れる電流は，

$$J=J_{\mathrm{C}}\sin\left[\phi_0+\frac{2eVt}{(h/2\pi)}\right] \tag{4.61}$$

で与えられる．この式は，電流が周波数 $f_{\mathrm{J}}=2eV/h$ で振動することを示しており，印加電圧が 1 mV の場合，f_{J} は約 483.6 GHz になる．これが AC ジョセフソン効果である．

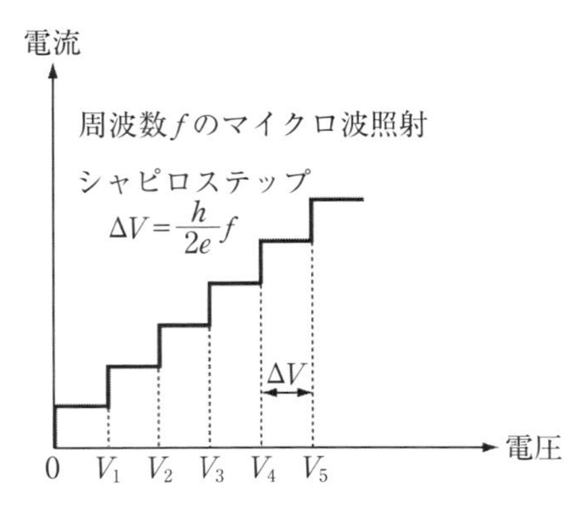

図 4.26 ジョセフソン接合にマイクロ波を印加した際，電流-電圧特性に現れるシャピロステップの模式図．

・**電圧標準**

ジョセフソン接合に外部から周波数fのマイクロ波を照射すると，AC ジョセフソン効果との干渉により，共振現象が発現する．そのため，電流-電圧特性にfに依存した電圧ステップが現れる(**図 4.26**)．この電圧ステップはシャピロステップ(Shapiro step)と呼ばれ[23]，ステップの現れる電圧 V_{n} は，

$$V_{\mathrm{n}} = n\frac{h}{2e}f = \frac{nf}{K_{\mathrm{J}}} \tag{4.62}$$

$$K_{\mathrm{J}} = \frac{h}{2e} \tag{4.63}$$

で与えられる(n は整数)．ここで，K_{J} はジョセフソン定数であり，超伝導材料に依存せず，量子力学の基本定数で与えられる定数である．したがって，照射するマイクロ波の周波数を正確に決めることで，シャピロステップから高精度の電圧を得ることができる．これが，現在の電圧標準であるジョセフソン電圧標準の原理である．

・**磁場応答**

次に，ジョセフソン接合に磁場を印加した際の振る舞いを考える．**図 4.27** の模式図のようなジョセフソン接合に，超伝導体の臨界磁場よりも小さな磁場

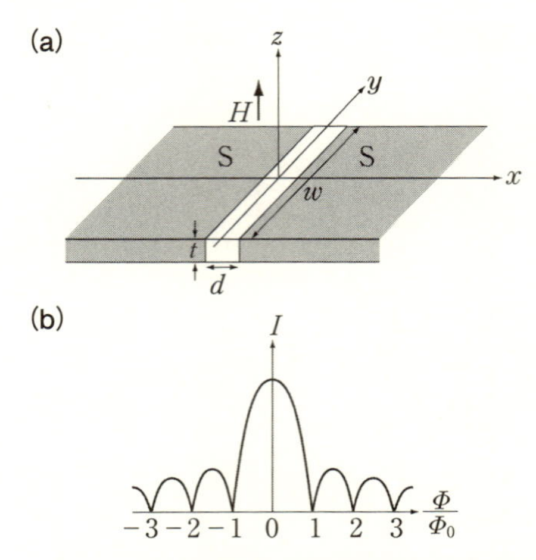

図 4.27　(a)ジョセフソン接合の模式図(磁場印加方向を含む)と(b)トンネル電流の磁場に対する干渉パターンの模式図.

Hを印加した場合，マイスナー効果により磁場は超伝導体の内部には侵入できないが，超伝導体ではない障壁層には磁場が侵入する．また，障壁層と超伝導体の接合界面では，磁場は磁場侵入長λまで超伝導体側に侵入することができる．この障壁と界面に侵入した磁場により，ジョセフソン接合の位相差ϕに，

$$\phi = \phi_0 + \frac{2\pi H}{\Phi_0}(2\lambda + d)\,y \tag{4.64}$$

で与えられるような変化が生じる．ここでΦ_0は磁束量子$(h/2e)$である．これを(4.53)式に代入することにより，ジョセフソン接合を流れる電流の磁場応答として，

$$I = J_{\mathrm{C}} t \int_{-w/2}^{w/2} \sin\left[\phi_0 + \frac{2\pi H}{\Phi_0}(2\lambda + d)\,y\right] \mathrm{d}y \tag{4.65}$$

$$= I_{\mathrm{C}} \sin\phi_0 \,\frac{\sin(\pi\Phi/\Phi_0)}{\pi\Phi/\Phi_0} \tag{4.66}$$

が与えられる．ここで，I_{C}は$I_{\mathrm{C}} = J_{\mathrm{C}} t w$であり，$\Phi = H(2\lambda + d)\,w$はジョセ

フソン接合を貫く全磁束である．この式は，ジョセフソン接合に磁場を印加すると，接合を流れる電流は**図 4.27** の模式図に示すような干渉パターンとなることを示している．

4.3.4 超伝導量子干渉計

ジョセフソン接合に磁場を印加した際に現れる電流の干渉パターンは，高感度の磁場測定に利用できる．その際の磁場に対する分解能は，$\Delta H = \Phi_0/(2\lambda + d)w$ で与えられる干渉パターンの磁場の周期 ΔH に依存する．したがって，位相変化を引き越す磁場（磁束）が侵入する実効的な接合面積 $(2\lambda + d)w$ を大きくすれば分解能をあげることができるが，実際の接合では，接合面積を大きくすることには限界がある．そこで，磁場が侵入する実効的な面積を大きくする方法として開発されたのが，**図 4.28** の模式図に示すような二つのジョセフソン接合を並列に接続したリング型の素子の，超伝導量子干渉計 (Superconducting Quantum Interference Device ; SQUID) である．

SQUID においては，接合部分ではなく，接合よりも面積の広い超伝導リン

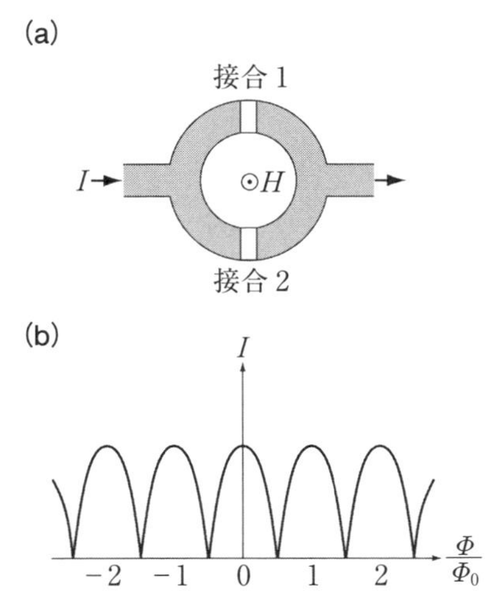

図 4.28 （a）超伝導量子干渉計(SQUID)の模式図と（b）トンネル電流の磁場に対する干渉パターンの模式図．

グの内側に侵入した磁場に対して干渉パターンが現れる．超伝導リングの内側の全磁束を $\Phi(=HA, A$ はリングの面積)とし，ジョセフソン接合1,2の位相差を ϕ_1, ϕ_2 とすると，その差は，

$$\phi_1 - \phi_2 = \frac{2\pi\Phi}{\Phi_0} \tag{4.67}$$

で与えられる．ジョセフソン接合1,2を流れる電流を I_1, I_2 とすると，SQUIDを流れる電流 I は，

$$I = I_1 + I_2 = I_{C_1} \sin\phi_1 + I_{C_2} \sin\phi_2 \tag{4.68}$$

$$= I_{C_1} \sin\phi_1 + I_{C_2} \sin\left(\phi_1 - \frac{2\pi\Phi}{\Phi_0}\right) \tag{4.69}$$

で与えられる．ここで，二つのジョセフソン接合の最大電流が同じ($I_C = I_{C_1} = I_{C_2}$)場合，(4.69)式は，

$$I = 2I_C\left|\cos\frac{\pi\Phi}{\Phi_0}\right| \tag{4.70}$$

となる．これは，SQUIDを流れる電流は，図4.28の模式図に示すような，$\Phi = n\Phi_0$ で最大値，$\Phi = n\Phi_0/2$ でゼロになる干渉パターンを示すことを意味している(n は整数)．一方，二つのジョセフソン接合の最大電流が異なる($I_{C_1} \neq I_{C_2}$)場合，(4.69)式は，

$$I = \left[(I_{C_1} - I_{C_2})^2 + 4I_{C_1}I_{C_2}\cos^2\left(\frac{\pi\Phi}{\Phi_0}\right)\right]^{1/2} \tag{4.71}$$

となる．この式は，I の磁場応答は，$\Phi = n\Phi_0$ で最大値 $I_{C_1} + I_{C_2}$，$\Phi = n\Phi_0/2$ で最小値 $|I_{C_1} - I_{C_2}|$ になる干渉パターンとなることを意味している．このような干渉パターンを高精度で測定することにより，高い分解能で磁場を測定することができる．

4.3.5　酸化物超伝導体ジョセフソン接合

先に述べたようにジョセフソン接合は，すでに，電圧標準や高感度の磁場センサーなどで実用化されている．他にも，ジョセフソンコンピューター，単一磁束量子(Single Flux Quantum ; SFQ)を利用したSFQ回路，量子アニーリングマシンなど，情報処理への応用も可能である．そのため，銅酸化物の高温超伝導体の発見直後から，磁場センサーや情報処理などへの応用を目的に，銅酸

化物超伝導体を用いたジョセフソン接合の精力的な研究開発が始まった．ここでは，代表的な銅酸化物超伝導体の一つである $YBa_2Cu_3O_7$ (YBCO)のジョセフソン接合を例に，銅酸化物超伝導体の特徴の一つである大きな異方性を考慮した接合の構造，特異な電流-電圧特性，磁場応答などを紹介する．

・積層型接合

層状ペロブスカイト構造の銅酸化物超伝導体は，超伝導が発現する伝導層である CuO_2 面と，電荷供給層である希土類，アルカリ金属と酸素からなる絶縁層が c 軸方向に積層した結晶構造となっている．そのため，ab 面内方向には電流が流れやすいが，絶縁層と伝導層が積層している c 軸方向には電流が流れにくい．すなわち，結晶軸の方向に依存した異方的な伝導特性を示す．YBCO の場合，ab 面内方向の電気伝導率は c 軸方向の数倍，$Bi_2Sr_2CaCu_2O_8$ や $Bi_2Sr_2Ca_2Cu_3O_{10}$ などの Bi 系超伝導体の場合は 1～2 桁の違いがある．この電気伝導率の異方性は，電子の有効質量の異方性 (m^*_c/m^*_{ab}) で説明される．電子の有効質量に異方性がある場合，超伝導特性を特徴付ける長さの一つであるコヒーレンス長 $\xi(=\hbar^2k_F/4m^*\Delta)$ にも同程度の異方性が生じる．例えば，YBCO の場合，ab 面内方向のコヒーレンス長 ξ_{ab} は 2～3 nm であるのに対し，c 軸方向のコヒーレンス長 ξ_c は <0.5 nm であると報告されている．コヒーレンス長は超伝導秩序パラメータが空間変化する長さであり，超伝導体内に侵入した磁束量子の直径に相当する．したがって，コヒーレンス長程度の欠陥や構造の乱れが存在すると，そこで超伝導秩序パラメータが減衰し，超伝導が消失してしまう．ジョセフソン接合では，障壁とその界面で超伝導秩序パラメータが減衰するため，ジョセフソン効果を示す接合を得るには，界面と障壁をコヒーレンス長の 2 倍程度の長さ以内で制御する必要がある．

トンネル接合であるジョセフソン接合の一般的な構造は，**図 4.29**(a)の模式図に示すような超伝導体／絶縁体／超伝導体の順に薄膜を積層した積層型接合である．銅酸化物超伝導体ジョセフソン接合においても，積層型接合の研究開発が行われている．ジョセフソン接合に限らず，銅酸化物超伝導体の薄膜作製には，通常，酸化物の単結晶基板が用いられている．酸化物単結晶基板の中でも，層状ペロブスカイト構造の銅酸化物超伝導体と類似の結晶構造を有し，比較的格子ミスマッチが小さい，$SrTiO_3$，$NdGaO_3$，LSAT，$LaAlO_3$ などの

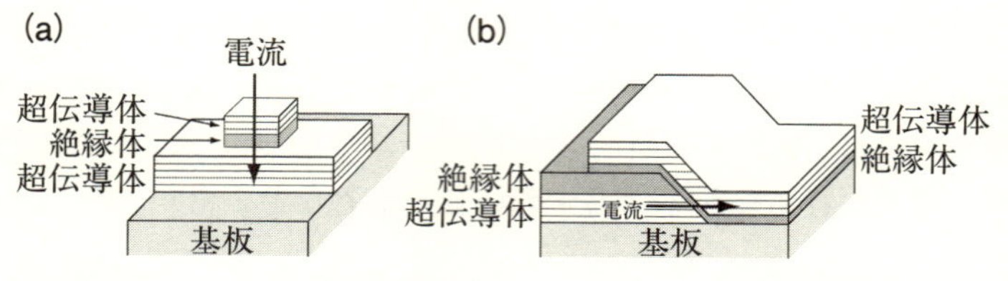

図 4.29　(a)積層型接合と(b)ランプエッジ接合の模式図.

ペロブスカイト型酸化物の単結晶基板がよく用いられる．また，ジョセフソン接合の障壁層にも基板材料と同じペロブスカイト型酸化物がよく用いられる．

(100)面のペロブスカイト型酸化物単結晶基板の上に銅酸化物超伝導体の薄膜を作製すると，通常の製膜条件では，(001)配向(c軸配向)した薄膜が成長する．上述のように，異方的な超伝導体である銅酸化物超伝導体のc軸方向のコヒーレンス長は非常に短い．YBCOのc軸配向膜を用いたジョセフソン接合を作製する場合，障壁層と界面を1 nm以下の精度で均一に制御して作製する必要があり，応用可能なレベルの特性を有するジョセフソン接合を作製するのは技術的に困難である．この問題を解決するため，障壁層に絶縁体ではなく導電性を有する材料(例えば，$PrBa_2Cu_3O_7$など)を用いたSNS接合とすることで，障壁内での超伝導秩序パラメータの減衰を抑制するなどの方法が取られている．

他の解決方法としては，c軸以外の他の配向を持った薄膜を用いる方法がある．(110)面のペロブスカイト型酸化物単結晶基板を用いると，(103)配向のYBCO薄膜を作製することができる．(103)配向YBCO薄膜のab面(CuO_2面)は，基板表面に対して45°傾いている．そのため，(103)配向YBCO薄膜を用いた積層型ジョセフソン接合では，2～3 nmのコヒーレンス長を持ったab面内方向の伝導を利用することができる[24)]．製膜時の基板温度を低くしたり，層状ペロブスカイト構造の$LaSrAlO_4$や$LaSrGaO_4$等の(100)基板を用いたりすることにより，ab面が基板表面の法線方向を向いた(100)配向YBCO薄膜を作製することができる[25)]．この(100)配向YBCO薄膜を用いた積層型ジョセフソン接合もab面内方向の伝導を利用することができる．しかし，作製条件，格子ミスマッチ，基板との熱膨張率の違いなどに起因して，(100)配向YBCO薄膜の結晶性は，(001)配向YBCO薄膜と比べて悪く，そのため超伝導特性が悪いという問題点がある．

・ランプエッジ接合

結晶性の良い(001)配向薄膜を用いてジョセフソン接合を作製する方法として，図 4.29(b)の模式図に示すようなランプエッジ接合(ramp-edge junction)がある．ランプエッジ接合の作製方法は，基板上に(001)配向の超伝導薄膜と層間絶縁層となる厚い絶縁体薄膜の積層膜を作製した後，積層膜の一部を斜め方向(30° 程度)にエッチングして除去し，CuO_2 面の端面が現れた斜面(ramp)を作製する．その上に，障壁層となる薄い絶縁体薄膜(または導電性酸化物薄膜)を作製し，最後に，再び(001)配向の超伝導薄膜を製膜する．作製した積層構造を，フォトリソグラフィーとエッチングにより，図 4.29(b)の模式図のような接合に整形する．このランプエッジ接合では，斜面が接合面となっており，電流はコヒーレンス長の長い超伝導薄膜の ab 面方向に流れる．

障壁層の作製方法には，障壁層となる薄膜を堆積する方法の他，超伝導薄膜の表面(斜面)に Ar イオンを照射して作製する方法がある[26]．下部の超伝導薄膜の表面に Ar イオンを照射すると，表面に金属イオンの欠損が生じ，アモルファス層が形成する．上部の超伝導薄膜を作製するために加熱すると，アモルファス層が結晶化して非超伝導の極薄膜が均一に形成する．その上に超伝導薄膜を作製することにより，ランプエッジ接合を作製できる．このようなランプエッジ接合は界面改質接合(interface-engineered，または interface-modified junction)と呼ばれており，通常のランプエッジ接合と比べ，ジョセフソン接合の性能指数の一つである I_CR_n 積が大きく，また，均一な J_C が得られるなど，優れた特性を示すことが報告されている[26]．

・粒界ジョセフソン接合

上述の積層型接合，ランプエッジ接合を含め，これまでに報告されている銅酸化物超伝導体のジョセフソン接合は，理想的な SIS ジョセフソン接合ではなく，ほとんどが弱結合型ジョセフソン接合である(図 4.25)．積層型接合やランプエッジ接合よりも簡便に弱結合型ジョセフソン接合を作製する方法として，結晶粒界を利用した粒界ジョセフソン接合がある[27]．銅酸化物超伝導体は ab 面内と c 軸方向でコヒーレンス長，磁場侵入長等が異なる異方的な超伝

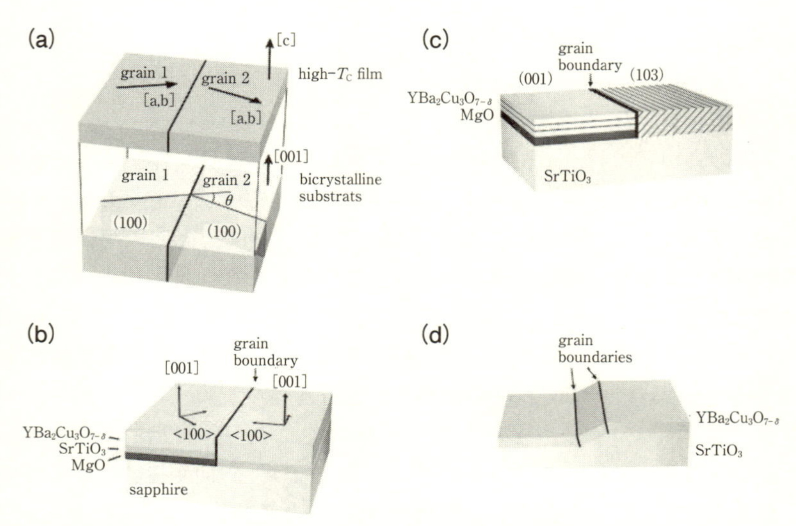

図4.30　酸化物超伝導体の粒界ジョセフソン接合の種類：(a)バイクリスタル接合，(b)，(c)バイエピタキシャル接合，(d)ステップエッジ接合[27]．(b)MgO がある部分では YBCO[100] // $SrTiO_3$[100] // MgO[100] // Al_2O_3 [1$\bar{1}$20]，MgO がない部分では YBCO[110] // $SrTiO_3$[110] // Al_2O_3[1$\bar{1}$20] の面内配向の関係[28]．(c)基板は $SrTiO_3$ (110)．MgO がある部分では YBCO は(100)配向，$SrTiO_3$ (110)に直接成長した YBCO 薄膜は(103)配向[29]．

導体であることを紹介したが，ab 面内においても超伝導秩序パラメータ(超伝導ギャップ)が d 波対称性を持つため，ab 面内にも異方性が存在する．そのため，結晶軸がある角度以上傾いて接合した結晶粒界では，超伝導秩序パラメータが減衰し，弱結合型ジョセフソン接合として働く．そのような結晶粒界を人工的に作製する代表的な方法として，バイクリスタル接合(bicrystal junction；**図4.30**(a))，バイエピタキシャル接合(bi-epitaxial junction；図4.30(b)，(c))，ステップエッジ接合(step-edge junction；図4.30(d))がある[27, 28, 29]．

バイクリスタル接合の作製には，$SrTiO_3$ や LSAT 等の単結晶をある傾斜角を持った面で2枚張り合わせて作製したバイクリスタル基板を用いる．バイクリスタル基板の上に成長したエピタキシャル薄膜には，基板の粒界と同じ位置に，同じ接合角度を持った粒界が形成する．そのため，銅酸化物超伝導体に弱

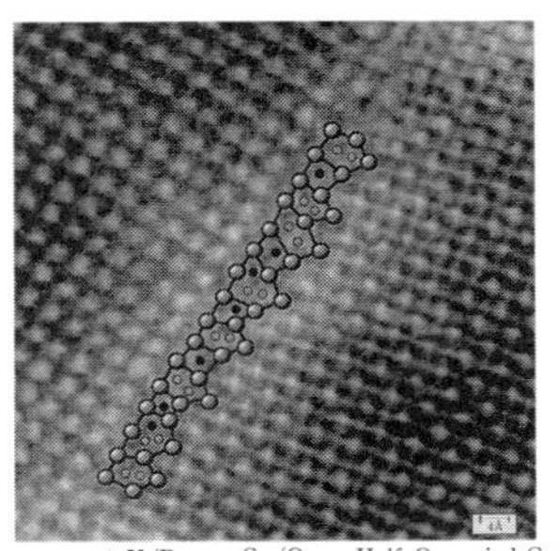

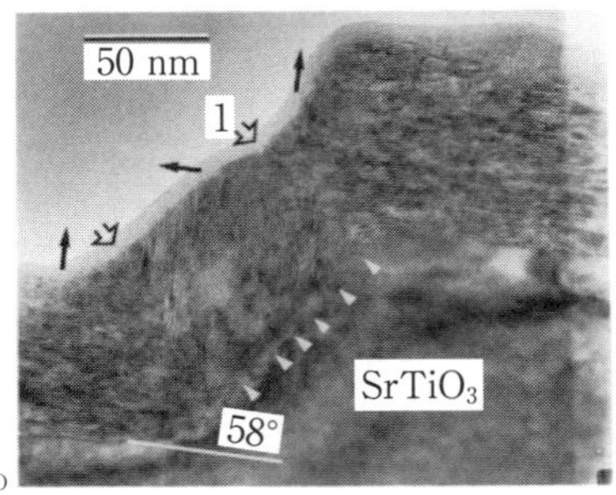

図 4.31 バイクリスタル接合(左)[30]とステップエッジ接合(右)[31]の透過電子顕微鏡像．バイクリスタル接合の透過電子顕微鏡像には，界面を構成する結晶構造ユニットの模式図が重ねて描かれている．

結合が生じる臨界角以上の接合角を持ったバイクリスタル基板を用いることにより，弱結合型ジョセフソン接合を作製することができる．**図 4.31**(a)は，接合角度 30° で非対称に接合した $SrTiO_3$ (100)バイクリスタル基板上に作製した YBCO 薄膜の粒界の TEM 像である[30]．この TEM 像から，粒界は，異なった複数の結晶構造ユニットが組み合わさって構成されていることがわかる．また，TEM により観測された粒界の結晶構造を基に，界面近傍の Cu の価数を計算した結果から，界面の非超伝導領域は，接合角度が 11° の場合は約 0.2 nm，45° の場合は約 0.9 nm と見積もられている[30]．**図 4.32** は，YBCO バイクリスタル接合(24° [001] 傾斜)の電流-電圧特性であり，弱結合型ジョセフソン接合として働いていることがわかる[27]．この方法の特長は，1 回の薄膜作製で簡便にジョセフソン接合を作製できることにあるが，接合を作製できる場所が基板の結晶粒界に限られているため，素子設計に大きな制限があり，大規模な集積回路の作製には不向きである．そのため，大規模な集積化を必要としない SQUID 等の作製に用いられている．

バイエピタキシャル接合は，酸化物単結晶基板や下地となる酸化物エピタキシャル薄膜の結晶構造，面方位，格子のマッチング等に依存して，その上に成長する銅酸化物超伝導体のエピタキシャル薄膜の配向性が変化することを利用して作製する．具体的には，酸化物単結晶基板の一部に別の酸化物のエピタキシャル薄膜を製膜した後，基板全体に銅酸化物超伝導体のエピタキシャル薄膜

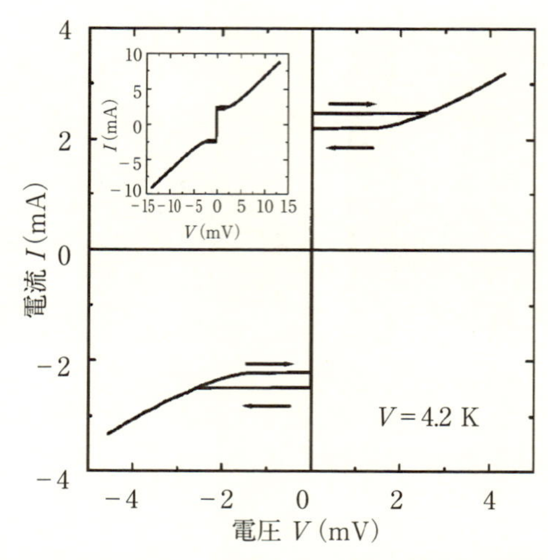

図 4.32　YBCO バイクリスタル接合(24° [001] 傾斜)の電流-電圧特性[27].

を製膜して作製する．図 4.30(b)の場合[31]，R 面サファイア (α-Al_2O_3) 基板上の一部に MgO のエピタキシャル薄膜を製膜し，その後，基板全体に $SrTiO_3$ と YBCO の積層膜を製膜している．この積層膜の面内配向の関係は，MgO がある部分では YBCO[100] // $SrTiO_3$[100] // MgO[100] // Al_2O_3[1$\bar{1}$20]，MgO がない部分では YBCO[110] // $SrTiO_3$[110] // Al_2O_3[1$\bar{1}$20] となり，その結果，ab 面内で結晶軸が 45° 傾斜した結晶粒界が形成される．この結晶粒界が弱結合型ジョセフソン接合として働く．

ステップエッジ接合は，あらかじめ段差を作製した酸化物単結晶基板上に銅酸化物超伝導体エピタキシャル薄膜を製膜して作製する．エピタキシャル成長すると，段差の角の部分2か所で CuO_2 面の折れ曲がりが生じ，そこが弱結合型ジョセフソン接合として働く．図 4.31(b)は，段差を作製した$SrTiO_3$(100) 基板上に作製した YBCO ステップエッジ接合の断面 TEM 像である[31]．白い矢印で示した2か所が接合となっている．バイクリスタル接合と同様に，一度の製膜でジョセフソン接合を作製できるという特長があり，SQUID 等の作製に用いられている．

4.3.6　異方的な酸化物超伝導体の粒界特性

先に述べたように，層状ペロブスカイト構造の銅酸化物超伝導体では，超伝導は $\mathrm{CuO_2}$ 面で発現し，$\mathrm{CuO_2}$ 面のある ab 面内で超伝導秩序パラメータは d 波対称性を持っている．具体的には，**図 4.33** の模式図に示すように，Cu の d 軌道と同じ $\mathrm{d}_{x^2-y^2}$ の対称性を持っており，その方向も Cu の d 軌道の方向に一致している[27]．この超伝導秩序パラメータの d 波対称性は，銅酸化物超伝導体の粒界特性，すなわち，弱結合型ジョセフソン接合の特性に大きな影響を与え，等方的な s 波対称性を有する金属または合金の超伝導体を用いたジョセフソン接合には見られない特性を示す．

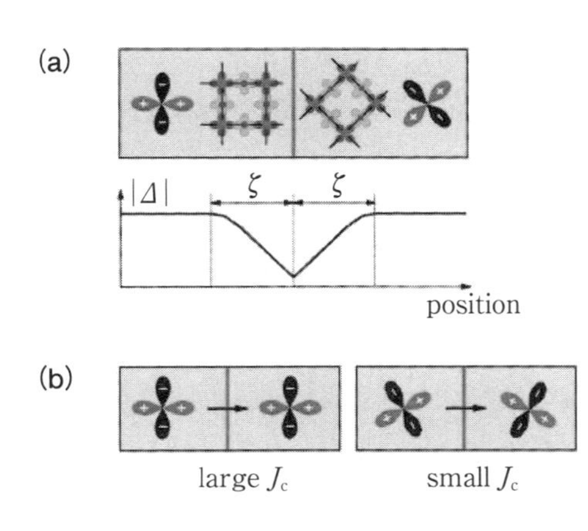

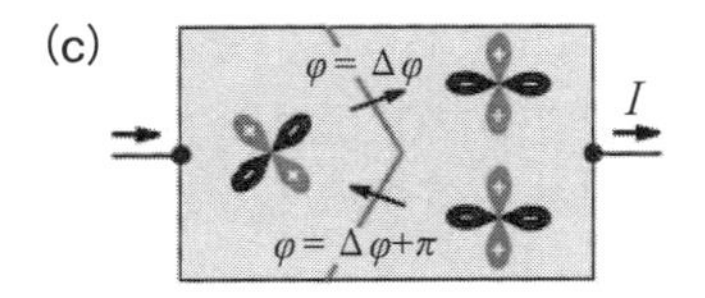

図 4.33　$\mathrm{d}_{x^2-y^2}$ 波対称性の超伝導秩序パラメータを持った超伝導体の粒界ジョセフソン接合の模式図[27]．(a)片側の超伝導体を 45° 傾けてつなぎ合わせた接合．界面からコヒーレンス長程度の領域で超伝導秩序パラメータが減衰．(b)臨界電流の接合角度依存性．(c)0 接合と π 接合を含む粒界ジョセフソン接合の模式図．0 接合と π 接合には位相差 π が生じるため，π 接合を流れる電流は 0 接合の反対向きになる．

2次元 $d_{x^2-y^2}$ の超伝導秩序パラメータの場合，運動量方向90°毎に超伝導ギャップ(超伝導秩序パラメータ) Δ が消失する．図4.33(a)の模式図に示すような片側の超伝導体を45°傾けてつなぎ合わせた接合の場合，45°傾いた側では界面の法線方向は，超伝導ギャップが消失したノードになる．このような接合界面では，ノードの影響により，両方の超伝導体は，界面からコヒーレンス長程度の領域で超伝導秩序パラメータが減衰する．その結果，接合界面が弱結合型ジョセフソン接合として働く．一方，界面の法線方向がノードとならないように二つの超伝導体の結晶軸を揃えて接合すると，理想的な場合，界面で超伝導秩序パラメータの減衰は生じないため，接合界面はトンネル接合とはならない．しかし，図4.33(b)の模式図のように結晶軸が傾くと，ノードの影響により，接合界面の法線方向の超伝導秩序パラメータ成分が減少する．そのため，バルクに比べ，接合界面の臨界電流 I_C は大きく減少する．また，超伝導秩序パラメータは温度に依存し，超伝導秩序パラメータの減衰量は接合の傾斜角度に依存することから，温度や接合の傾斜角度等に依存して接合界面は弱結合型ジョセフソン接合として働く．

異方的な超伝導秩序パラメータを有する超伝導体の接合界面の特異な現象の一つに，超伝導秩序パラメータの方向に依存した位相変化がある．図4.33(c)の模式図のような片側の超伝導体を45°傾けてつなぎ合わせた接合において，接合界面が直線ではなく，中央部分で屈曲している場合を考える．このような接合では，運動量方向に依存した超伝導秩序パラメータ(ペアポテンシャル)の符号を考慮する必要がある．2次元 $d_{x^2-y^2}$ の超伝導秩序パラメータでは，運動量方向90°毎に超伝導ギャップが消失することに加え，超伝導秩序パラメータの符号が運動量方向90°毎に反転する．そのため，図4.33(c)の接合の上側において，接合界面の法線方向の超伝導秩序パラメータの主成分の符号が両側の超伝導体で同じとした場合，下側では必ず異なってしまう．この下側の接合界面で起きる超伝導秩序パラメータの符号の反転は，二つの超伝導体に π の位相差を与える．すなわち，符号が同じ上側の接合界面の位相差を $\Delta\varphi$ とすると，符号が異なる下側の接合界面では位相差が $\Delta\varphi+\pi$ になる．このような位相差 π が生じる接合は π 接合と呼ばれ，通常の位相差が生じる接合は0接合と呼ばれる．

図4.33(c)の接合界面に流れるジョセフソン電流を考えると，(4.53)式よ

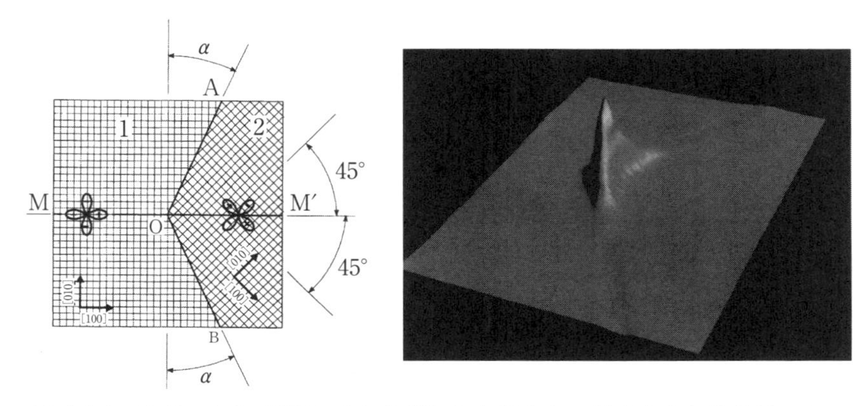

図 4.34 $Tl_2Ba_2CuO_6$ 薄膜により作製した 0 接合と π 接合を含む粒界ジョセフソン接合の走査型 SQUID 顕微鏡像[32]．0 接合と π 接合の境界に半量子磁束と考えられる磁束が捉えられている．

り，上側で電流が左から右の超伝導体に電流が流れている場合，下側では反対方向の右から左へと電流が流れることになる．これは，接合の屈曲部分を中心に円電流が流れることを意味しており，また，位相差が π であることから，中心には磁束量子の 1/2 に相当する磁束(半量子磁束)が存在することになる．実際，走査型 SQUID 顕微鏡の実験により，$Tl_2Ba_2CuO_6$ 薄膜により作製した図 4.33(c)のような粒界面に，半量子磁束と考えられる磁束が存在することが報告されている(**図 4.34**)[32]．

4.3.7 異方的な酸化物超伝導体の SQUID

異方的な酸化物超伝導体の SQUID は，通常の SQUID とは異なった位相の干渉効果を示す．Mannhart らは，$d_{x^2-y^2}$ の超伝導秩序パラメータを持つ YBCO のバイクリスタル接合を用いて，**図 4.35** の模式図に示すような 2 種類の SQUID を作製し，電流の干渉パターンを報告している[33]．図 4.35(a)の SQUID は，一方のジョセフソン接合が π 接合，もう一方が 0 接合になっており，図 4.35(b)の SQUID は，両方が 0 接合となっている．前述のように，図 4.35(a)の SQUID では，磁場を印加しない状態においても π の位相差が生じている．この位相差は $\Phi = \Phi_0/2$ (半磁束量子)に相当するため，磁場ゼロの状

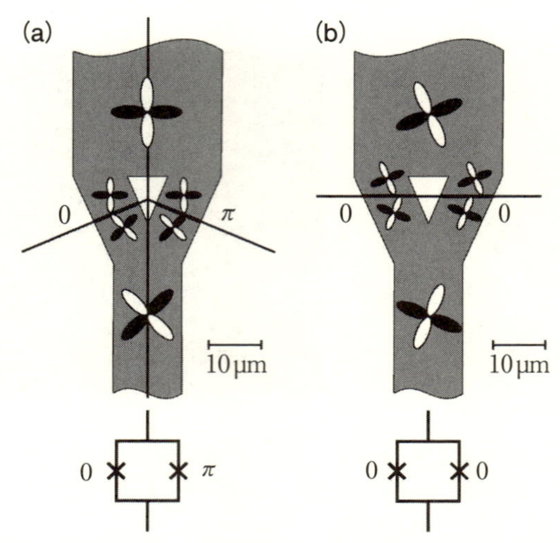

図 4.35　(a)0 接合と π 接合で構成された SQUID と，(b)0 接合だけで構成された SQUID の模式図[33]．

態でも SQUID には $\Phi_0/2$ の磁束が存在することになり，その結果，電流の干渉パターンは磁場ゼロ ($\Phi=0$) で最小になることが予想される．**図 4.36**(a)と(b)は，実際に測定した結果であり，磁場ゼロで電流が最小となることが確認できる[33]．一方，0 接合だけで構成された図 4.35(b)の SQUID では，通常の SQUID と同様に磁場に対する位相差は $2\pi(\Phi/\Phi_0)$ になり，電流は磁場ゼロ ($\Phi=0$) で最大となる干渉パターンを示す(図 4.36(c)と(d))．この超伝導秩序パラメータの方向に依存した SQUID の干渉パターンは，YBCO の超伝導秩序パラメータが 2 次元 $d_{x^2-y^2}$ の対称性を持っていることを支持する結果である．

上述のように，銅酸化物超伝導体で作製した SQUID は，接合に依存して電流の干渉パターンが変化するものの，通常の SQUID と同様に高感度の磁場測定に利用できる．そのため，バイクリスタル接合以外にも，ランプエッジ接合，バイエピタキシャル接合，ステップエッジ接合等を用いて銅酸化物超伝導体の SQUID が作製され，高感度の磁場センサーとして動作することが報告されている．動作に液体ヘリウム(沸点：4.2 K)が必要であった従来の金属系超

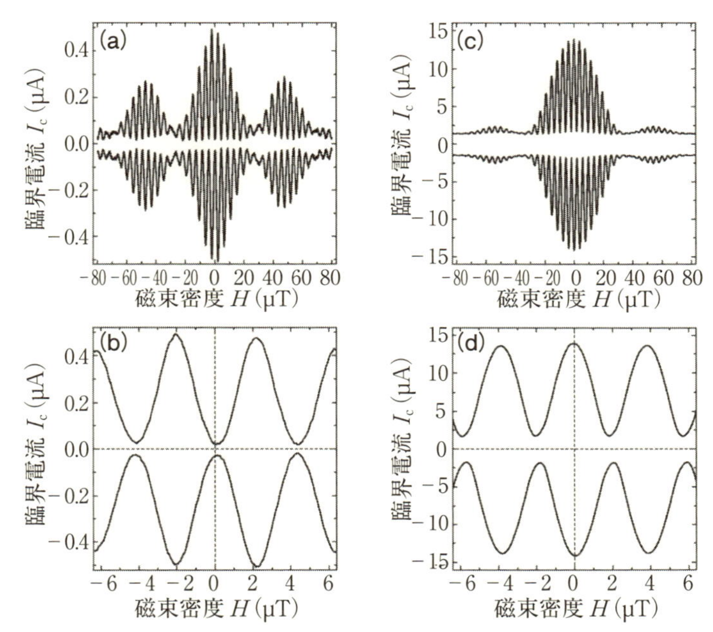

図 4.36　0 接合と π 接合で構成された SQUID((a),(b))と，0 接合だけで構成された SQUID((c),(d))のトンネル電流の磁場に対する干渉パターン[33]．通常の SQUID と異なり，0 接合と π 接合で構成された SQUID の干渉パターンは磁場ゼロ（$\Phi=0$）で最小となっている．

伝導体の SQUID と比べ，YBCO 等で作製した SQUID は液体窒素(沸点：約 77 K)以上で動作するという利点があり，生体計測，非破壊検査などへの応用が急速に展開している．

4.3.8　異方的な酸化物超伝導体の NIS 接合

異方的な酸化物超伝導体と金属を接合した NIS 接合も，接合界面と超伝導秩序パラメータの方向の関係に依存した特異なトンネル特性を示すことが理論的に予想され，その理論を基に NIS 接合のトンネル特性を解析することにより，超伝導秩序パラメータの対称性が議論されている *2．NIS 接合の N から

*2　理論では，絶縁体のトンネル層はデルタ関数として扱われている．

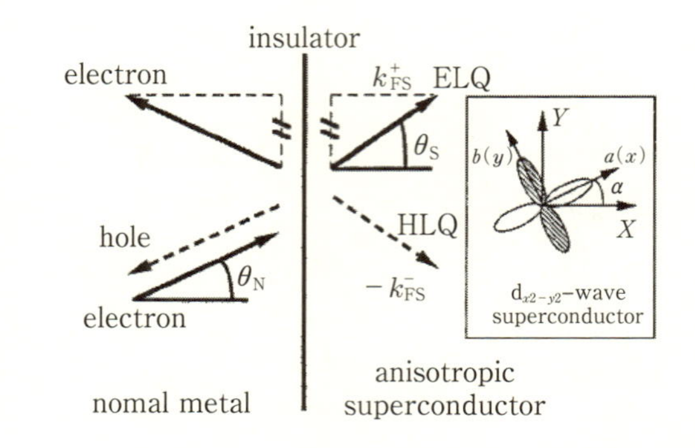

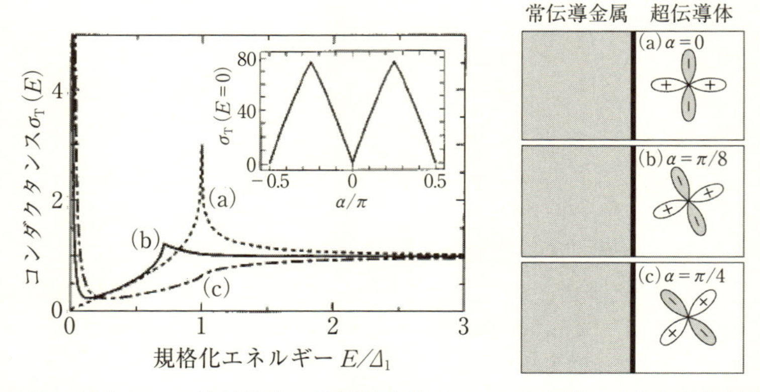

図 4.37　(上) $d_{x^2-y^2}$ 波対称性の超伝導秩序パラメータを持った異方的超伝導体の NIS 接合界面における電子とホールの反射と，電子的準粒子(ELQ)とホール的準粒子(HLQ)の運動の模式図[34]．角度 α は接合界面の法線と超伝導秩序パラメータの振幅が最大になる方向のなす角．(下)異方的超伝導体の NIS 接合の $\alpha=0$，$\pi/8$，$\pi/4$ における微分伝導率スペクトルの計算結果[34]．$\alpha \neq 0$ の場合，I/S 界面にアンドレーフ共鳴状態が形成するため微分伝導率スペクトルにゼロバイアスコンダクタンスピークが現れる．挿入図はゼロバイアスコンダクタンスピークの高さの α 依存性．

I/S 界面に電子を入射すると，電子が反射される通常の反射と，ホールが反射されるアンドレーフ反射の 2 種類の反射が起きる．このとき，アンドレーフ反射のホールは入射した電子と同じ方向に反射し，通常の反射の電子は反対方向に反射される(**図 4.37**)[34]．また，I/S 界面を透過して S に入射すると，電子的な準粒子(electron-like quasiparticle)とホール的な準粒子(hole-like quasiparticle)の二つの準粒子が生成する．反射した電子とホールの場合と同様に，電子的な準粒子とホール的な準粒子の進行方向(運動方向)は異なっている(図4.37)．ここで，等方的(s波)な超伝導体の場合，反射された電子とホール，超伝導体に入射した電子的な準粒子とホール的な準粒子は同じペアポテンシャルを感じるが，異方的な超伝導では，異なったペアポテンシャルを感じる場合がある．例えば，図4.37のような$\mathrm{d}_{x^2-y^2}$の超伝導秩序パラメータの場合，電子的な準粒子とホール的な準粒子の感じるペアポテンシャルΔ_+とΔ_-は，それぞれ$\Delta_0\cos2(\theta_\mathrm{S}-\alpha)$と$\Delta_0\cos2(-\theta_\mathrm{S}-\alpha)$になる．したがって，$\alpha=0$ (I/S界面の法線方向が[100]または[010])の場合には，電子的な準粒子とホール的な準粒子はθ_Sに関係なく同じペアポテンシャル($\Delta_+=\Delta_-$)を感じるのに対し，$\alpha=\pi/4$または$-\pi/4$では$\Delta_+=-\Delta_-$となり，電子的な準粒子とホール的な準粒子の感じるペアポテンシャルの符号が反転する．また，$-\pi/4<\alpha<\pi/4$において，$\alpha\neq0$の場合には，電子的な準粒子とホール的な準粒子は感じるペアポテンシャルは異なり，あるθ_Sの範囲では感じるペアポテンシャルの符号が反転することになる．

$\mathrm{d}_{x^2-y^2}$の異方性を有する超伝導体のNIS接合のトンネル効果では，感じるペアポテンシャルの符号が反転する効果により，I/S界面において，超伝導ギャップの中心(ミッドギャップ)に束縛状態であるアンドレーフ共鳴状態を形成し，このアンドレーフ共鳴状態を介してNからSへと電子がトンネルする．そのため，$\alpha\neq0$の場合に，微分伝導率スペクトルにゼロバイアスコンダクタンスピークが現れる．図4.37の下の図は，$\alpha=0$，$\pi/8$，$\pi/4$の場合の微分伝導率スペクトルの計算結果である．また，挿入図はゼロバイアスコンダクタンスピークの大きさのα依存性の計算結果である[34]．アンドレーフ共鳴状態を形成しない$\alpha=0$では，ゼロバイアスコンダクタンスピークが現れず，$\Delta_+=-\Delta_-$となる$\alpha=\pi/4$で，ゼロバイアスコンダクタンスピークは最大値を持つ．また，ゼロバイアスコンダクタンスピークが現れない$\alpha=0$の場合も，超伝導ギャップ以下のエネルギー領域で微分伝導率がゼロではなく，等方的(s波)超伝導体のNIS接合の微分伝導率スペクトル(図4.23)とは異なっている．このような微分伝導率スペクトルとゼロバイアスコンダクタンスピークの大きさのα依存性の理論予測は，**図4.38**に示すYBCOのランプエッジ接

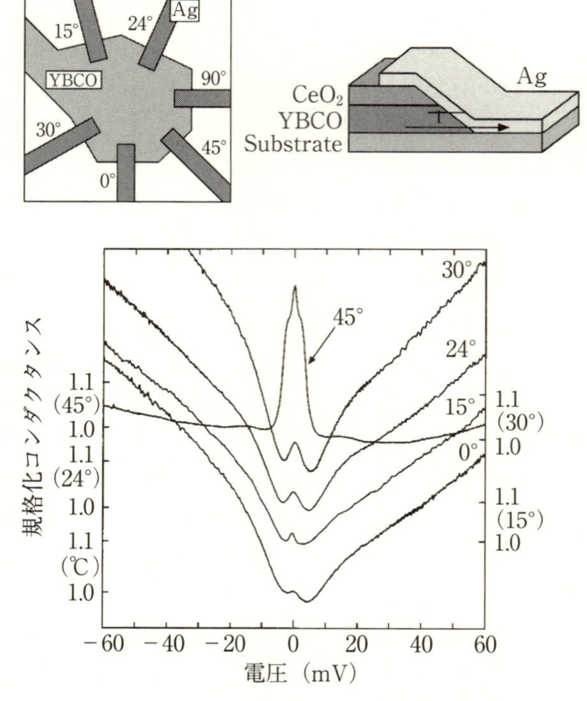

図 4.38　Ag/YBCO ランプエッジ接合の微分伝導率スペクトル[35]．0°，45°，90° は，それぞれ図 5.37 の $\alpha=0$，$\pi/4$，$\pi/2$ に相当．角度の増加とともにゼロバイアスコンダクタンスピークが高くなり，45°（$\alpha=\pi/4$）で最大となっている．

合の実験[35]などにより検証されており，銅酸化物超伝導体が異方的な $d_{x^2-y^2}$ の超伝導秩序パラメータを持っていることを強く示唆している．

上述のように，異方的超伝導体の NIS 接合は，等方的超伝導体の NIS 接合とは異なる微分伝導率スペクトルを示す．本書では ab 面内のトンネル特性を紹介したが，Kashiwaya と Tanaka らは，理論計算により，c 軸方向も含めて，異方的超伝導体の NIS 接合は超伝導秩序パラメータの対称性，接合界面と結晶軸の関係等に依存して，さまざまな微分伝導率スペクトルを示すと予測している[34]．そのような理論予測と，接合界面の結晶方位と結晶性が十分に制御されたNIS接合による微分伝導率スペクトルの詳細な測定の組み合わせは，超伝導秩序パラメータの対称性を調べるのに好適なツールとなると期待される．

4.3.9 固有ジョセフソン接合

銅酸化物超伝導体は，超伝導が発現する伝導層であるCuO_2面と，電荷供給層である希土類，アルカリ金属と酸素からなる絶縁層がc軸方向に繰り返し積層した結晶構造となっている．このような積層構造は，超伝導層(CuO_2層)／絶縁体層／超伝導層(CuO_2層)のトンネル接合，すなわちジョセフソン接合を複数個直列に接続した直列回路と見なすことができる．理想的な場合，ジョセフソン接合の直列回路の電流-電圧特性には接合の数に対応する電圧ステップ(電流-電圧カーブの分岐)が現れ，その電圧ステップの幅は超伝導ギャップに対応する．したがって，天然に合成された超伝導層(CuO_2層)／絶縁体層／超伝導層(CuO_2層)接合がジョセフソン接合として働く場合，銅酸化物超伝導体のc軸方向に測定した電流-電圧特性には，超伝導ギャップ2Δに対応する電圧ステップが，CuO_2層の数-1($=$接合の数)個現れると予想される．

この予想は，ab面内とc軸方向の異方性が大きいBi系やTl系銅酸化物超伝導体を用いて検証されている[36,37]．**図4.39**は，$Bi_2Sr_2CaCu_2O_8$単結晶をイオンミリングによりc軸方向に厚さ60 nmのメサ構造に加工して測定したc軸方向の電流-電圧特性である[37]．ジョセフソン接合の直列回路で予想される電圧ステップが40個観測されており，これは厚さ60 nmの$Bi_2Sr_2CaCu_2O_8$に存在するCuO_2層(正確には2層のCuO_2層の対構造)の数(40層)から予想されるステップ数とほぼ一致している．また，電圧ステップの幅も35 mV以上であり，この値も他の測定方法で見積もられた$Bi_2Sr_2CaCu_2O_8$の超伝導ギャップの値とほぼ一致している．この結果は，超伝導層(CuO_2層)／絶縁体層／超伝導層(CuO_2層)接合がジョセフソン接合として働いていることを示している．このような銅酸化物超伝導体の結晶構造内に天然に合成されたジョセフソン接合は，固有ジョセフソン接合またはイントリンシックジョセフソン接合(intrinsic Josephson junction)と呼ばれ，テラヘルツ発振器や量子ビット等への応用が検討されている．

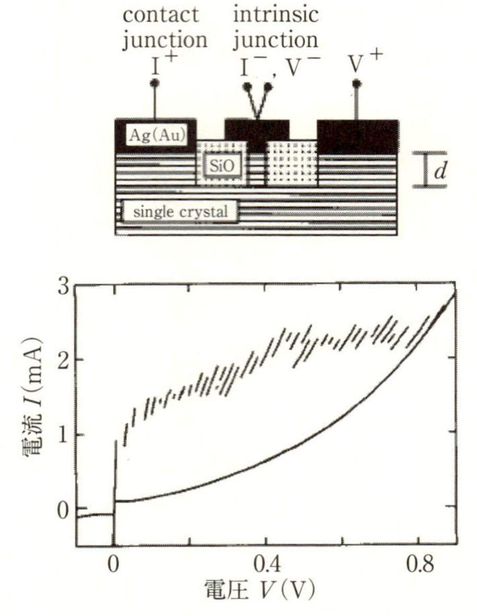

図 4.39　厚さ(d)60 nm の $Bi_2Sr_2CaCu_2O_8$ 単結晶のメサ構造を用いて測定した c 軸方向の電流-電圧特性[37]．c 軸方向に積層した 40 個の固有ジョセフソン接合に起因する電圧ステップが観測されている．

参考文献

1）J. G. Simmons, J. Appl. Phys., **34**, 1793(1963).

2）S. M. Sze and Kwok. K. Ng, Physics of Semiconductor devices, 3rd ed., John Wiley & Sons, Inc. New Jersey(2007).

3）R. H. Fowler and L. Nordheim, Proceedings of the Royal Society A **119**, 173 (1928).

4）J. Frenkel, Phys. Rev., **55**, 647(1938).

5）J. S. Moodera et al., Phys. Rev. Lett., **74**, 3273(1995).

6）T. Miyazaki and N. Tezuka, J. Magn. Magn. Mater., **139**, L231(1995).

7）W. H. Butler et al., Phys. Rev. B **63**, 054416(2001).

8) A. V. Khvalkovskiy et al., J. Phys. D : Appl. Phys., **46**, 074001(2013).
9) S. Yuasa et al., Nature Mater., **3**, 868(2004).
10) S. S. P. Parkin et al., Nature Mater., **3**, 862(2004).
11) J. Z. Sun et al., Appl. Phys. Lett., **69**, 3266(1996).
12) H. Yamada et al., Science, **305**, 646(2004).
13) Y. Ogimoto et al., Jpn. J. Appl. Phys., **42**, L369(2003).
14) K. S. Takahashi et al., Phys. Rev. B **67**, 094413(2003).
15) M. Imada, A. Fujimori, and Y. Tokura, Rev. Mod. Phys., **70**, 1039(1998).
16) T. Kimura et al., Science, **274**, 1698(1996).
17) H. Y. Hwang et al., Phys. Rev. Lett., **77**, 2014(1996).
18) N. D. Mathur et al., Nature, **387**, 266(1997)
19) 例えば，M. Tinkham 著，小林俊一 訳，超伝導現象，産業図書(1981)等.
20) A. F. Andreev, Zh. Eksp. Teor. Fiz., **46**, 1823(1964) [Sov. Phys. JETP **19**, 1228 (1964)].
21) B. D. Josephson, Phys. Lett., **1**, 251(1962) ; Rev. Mod. Phys., **46**, 251(1974).
22) V. Ambegaokar and A. Baratoff, Phys. Rev. Lett., **10**, 486(1963) ; ibid, **11**, 104 (1963).
23) S. Shapiro, Phys. Rev. Lett., **11**, 80(1963).
24) H. Sato, H Akoh, and S Takada, Appl. Phys. Lett., **64**, 1286(1994).
25) S. Miyazawa and M. Mukaida, Appl. Phys. Lett., **64**, 2160(1994).
26) B. H. Moeckly and K. Char, Appl. Phys. Lett., **71**, 2526(1997).
27) H. Hilgenkamp and J. Mannhart, Rev. Mod. Phys., **74**, 485(2002).
28) K. Char et al., Appl. Phys. Lett., **59**, 733(1991).
29) F. Tafuri et al., Phys. Rev. B **59**, 11523(1999).
30) N. D. Browning et al., Physica C **294**, 183(1998).
31) C. L. Jia et al., Physica C **175**, 545(1991).
32) C. C. Tsuei et al., Nature, **387**, 481(1997).
33) R. R. Schulz et al., Appl. Phys. Lett., **76**, 912(2000).
34) S. Kashiwaya et al., Phys. Rev. B **53**, 2667(1996) ; S. Kashiwaya and Y. Tanaka, Rep. Prog. Phys., **63**, 1641(2000).
35) I. Iguchi et al., Phys. Rev. B **62**, R6131(2000).
36) R. Kleiner et al., Phys. Rev. Lett., **68**, 2394(1992).
37) K. Tanabe et al., Phys. Rev. B **53**, 9348(1996).

5 酸化物超格子と2次元電子系

複数の材料を，原子層(またはユニットセル)レベルで膜厚を制御して繰り返し積層した多層膜を超格子(superlattice)と呼ぶ．一方で，周期構造を有する材料も存在し，それらは天然に合成された超格子である．また，異なる金属酸化物の2次元層が繰り返し積層した結晶構造を有する銅酸化物超伝導体や$(R, A)_{n+1}M_nO_{3n+1}$の化学式で表されるRuddlesden-Popper相などの材料も，天然に合成された超格子構造と見ることもできる．そのため，薄膜作製技術を使って作製した超格子は，人工的に合成されたという意味で，人工超格子とも呼ばれる．

1970年代にEsakiらが提案し[1)]，始めた半導体超格子の研究がきっかけとなって超格子の研究が発展し，その後，金属磁性体，酸化物等，さまざまな材料の超格子が作製されるようになった．半導体超格子では，GaAs/(Al, Ga)Asなどのようなバンドギャップの異なる材料の超格子を対象として，量子井戸の離散的な準位や，量子井戸間で電子の波動関数が重なり合うことによって形成するミニバンドが研究され，それらを利用した光スイッチ，量子カスケードレーザー等のデバイス開発が進められてきた[2)]．また，変調ドーピング技術を用いて高移動度の2次元電子ガス(2 Dimensional Electron Gas ; 2DEG)が作り出された[3)]．この2次元電子ガスは，今日の抵抗標準に用いられている量子ホール効果などのエキゾチックな現象を示す．また，2次元電子ガスを利用した高電子移動度トランジスタ(High Electron Mobility Transistor ; HEMT)は，高周波素子として実用化されている[4)]．金属の強磁性体と非磁性体を積層した超格子においては，外部磁場の印加による強磁性層の磁化の配置の変化(平行または反平行)が巨大な電気抵抗の変化を引き起こす[5,6)]．この現象は巨大磁気抵抗効果(Giant Magnetoresistance ; GMR)と呼ばれ，GMR素子は磁気トンネル接合(MTJ)が実用化されるまでハードディスクの読出用ヘッドに用いられていた．

このように超格子は，その構成材料単体にはない新しいエキゾチックな現象を示すことから，新しい機能性材料と見なすことができる．すなわち，超格子作製は，効果的な新機能材料の設計・合成法の一つである．そのような背景から，銅酸化物超伝導体の発見以降，急速に発展した酸化物の薄膜作製技術を用いて，酸化物超格子の新機能開拓が行われてきた．本章では，超格子の作製法と評価法，超格子と2次元電子ガスの基本的な特性を紹介した後，酸化物の2次元電子ガスの量子ホール効果や超伝導，酸化物超格子の高熱電能や巨大磁気抵抗効果などを紹介する．

5.1　超格子作製法・評価法

5.1.1　作製法

第1章で説明したほぼ全ての薄膜作製技術を用いて超格子を作製することができるが，ここでは，酸化物超格子の作製によく用いられているスパッタリング法，PLD法，MBE法について説明する．

スパッタリング法の場合，超格子を構成する複数の材料のターゲットを準備し，真空装置内に設置する．通常，スパッタリング法では，各々のターゲットの前に設置されたシャッターを順に開閉し，ターゲット材料を基板に逐次蒸着することにより超格子を作製する．超格子の作製で最も重要な点は，精密な膜厚の制御である．スパッタリング法の場合，シャッターを開けている時間で膜厚を制御する．シャッターの開閉に係る時間とその再現性を考慮すると，膜厚の精密制御には，蒸着速度が遅いほうが好適である．これは，PLD法，MBE法で作製する場合も同じである．スパッタリング法の場合，製膜中に膜厚をその場計測することは難しい．そのため，作製後に，X線回折等により超格子の周期，膜厚を測定し，それらと製膜時間から各層の蒸着速度を求めて，次の製膜の製膜時間に反映するという作業を繰り返すことにより，膜厚の精密な制御が実現される．

PLD法の場合も同様に，超格子を構成する複数の材料のターゲットを準備し，ターゲット交換機能(公転機能)の付いたターゲット台に設置する(図1.5を参照)．ターゲット交換機能を使って，蒸着する材料のターゲットを基板と対向する位置にセットし，そのターゲットにパルスレーザーを照射して基板に蒸着する．ターゲットを交換しながら，蒸着を繰り返し行うことにより超格子が作製できる．このような複数個のターゲットを使用した製膜では，ターゲットから蒸発した材料が他のターゲットを汚染する可能性がある．そのため，通常は，基板と対向位置にある蒸着したいターゲット以外のターゲットが隠れるように設計されたカバーがターゲット台に設置されている．

PLD 法では，RHEED により製膜中に薄膜成長過程のその場観察が可能である．薄膜が layer-by-layer 成長する場合，RHEED で観測される回折強度振動の 1 周期は 1 ユニットセルの薄膜成長に相当するため，RHEED 振動をその場観察することにより，膜厚をその場計測することが可能となる(図 1.15 を参照)．したがって，RHEED 振動をその場観察しながらパルスレーザーの ON/OFF を制御することにより，原理的には超格子の各層の膜厚を 1 ユニットセルの精度で制御することができる．**図 5.1** は，$La_{1-x}Sr_xMnO_3/LaAlO_3/SrTiO_3$ 超格子の作製時にその場観測した RHEED 振動であり，回折強度が極大となるところでパルスレーザーを止めて膜厚を制御している．しかし，実際には，RHEED 振動を観測しながら超格子を作製しても，完全に原子レベルでフラットな界面を持った超格子を得ることは難しい．それは，その場観察中に RHEED 振動の極大点を判断するのが難しいためである．後で紹介するよう

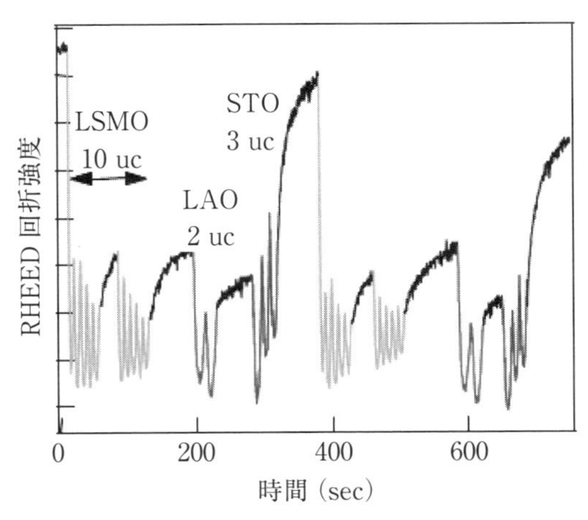

図 5.1　$La_{1-x}Sr_xMnO_3/LaAlO_3/SrTiO_3$ 超格子の作製時にその場観測した RHEED の回折強度振動(山田浩之氏(産総研)より提供)．

に，酸化物超格子では，積層界面のわずかな乱れが輸送特性に大きな影響を与えることが報告されている．そのため，超格子本来の特性を明らかにするためには，RHEED振動のその場観察と製膜後のX線回折測定を併用して，膜厚の精密制御を実現する必要がある．

半導体超格子の作製で用いられてきたMBE法は，良質の酸化物超格子を作製するのにも有効な製膜法である．MBE法の場合，超格子を構成する材料に含まれる全ての金属元素のK-cell(EB蒸着の場合はE-gunとるつぼ)を準備し，それらを真空チャンバー内に設置する．高真空度で製膜するMBE法では，RHEEDが利用できるため，通常，RHEED振動のその場観察と連動して，K-cellに設置したシャッターを開閉することにより膜厚を制御して超格子を作製する．第1章で説明したように，複数の金属元素を独立に蒸発させて製膜するMBE法では，各金属元素の供給量(フラックス)を精密に制御する必要がある．そのため，良質の超格子を作製するためには，原子吸光式分子線強度モニターなどを用いて各金属元素の供給量を制御・調整した後，RHEEDで膜厚を制御するという2段階の制御が必要である．ここで，RHEEDは各金属元素の供給量のずれや時間変化をモニターする装置としても利用できる．各金属元素の供給量が目的の材料の化学量論比からずれていると，余った金属元素またはその化合物が不純物相として薄膜表面に析出し，薄膜表面の表面平坦性が悪くなる．そのため，RHEEDパターンに不純物に起因するスポットが現れたり，表面の凹凸に起因するRHEEDパターンの変化が観測される(図1.14を参照)．また，RHEEDの回折強度も低下するため，RHEED振動にも変化が現れる．そのようなRHEEDパターンと振動の変化をモニターし，フィードバックすることで，金属元素の供給量を調整することができる．

5.1.2　評価法

・X線回折

超格子の評価には，一般的にX線回折が用いられる．第1章で説明したように，X線回折により，薄膜の結晶構造，結晶性，配向性，格子定数等を評価することができる．これらに加えて，X線回折から，超格子の周期を評価することができる．超格子の2θ-ωスキャンのX線回折パターンには，超格子を構成する材料の格子面間隔に対応する基本反射ピークに加え，超格子の周期構造に起因する回折ピークが観測される．この超格子の周期構造に起因する回折ピークはサテライトピークと呼ばれ，基本反射ピークを中心に低角度側と高角度側に対称に現れる．サテライトピークは複数本現れることから，基本反射ピークに近いものから1次，2次…n次のサテライトピークと呼ばれる．隣り合う二つのサテライトピークの角度をθ_nとθ_{n+1}とすると，それら角度と超格子の周期Lの関係は，

$$2L(\sin\theta_{n+1}-\sin\theta_n)=\lambda \tag{5.1}$$

で与えられる*1．ここで，λは測定に用いるX線の波長である．この関係式を用いて，X線回折パターンから超格子の周期を見積もることができる．

ここで，通常のX線回折のピークの半値幅が薄膜の格子間隔の均一性などの結晶性に依存するのと同様に，サテライトピークの半値幅は超格子周期の均一性に依存する．そのため，観測されるサテライトピークの次数は，超格子の結晶性と周期を評価する一つの指標となる．すなわち，結晶性が高く，周期が積層方向に対して均一な良質の超格子では，高次のサテライトピークまで観測できるが，周期が均一ではない超格子では，低次のサテライトピークしか観測できない．

・高角度散乱暗視野走査型透過電子顕微鏡

電子線の散乱角度が元素の原子番号に依存することを利用して，原子オーダーの分解能で元素の違いを可視化できる高角度散乱暗視野走査型透過電子顕微鏡(HAADF-STEM)は，複数の材料を積層した超格子の有効な構造評価法の一つである(第1章を参照)．**図5.2**は，$SrTiO_3$と$LaTiO_3$からなる超格子($SrTiO_3/LaTiO_3$超格子)のHAADF-STEM像である[7]．上部の拡大図に見られる原子像にコントラストの違いがあることがわかる．このコントラストは原子番号の違いに起因しており，原子番号の大きい方からLa，Sr，Tiの順に，原子像が明るく見えている．この原子像のコントラストの違いを利用することで，超格子の周期構造を明確に観測することができる．

---

*1 超格子の周期Lとは，超格子が薄膜A層と薄膜B層で構成され，それぞれの層の膜厚がd_Aとd_Bの場合，その和($L=d_A+d_B$)である．また，(5.1)式は基本反射ピークと1次のサテライトピークの間にも成り立つ．

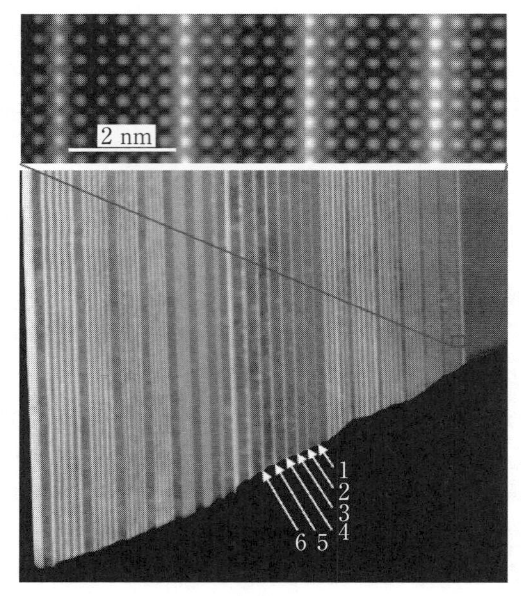

図 5.2　$SrTiO_3/LaTiO_3$ 超格子の HAADF-STEM 像[7].

走査型透過電子顕微鏡(STEM)は電子線エネルギー損失分光法(EELS)と組み合わせることができ，それにより，原子オーダーの分解能で元素の結合状態を解析することができる．**図 5.3** は，2ユニットの $LaTiO_3$ 層を $SrTiO_3$ 層で挟んだ構造の HAADF-STEM 像と，原子層分解の $\mathrm{Ti}L_{2,3}$ エッジの EELS スペクトルである．本来，$LaTiO_3$ の Ti は Ti^{3+} であるが，EELS スペクトルから $SrTiO_3$ 層で挟まれた2ユニットの $LaTiO_3$ 層は Ti^{4+} の成分を含んでいることがわかる．同様に，界面から2 nm 程度の領域で，$SrTiO_3$ 層は Ti^{3+} の成分を含んでいる．この結果は，界面で電荷移動が起きていることを示唆している．このように原子オーダーの分解能で構造と価数を評価できる HAADF-STEM と EELS の組み合わせは，混合原子価を取る遷移金属酸化物の超格子において，界面の構造と電子状態の関係を調べる有効なツールである．

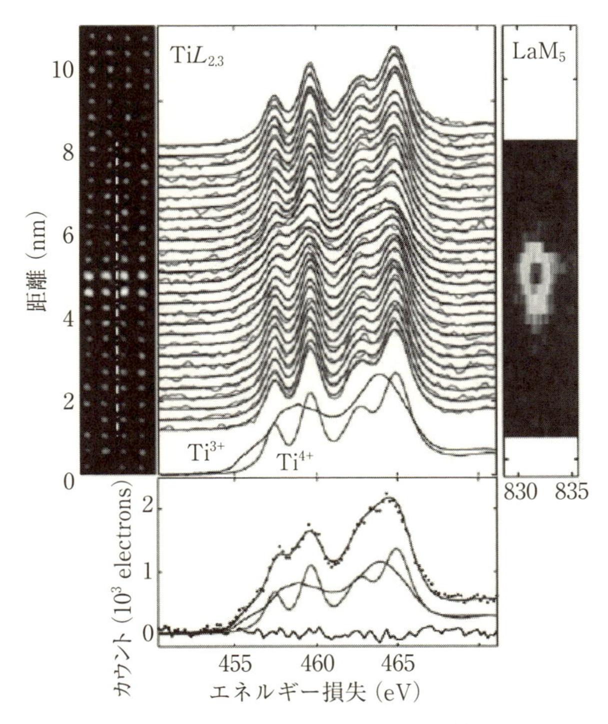

図 5.3　2 ユニットの $LaTiO_3$ 層を $SrTiO_3$ 層で挟んだ構造の HAADF-STEM 像と，原子層分解の $TiL_{2,3}$ エッジの EELS スペクトル[7)]．下図は $LaTiO_3$ 層の $TiL_{2,3}$ エッジの EELS スペクトル．

5.2　超格子の電子状態と伝導現象

5.2.1　量子井戸の電子状態とミニバンド

超格子の特長の一つが，界面におけるバンド不連続を利用して超格子を構成する材料のある一つの層内に電子を閉じ込めることができる点である．閉じ込められた電子の状態を理解するため，**図 5.4** の模式図のような伝導帯にバンド不連続のある井戸型ポテンシャルを考える*2．このような井戸型ポテンシャルにおける x 方向の電子の運動に対するシュレディンガー方程式は[2)]，

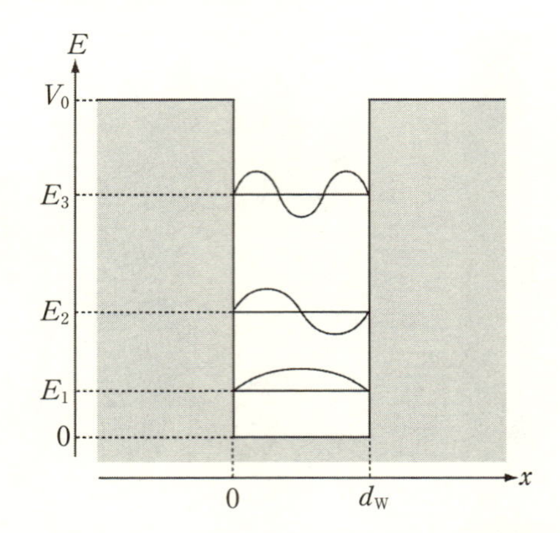

図 5.4　井戸型ポテンシャル(量子井戸)の電子状態の模式図.

$$-\frac{\hbar^2}{2m}\frac{\mathrm{d}^2}{\mathrm{d}x^2}\varphi(x)=E\varphi(x),\quad 0\leq x\leq d_{\mathrm{W}} \tag{5.2}$$

$$\left(-\frac{\hbar^2}{2m}\frac{\mathrm{d}^2}{\mathrm{d}x^2}+V_0\right)\varphi(x)=E\varphi(x),\quad x<0 \text{ and } x>d_{\mathrm{W}} \tag{5.3}$$

である．ここで，m は電子の有効質量である．井戸が十分に深い($V_0\rightarrow\infty$)場合，電子のエネルギーは量子化され，

$$E_n=\frac{\hbar^2}{2m}\left(\frac{n\pi}{d_{\mathrm{W}}}\right)^2 \tag{5.4}$$

となる．この量子化されたエネルギー E_n に対応する波動関数は，

$$\varphi_n(x)=\sqrt{\frac{2}{d_{\mathrm{W}}}}\sin\left(\frac{n\pi x}{d_{\mathrm{W}}}\right) \tag{5.5}$$

で与えられ，図5.4の模式図のようになる．このようにエネルギーが量子化されるヘテロ構造を量子井戸(quantum well)と呼ぶ．

電子は x 方向に閉じ込められるが，x に垂直な yz 平面内では，電子は自由

---

*2　価電子帯にバンド不連続がある場合，同様に，価電子帯にも量子井戸が形成し，超格子ではミニバンドが形成する．

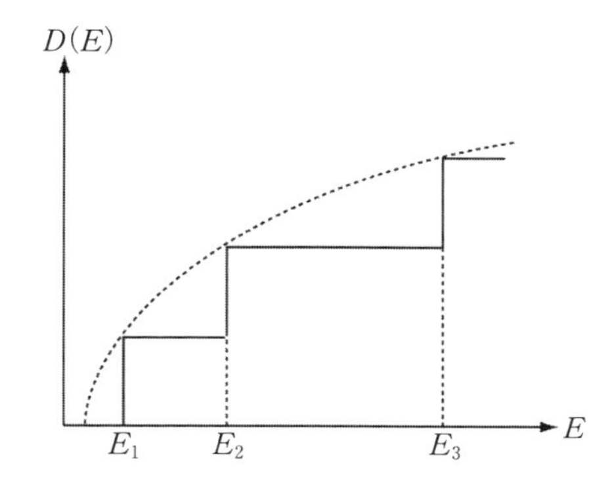

図 5.5 量子井戸(実線)とバルク(破線)の状態密度.

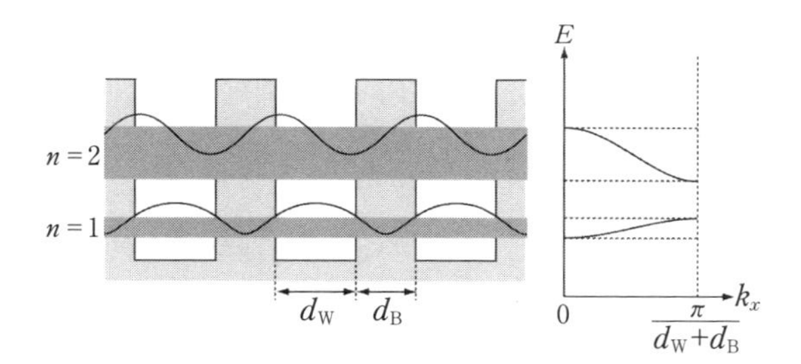

図 5.6 超格子のミニバンド(サブバンド)の模式図.

電子として振る舞う．そのため，量子井戸に閉じ込められた電子の全エネルギー E は，yz 平面内の波数ベクトルを k_y，k_z とすると，

$$E = E_n + \frac{\hbar^2}{2m}(k_y^2 + k_z^2) \tag{5.6}$$

で与えられる．このような yz 面内を運動する 2 次元電子系の状態密度は，エネルギーに依存しない一定値になるため，量子井戸の状態密度 $D(E)$ は x 方向の量子化準位 E_n で階段状に増加することになる(**図 5.5**).

次に，量子井戸が積層した**図 5.6** の模式図のような超格子を考える．量子井戸の障壁高さ V_0 が有限の値を持つ場合，障壁層へ波動関数の浸み出しが起こる．ここで，隣り合う量子井戸の間の障壁層の厚さ d_B が，波動関数が浸み出す距離の 2 倍よりも薄い場合，トンネル効果により障壁層内で波動関数の重

なりが生じる．このような周期的ポテンシャル内の電子の振る舞いは，1次元格子イオン核の場の中の伝導電子の振る舞いと同等である．そのため，原子が集まって結晶となった際にバンドが形成するのと同様に，量子井戸の孤立系の離散的準位から，超格子では図5.6のような広がりを持ったバンドを形成する．このバンドをミニバンド(またはサブバンド)と呼び，ミニバンド構造はクローニッヒ-ペニーモデルで説明される[2)]．超格子周期を $L = d_W + d_B$ とすると，超格子のブリルアンゾーンは $k = \pm n\pi/(d_W + d_B)$ で与えられ，このブリルアンゾーンでミニバンドはバンドギャップを生じることになる．

量子準位とミニバンドの代表的なデバイス応用として，GaAl-(Al, Ga)As等の化合物半導体超格子をベースとする量子井戸レーザーや量子カスケードレーザーがある[2)]．通常のダブルヘテロレーザーでは，伝導帯と価電子帯の間の遷移で発光するのに対し，量子井戸レーザーでは量子準位の間の遷移で発光する．そのため，量子井戸の厚さや超格子周期を制御することにより，レーザー光の波長を変化させることができる．他の特長として，レーザー発振に必要な注入電流の最低値である閾値電流の温度安定性が，ダブルヘテロレーザーよりも優れている点がある．これは，量子井戸が階段状の状態密度を有していることに起因する．また，量子井戸構造の工夫により，閾値電流の低減化等も実現されている[2)]．

5.2.2　変調ドーピング

量子井戸や超格子に2次元電子ガスを作製するためには，材料(半導体)にドナーやアクセプタとなる不純物をドープする必要がある．不純物ドープを行うと，第3章で説明したように空間電荷が形成するため，**図5.7**の模式図に示すように，超格子の界面でバンドのベンディングが生じる．ここで，量子井戸層と障壁層の両方に不純物ドープされている場合，量子井戸に閉じ込められた電子は量子井戸層の不純物に散乱され，平均自由行程が短くなる．Dingleらの開発した変調ドーピングは，この問題を解決し，超格子に高移動度の2次元電子ガスを作製することができる[3)]．変調ドーピングとは，障壁層だけに選択的に不純物ドーピングを行うドーピング法である．変調ドーピングを行うと，不純物ドープされていない量子井戸層に閉じ込められた電子と障壁層のイオン化された不純物が分離されるため，不純物による散乱(クーロン散乱)の影響が

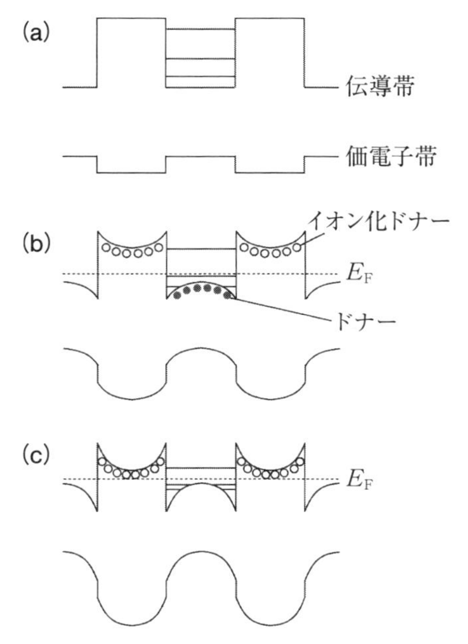

図 5.7　超格子の(a)ドープしていない場合，(b)一様にドナーをドープした場合，(c)障壁層だけに変調ドープした場合のバンド構造とエネルギー準位の模式図.

低減される．さらに，障壁層の中心部分にだけ不純物ドーピングを行い，不純物ドーピングした層と量子井戸層の間に不純物ドーピングしていないスペーサーを挿入することで，クーロン散乱の影響を大きく低減することができる．これにより，量子井戸に高移動度の 2 次元電子ガスを作製することができる．

不純物ドープされた量子井戸の界面に着目すると，バンドベンディングにより，界面近傍に量子準位が形成することがわかる．**図 5.8** は，その界面近傍の量子準位の模式図である．このような界面近傍の量子準位は，量子井戸や超格子だけでなく，変調ドーピングされた単一のヘテロ界面や，電界効果素子のチャネル表面にも形成する．量子井戸$(x>0)$のポテンシャルは，量子井戸層の空間電荷によるポテンシャルと，界面に閉じ込められた 2 次元電子による静電ポテンシャルの和で与えられる．そのため，バンド構造を求めるには，電子

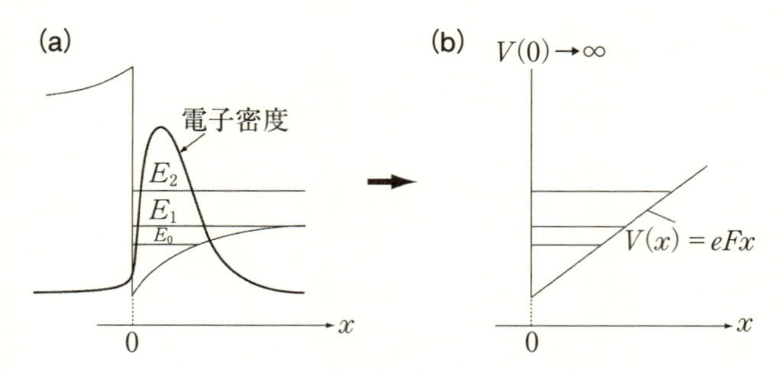

図 5.8　(a)単一ヘテロ界面のバンド構造と，(b)三角ポテンシャル近似したバンド構造の模式図．

密度，ポテンシャル，波動関数，エネルギー準位をセルフコンシステントに解かなければならない．

単一ヘテロ構造界面の2次元電子系のバンド構造を近似的に求める方法として，量子井戸($x>0$)のポテンシャルを直線で近似する三角ポテンシャル近似がある(図5.8)．量子井戸のポテンシャルを $V(x)=eFx$ とし，界面($x=0$)で無限に高いポテンシャル($V(0)\to\infty$)を仮定すると，三角ポテンシャルに閉じ込められた2次元電子系の波動関数 $\varphi_n(x)$ は

$$\varphi_n(x)=A_n\left[\frac{2meF}{\hbar^2}\left(x-\frac{E_n}{eF}\right)\right] \tag{5.7}$$

で与えられる[2]．ここで，A_n は Airy 関数であり，

$$A_n(z)=\frac{1}{\pi}\int_0^\infty \cos\left(\frac{t^3}{3}+zt\right)\mathrm{d}t \tag{5.8}$$

である．$\varphi_n(x)$ に対するエネルギー準位 E_n は，

$$E_n\approx\left(\frac{\hbar^2}{2m}\right)^{1/3}\left[\frac{3}{2}\pi eF\left(n+\frac{3}{4}\right)\right]^{2/3} \tag{5.9}$$

で与えられる．

変調ドープされた単一ヘテロ界面の2次元電子ガスの代表的なデバイス応用が，高電子移動度トランジスタ(High Electron Mobility Transistor ; HEMT)である[4]．**図 5.9** は，HEMT の基本構造である．HEMET は，通常の電界効果トランジスタ(MOSFET)と同様の電流制御機能を有している．すなわち，

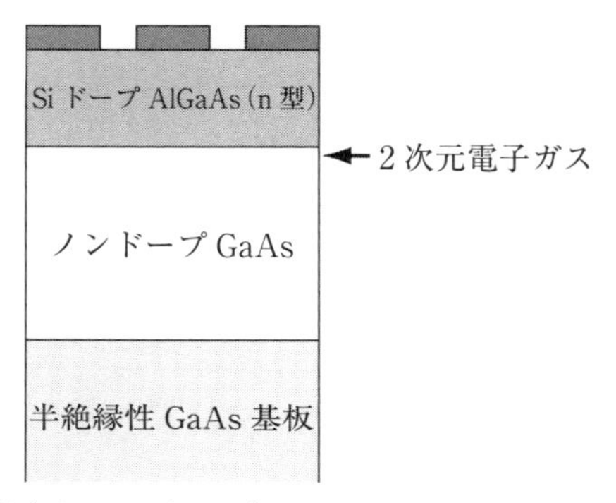

図 5.9　高電子移動度トランジスタ (High Electron Mobility Transistor ; HEMT) の模式図.

ゲートに電圧を印加することにより，2 次元電子ガスの濃度を変化させ，ソース-ドレイン間に流れる電流量を制御する．先に述べたように，不純物によるクーロン散乱の影響が大きく低減されているため，2 次元電子ガスは高い移動度を有するのが HEMT の特長である．この特長を活かして，高周波素子などに応用されている．

5.2.3　シュブニコフ-ドハース効果

量子井戸や超格子のヘテロ界面の 2 次元電子ガスのような不純物散乱の影響が小さく，輸送散乱時間 τ が長い ($\omega_c\tau \gg 1$) 電子系は，低温 ($T \ll \hbar\omega_c/k_B$) において，磁場中で特異な伝導特性を示すことが知られている．磁場中の電子の運動を考えると，電子はローレンツ力を受けるため，その運動方程式は，

$$m\frac{d\boldsymbol{v}}{dt} = e\boldsymbol{v} \times \boldsymbol{B} \tag{5.10}$$

で与えられる (正確には B は磁場ではなく，磁束密度)．ここで，磁場は xy 平面の 2 次元電子ガスに垂直な方向 z に印加したとすると，ローレンツ力は xy 平面内で働くため，運動方程式は，

$$m\frac{dv_x}{dt} = ev_yB, \quad m\frac{dv_y}{dt} = -ev_xB \tag{5.11}$$

となる．この運動方程式は，電子は xy 平面内で角振動数 $\omega_c = eB/m$ で円運

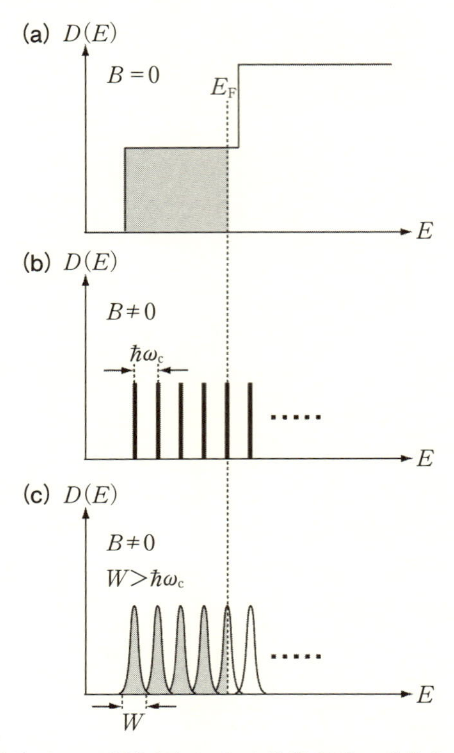

図 5.10　2次元電子ガスの磁場印加による状態密度の変化を表した模式図．磁場印加時の(b)不純物の影響がない理想的なランダウ準位と，(c)不純物の影響により広がりを持ったランダウ準位．

動することを示している．この円運動をサイクロトロン運動と呼ぶ．サイクロトロン運動すると，電子はランダウ準位と呼ばれる離散的なエネルギー準位，

$$E_N = \hbar\omega_c\left(N + \frac{1}{2}\right) = \hbar\frac{eB}{m}\left(N + \frac{1}{2}\right) \tag{5.12}$$

に縮退する(Nはゼロ以上の整数)．ゼーマン分裂まで考慮すると，ランダウ準位はさらに二つの準位に分裂し，そのエネルギー差は $g\mu_B B$ で与えられる(g は電子の g 因子，μ_B はボーア磁子)．

図 5.10 は，2次元電子ガスの磁場印加による状態密度の変化を表した模式

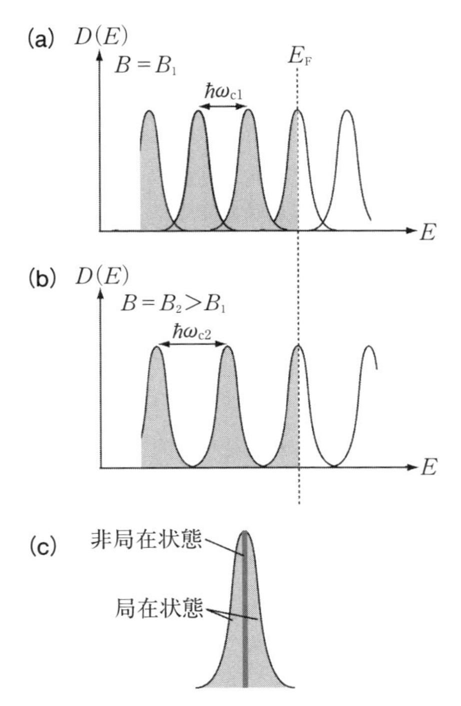

図 5.11 (a), (b)磁場印加によるランダウ準位間のエネルギー差の変化の模式図. (c)ランダウ準位の非局在状態と局在状態の模式図.

図である. 不純物の影響がない理想的な場合, ランダウ準位はエネルギー $E=E_N$ だけに状態を持つが, 実際の材料では不純物の影響によって, ランダウ準位はある程度のエネルギー範囲に広がっている. ここで, 磁場の強度を変化させると, **図 5.11** の模式図に示すように, 隣り合うランダウ準位間のエネルギー差 $\hbar\omega_c$ が変化する. それにより, フェルミレベルの状態密度 $D(E_F)$ は磁場に対して振動し, $E_F=E_N$ のとき, $D(E_F)$ は極大値を持つ. ここで, $E_F=E_N=E_{N-1}$ の関係が, $D(E_F)$ が極大値となる磁場の間隔を与えることから, (5.12)式より, $D(E_F)$ は磁場の逆数 $(1/B)$ に対してプロットすると, $\Delta(1/B)=\hbar e/mE_F$ の周期で振動することがわかる. この $D(E_F)$ の磁場に対する振動現象により, $D(E_F)$ が関係する電気抵抗や帯磁率などの特性に, 磁場に対する振動現象が現れることになる. その振動現象の一つが, 電気抵抗が

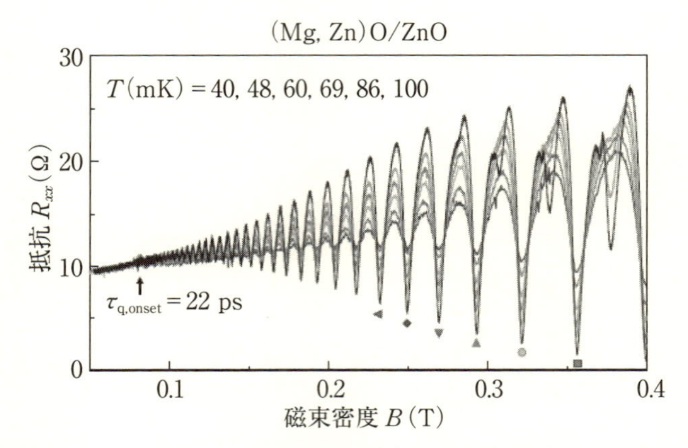

図 5.12　(Mg, Zn)O/ZnO ヘテロ界面に形成した2次元電子ガスのシュブニコフ-ドハース振動[8)].

磁場に対して振動するシュブニコフ-ドハース効果である*3. **図 5.12** は，後で紹介する(Mg, Zn)O/ZnO ヘテロ界面に形成した2次元電子ガスのシュブニコフ-ドハース振動であり，上述のように，磁場の逆数($1/B$)に対する電気抵抗の周期的な振動が見られる[8)].

シュブニコフ-ドハース振動の特徴の一つは，磁場に垂直なフェルミ面の断面積の極値 S を用いると，磁場の逆数に対する振動周期が $\Delta(1/B) = 2\pi e/\hbar S$ で与えられることである．この関係を利用すると，結晶軸と磁場の印加方向の角度を変えながらシュブニコフ-ドハース振動を測定することで，フェルミ面の形状を調べることができる.

5.2.4　量子ホール効果

上述のシュブニコフ-ドハース効果は，電子系の次元性に関係なく長い輸送散乱時間を持つ自由電子系で観測される現象である．一方，2次元電子ガスの特異な伝導特性として，ホール抵抗が量子化する量子ホール効果(Quantum Hall Effect；QHE)がある[9)]．量子ホール効果とは，強磁場下で磁場を変化させながら2次元電子ガスのホール抵抗を測定した際，ホール抵抗が一定値を取る

*3　帯磁率の磁場に対する振動現象はドハース-ファンアルフェン効果と呼ばれる.

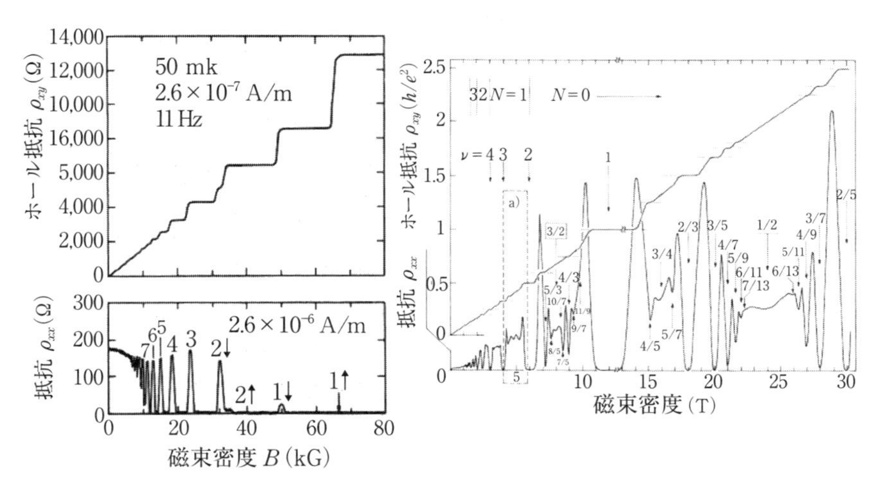

図 5.13　(Al, Ga) As/GaA ヘテロ界面に形成した 2 次元電子ガスの(左)整数量子ホール効果[10)]と(右)分数量子ホール効果[11)].

磁場領域が現れ，その領域では電気抵抗がほぼゼロになる現象であり，**図 5.13** の左図は[10)]，実際に(Al, Ga) As/GaAs ヘテロ界面で観測された量子ホール効果である．磁場変化以外にも，一定の強磁場下で 2 次元電子ガスのホール抵抗を測定した際に，電界効果等により 2 次元電子ガスの濃度を変化させると，ホール抵抗が一定値を取る濃度領域(ゲート電圧領域)が現れ，その領域では電気抵抗がほぼゼロになる[9)]．この一定値となる量子ホール抵抗 R_{xy} は，

$$R_{xy} = \frac{h}{\nu e^2} \tag{5.13}$$

で与えられる(h はプランク定数)．ここで，ν はフィリングファクタであり，整数または分数である．

量子ホール効果は，シュブニコフ-ドハース効果と同じく，磁場中で電子がサイクロトロン運動し，離散的なランダウ準位を形成することに起因する．先に述べたように，ランダウ準位は不純物の影響で広がっている．このランダウ準位は，中心部のみ非局在的な性質を持っており，その他は局在状態であると考えられる(図 5.11 (c))．これは，強磁場下では，基底ランダウ準位のサイクロトロン半径 $l_0 = (\hbar/2eB)^{1/2}$ が，不純物が作る不純物ポテンシャルの半径

よりも小さくなり，不純物ポテンシャルが電子に対して実効的な電場として働くためである．そのため，電子は不純物ポテンシャル内に束縛され，局在状態を形成すると考えられる．

エッジ状態(edge state)を用いた描像では[12]，フェルミレベルが隣り合うランダウ準位の間にあるとき，試料の内部では電子は局在するのに対し，試料の端では非局在のエッジ状態を形成し，電流はエッジ状態を使って流れる．Landauer-Büttiker の公式を用いて1次元導体と見なすことができるエッジ状態の伝導を求めると，電気抵抗 $R_{xx}=0$ と，ホール抵抗 $R_{xy}=h/ie^2$ が与えられる[12]．ここで，i は伝導に寄与するエッジ状態の数，すなわちフェルミレベル以下のランダウ準位の数である．i は整数であることから，フィリングファクタ ν が整数($\nu=i$)の整数量子ホール効果(Integer QHE；IQHE)が発現する．

量子ホール効果の定数 h/e^2 は，フォン・クリッツィング定数 R_{K} と呼ばれる．第4章のジョセフソン接合で説明したジョセフソン定数 $K_{\mathrm{J}}=2e/h$ と同様に，R_{K} は材料やサイズなどに依存しない量子力学の基本定数で与えられる定数である．そのような特長から，正確な R_{K} を与える整数量子ホール効果(量子化ホール抵抗とも呼ばれる)は抵抗の1次標準として用いられている．

ここで，ホール抵抗の量子化を直観的に理解するため，図5.10(b)の模式図のような理想的なランダウ準位の場合を考えてみる．先に述べたように2次元電子系は階段状の状態密度を持っている．ここで，一つのサブバンドを考えると，状態密度がエネルギーによらず一定という2次元電子系の特性により，ランダウ準位はエネルギー $E=E_N$ だけに状態を持ち，全てのランダウ準位は同じ状態数，

$$g=\frac{1}{2\pi l_0^2}=\frac{eB}{h} \tag{5.14}$$

を持つ．フェルミレベルがちょうどランダウ準位に一致している場合，2次元電子ガスの電子数 N_{s} は，フェルミレベル以下の全てのランダウ準位に含まれる状態数に相当する．すなわち，フェルミレベル以下のランダウ準位の数を i とすると，

$$N_{\mathrm{s}}=ig=\frac{ieB}{h} \tag{5.15}$$

である．電子数 N_{s} とホール抵抗 R_{xy} の関係は $R_{xy}=B/N_{\mathrm{s}}e$ であることから，

(5.15)式より，$R_{xy}=h/ie^2$ となる．

・分数量子ホール効果

極低温，強磁場下で散乱の影響が極めて小さい2次元電子ガスのホール抵抗を測定すると，整数量子ホール効果に加えて，フィリングファクタ ν が奇数分母の分数となる分数量子ホール効果(Fractional QHE；FQHE)が発現する[13,14]．図5.13の右図は[11]，実際に(Al, Ga)As/GaAsヘテロ界面で観測された分数量子ホール効果である．

この分数量子ホール効果は，電子相関によりランダウ準位にギャップが生じたことに起因すると考えられている．この状態は，ラフリン状態と呼ばれる[13]．ラフリン状態では，電子は磁束量子と関係づけられる．ランダウ準位の状態数 g を与える(5.15)式を見直すと，h/e は磁束量子 ϕ_0 であることから，g は磁束量子の数に相当することがわかる．したがって，磁束量子の数を n とすると，フィリングファクタ ν は電子数を磁束量子の数で割った値($\nu=N_s/n=N_s/g$)で与えられることになる．この関係から，整数量子ホール効果は各電子に一つの磁束量子が貼りついた状態，分数量子ホール効果は各電子に複数の磁束量子が貼りついた状態と見なすことができる．分数量子ホール効果の ν の分母は奇数であることから，ラフリン状態では，奇数個の磁束量子が電子に貼りついていることになる．

5.3　酸化物界面の2次元電子系

5.3.1　(Mg, Zn)O/ZnO界面の量子ホール効果

前節で述べた量子井戸，2次元電子ガスなどを作製するには，不純物や欠陥を極限まで低減した薄膜を作製する技術に加え，バンドギャップやキャリアドーピング量，超格子・ヘテロ界面におけるそれらのプロファイルを精密に制御する技術が不可欠である．そのため，GaAsなどの半導体の量子井戸や2次元電子ガスの基礎研究と，それらを利用したデバイスの研究開発は，薄膜作製技術の向上・改善とともに発展してきた．量子井戸や2次元電子ガスの創製には高度な薄膜技術が不可欠であることから，ある材料系における量子井戸や2次元電子ガスの創製は，その材料系の薄膜作製技術の成熟度を表す一つの指標

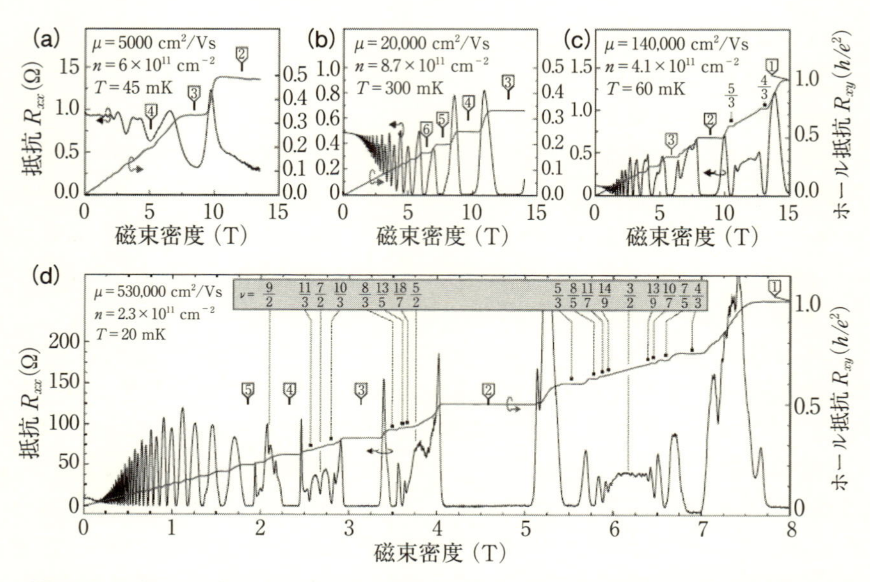

図 5.14　(Mg, Zn)O/ZnO ヘテロ界面に形成した2次元電子ガスの整数および分数量子ホール効果[15].

と見ることができる．すなわち，量子井戸や2次元電子ガスが創製できれば，その材料系の薄膜作製技術が半導体のレベルに近づいた(または同等になった)と見ることができる．**図 5.14** は Tsukazaki と Kawasaki らにより報告された酸化物半導体 ZnO のヘテロ界面($Mg_xZn_{1-x}O$/ZnO 界面)の量子ホール効果(磁気抵抗とホール抵抗)の観測結果であり[15, 16, 17, 18]，この後に詳しく紹介するように，この結果から，酸化物の薄膜作製技術は半導体と同等レベルであることがわかる．

(Al, Ga)As/GaAs などの半導体ヘテロ界面に2次元電子ガスを形成する場合，不純物散乱の影響を抑制するため，通常，前節で述べた変調ドーピングの手法が用いられる．一方，Tsukazaki と Kawasaki らが作製した $Mg_xZn_{1-x}O$/ZnO ヘテロ界面では，ZnO の結晶構造の特徴を利用した分極ドープ法により，界面にキャリアを供給している．ここで重要なのは，$Mg_xZn_{1-x}O$ 中の置換された Mg イオンは Zn イオンと同じ +2 価であることから，Mg イオンはドナーまたはアクセプタとして働くイオン化不純物になら

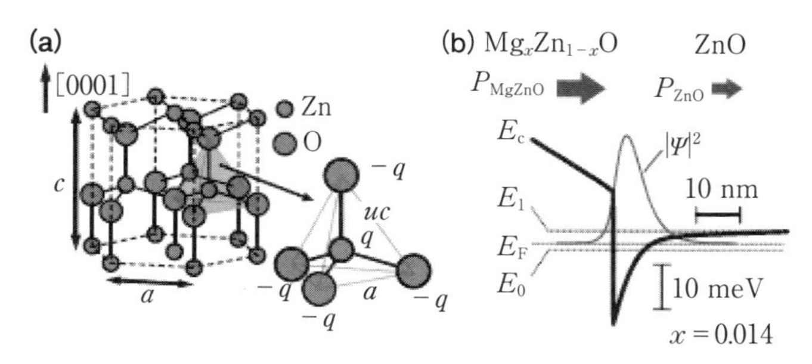

図5.15　(a)ZnOの結晶構造と，(b)(Mg, Zn)O/ZnOヘテロ界面のバンド構造とエネルギー準位の模式図[15]．

ない点である．**図5.15**(a)に示すように，ZnOはウルツ鉱型の結晶構造を有しており，酸素四面体の中にZnイオンがある構造となっている[15]．このZnイオンは，酸素四面体の重心からずれた位置にあるため，[0001]方向に自発分極が生じている．Znイオンの一部をMgイオンで置換すると，バンドギャップが大きくなり，自発分極も大きくなる．これら$Mg_xZn_{1-x}O$とZnOを［0001］方向に積層した接合を作製すると，自発分極の大きさが異なるため，そのヘテロ界面では自発分極差($\Delta P = P_{MgZnO} - P_{ZnO}$)が生じてしまう．界面に自発分極差が発生すると，界面の法線方向でポテンシャルが発散してしまうため，通常，界面に電荷を帯びた欠陥が生成することにより自発分極差は補償される．一方，高度な薄膜作製技術を用いて，欠陥のない(極めて少ない)高品質のヘテロ界面を作製すると，自発分極差は界面にキャリアが蓄積することにより補償される．このように，自発分極の異なる材料を積層した際に生じる自発分極差を利用して，ドナーやアクセプタなどの不純物をドープすることなく界面にキャリアを蓄積する手法を，分極ドーピングと呼んでいる[15]．

図5.15(b)は，Mgの置換量xを0.014とした場合の$Mg_xZn_{1-x}O$/ZnOヘテロ界面における伝導帯のポテンシャル分布をセルフコンシステントに求めた結果である[15]．界面でZnOの伝導帯がベンディングすることにより，界面に捉えられた2次元電子ガスが形成している．また，フェルミレベルは基底準位(E_0)と第一励起準位(E_1)の間に位置しており，量子ホール効果の観測に適した図5.10(a)のような2次元電子状態になっている．

このような2次元電子状態では，キャリアの散乱原因となる界面の不純物と欠陥の密度を抑制し，キャリアのサイクロトロン運動が実現できれば，量子ホール効果の観測が可能となる．ここで不純物・欠陥密度抑制のよい指標となるのが，2次元電子の移動度(μ)である．ZnOの量子ホール効果は，ZnOとの格子ミスマッチが極めて小さい$ScAlMgO_4$基板上にPLD法で作製された$Mg_xZn_{1-x}O/ZnO$ヘテロ接合で初めて観測され，図5.14(a)は，その結果である[15,16]．この試料の移動度は5000 cm^2/Vsであるが，この値は明瞭な整数および分数量子ホール効果が観測されている(Al, Ga)As/GaAsヘテロ接合よりも大幅に小さい．そのため，ホール抵抗R_{xy}が一定値を取る磁場領域において電気抵抗R_{xx}がゼロに達していない．PLD法の場合，$Mg_xZn_{1-x}O$の焼結体ターゲットに含まれている不純物(Si, Al等)が薄膜に取り込まれてしまうため，それらの不純物が散乱要因となっていると考えられる．そのためTsukazakiとKawasakiらは不純物濃度を低減できるMBE法(第1章を参照)へと製膜方法を変更し，さらに基板もZnO単結晶基板にすることで格子不整合をなくしたことにより，移動度を20,000 cm^2/Vsまで向上させることに成功した．この移動度の向上により，図5.14(b)に示すようなR_{xx}がゼロとなる理想的な整数量子ホール効果が観測されている[15]．

整数量子ホール効果の観測以降もTsukazakiとKawasakiらは，成長速度等の製膜条件の改善，酸化源を酸素ラジカルから純オゾンへの変更，ヒータ部材の簡素化等を行うことで移動度をさらに向上させることに成功している．その結果，2010年には移動度140,000 cm^2/Vsの試料において分数量子ホール効果が観測され(図5.14(c))[15,17]，2015年には移動度530,000 cm^2/Vsの試料においてフィリングファクタνが偶数を分母に持つ分数量子ホール効果が観測された(図5.14(d))[15,18]．

前節で述べたように，分数量子ホール効果のνは，通常，奇数分母の分数である．これは，偶数分母となる状態では，電子相関によりランダウ準位のゼーマン分裂が起きないためである．しかし，極めて高い移動度(>10,000,000 cm^2/Vs)を有するGaAsの2次元電子ガスにおいて，分母が2の分数量子ホール効果が観測されており，電子相関により電子対が生成したことによるものと考えられている[19]．図5.14(d)に見られるように，ZnOの2次元電子ガスにおいても分母が2の分数量子ホール効果が観測されており，特に$\nu=3/2$はZnOにおいて初めて観測された量子状態である[18]．TsukazakiとKawasaki

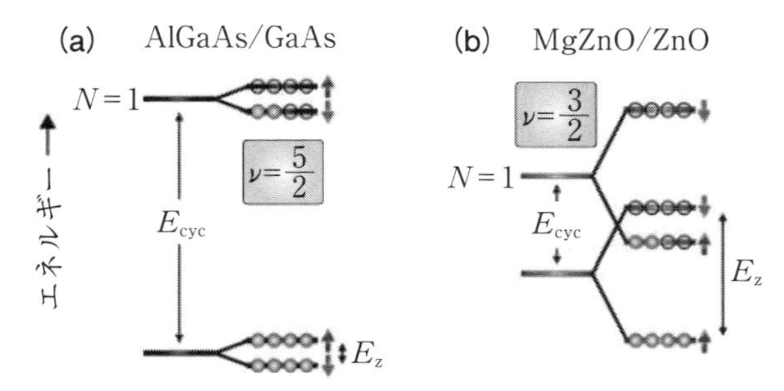

図5.16　(a)GaAsと(b)ZnOの2次元電子系のエネルギー準位の模式図[15]．

らは，このZnOで観測された特異な偶数分母の分数量子ホール効果の物理的機構ついて，サイクロトロン運動により形成したランダウ準位間のエネルギーギャップE_{cyc}と，そのランダウ準位がゼーマン効果によりさらに分裂した際のエネルギーギャップE_{z}の関係から議論している[15,18]．E_{cyc}は，(5.12)式より$E_{\mathrm{cyc}} = \hbar eB/m$であり，$E_{\mathrm{z}}$はゼーマンエネルギーであるので，$E_{\mathrm{z}} = g\mu_{\mathrm{B}}B$である．ここで$g$は$g$因子，$\mu_{\mathrm{B}}$はボーア磁子である．電子の有効質量$m$ ($\approx 0.067m_0$)が小さく，g(≈ -0.44)も小さいGaAsの場合は$E_{\mathrm{cyc}} > E_{\mathrm{z}}$となり，**図5.16**(a)のような状態となっている[15]．この場合，$\nu = 5/2$と$7/2$は，それぞれ$N = 1$の準位がゼーマン分裂してできたダウンスピンとアップスピンの準位に対応する．波動関数が節を一つ持つ$N = 1$の状態は準粒子の引力相互作用が強く，対形成を起こしやすいため量子化し，分数量子ホール効果が観測される．一方，ZnOのmとgは電子相関によりGaAsよりも大きいため($m \approx 0.3 - 0.5m_0, g \approx 2$)，$E_{\mathrm{cyc}} < E_{\mathrm{z}}$となる可能性がある．その場合，5.16(b)の模式図に示すように，ゼーマン分裂してできる$N = 1$のスピンアップ準位と$N = 0$のスピンダウン準位の交差が起きる．このような準位の交差が起きると，$N = 1$の準位がゼーマン分裂してできたアップスピン準位が$\nu = 3/2$に対応することになり，GaAsの$\nu = 5/2$，$7/2$と同じ機構により量子化したと考えることができる．しかし，$\nu = 3/2$の量子化が本当にこの物理的機構によるものかどうかは，実験と理論の詳細な研究による検証が必要と思われる．一方で，GaAsで観測されていない特異な量子状態が電子相関の強い酸化物のZnOの2次元電子ガスで実現されていることは，電子相関が2次元電

子系の新たな量子状態を生み出したことを示唆している．そのような観点から，酸化物ヘテロ界面とその2次元電子系は新たな物理現象や機能を生み出す可能性を秘めており，今後も興味深い研究対象となると期待される．

5.3.2　強相関酸化物金属 $SrVO_3$ の量子井戸状態

ペロブスカイト型酸化物 $SrVO_3$ は3d軌道に1個の電子を持つ典型的な強相関酸化物金属であり，その3d軌道は結晶場(配位子場)により低エネルギーの t_{2g} 軌道と高エネルギーの e_g 軌道に分裂する(**図5.17**)．そのため，結晶中で電子は t_{2g} 軌道からなるバンドに入り，フェルミレベルはこのバンド内に位置する．また，対称性の高い立方晶の $SrVO_3$ では，運動量空間(k空間)の k_x, k_y, k_z 方向の三つの円筒がΓ点で交差したフェルミ面を形成しており(**図5.18**)[20]，このフェルミ面は zx, yz, xy 平面の2次元的な特徴を有した d_{zx}, d_{yz}, d_{xy} の軌道からなっている(図5.17)．このような電子状態を有する $SrVO_3$ の極薄膜の角度分解光電子分光(ARPES)測定において，軌道選択的な金属量子井戸状態の観測が報告されている[20]．

Kumigashiraらは，$SrVO_3$ の金属量子井戸構造を実現するため，PLD法により $SrVO_3$ 極薄膜をn型酸化物半導体Nbドープ $SrTiO_3$(Nb:STO)単結晶基板上に作製した[20]．光電子分光測定の結果から，Vの3d軌道からなるバンドの下端とそのバンド内に位置するフェルミレベルは共にNb:STOのバンド

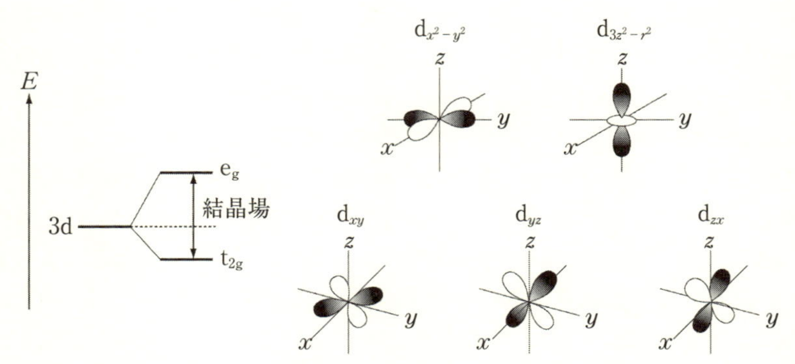

図5.17　ペロブスカイト型遷移金属酸化物の3d軌道の結晶場分裂と，軌道の模式図．

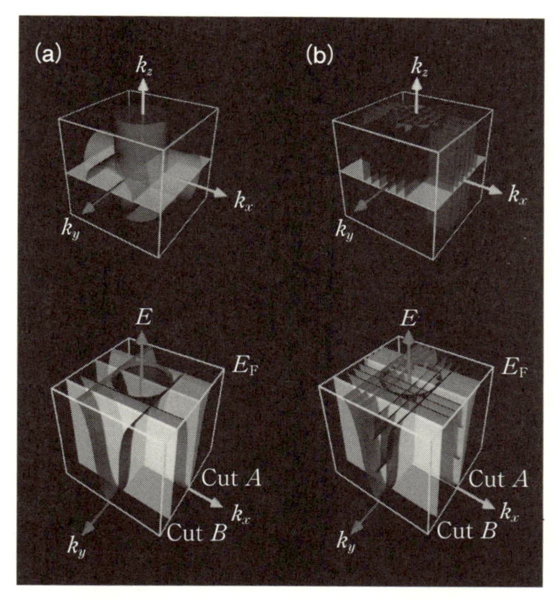

図 5.18 $SrVO_3$ の運動量空間(k 空間)におけるフェルミ面の模式図. (a)はバルク(3次元), (b)は2次元電子状態[20].

ギャップ(～3.2 eV)内に位置しており, $SrVO_3$/Nb:STO ヘテロ界面は**図 5.19**の模式図に示すようなバンド構造になっていると予想される[20]. このようなバンド構造が実現されると, $SrVO_3$ 中のキャリア(電子)は Nb:STO のバンドギャップからなる障壁と表面の真空の間に閉じ込められ, 2次元電子状態が作り出されることになる. ここで薄膜表面の法線方向(膜厚方向)を z 軸に取ると, バンドを形成する d_{zx}, d_{yz}, d_{xy} の三つの軌道の内, z 成分を持たない d_{xy} は量子化されないのに対し, z 成分を持つ d_{zx} と d_{yz} の二つは量子化され, 図5.18のような電子状態を形成すると予想される. **図 5.20** は, Γ 点から X 点(Cut A)と, X 点から M 点(Cut B)の二つの方向に対して, 量子化されていないバルク状態と軌道選択的な量子化が起きた極薄膜の場合に予想されるバンド分散の模式図である[20]. Cut A は d_{zx}, d_{yz}, d_{xy} の三つの軌道からなる全てのフェルミ面を横切るため, 三つのバンド分散が存在する(図 5.20(b)の上). 上述の d_{zx} と d_{yz} の軌道選択的な量子化が起きると, d_{zx} と d_{yz} の二つのバンド

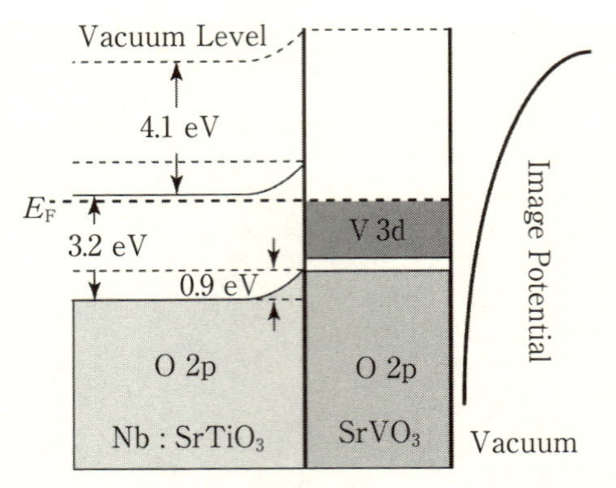

図 5.19　$SrVO_3$/Nb : STO ヘテロ界面のバンド構造の模式図[20]．

分散にサブバンドが現れる(図 5.20(c)の上)．一方，Cut B は d_{zx} 軌道からなるフェルミ面だけを横切るため，d_{zx} 軌道の量子化によるサブバンドだけが現れる(図 5.20(c)の下)．

このような軌道選択的な量子化の発現の有無は，ARPES によりバンド分散を測定することで確認することができる．**図 5.21** は，ARPES により測定した膜厚 8 ユニットセル(～3 nm)の $SrVO_3$ 極薄膜のバンド分散である．量子化によるサブバンドが観測され，そのバンド分散は実線と点線で示したモデル計算とよく一致している[20]．また，Cut A に見られるサブバンドのうち，波数 k_x に強く依存するサブバンドの分散が，Cut B のサブバンドの分散と一致している．この結果は，これらのサブバンドが d_{zx} に由来することを示しており，3d 軌道の異方性に起因した軌道選択的な量子化が起きていると結論づけることができる．バンド分散の詳細な解析から，エネルギーがフェルミレベルに近づくにつれ，サブバンドの電子の有効質量が大きく増加することも観測されている．このような有効質量の増加は通常の金属の量子井戸では報告されていないことから，電子相関の強い酸化物に特有の現象，すなわち，異常な有効質量の増加は電子相関に起因している可能性がある．この他にもバンド幅等，単純なフェルミ液体モデルでは説明できない現象が観測されている．これらは，次元性の減少による金属–絶縁体転移(Mott 転移)や電子状態の再構成等の電子相関に起因する現象・効果が関与していると考えられる[20]．

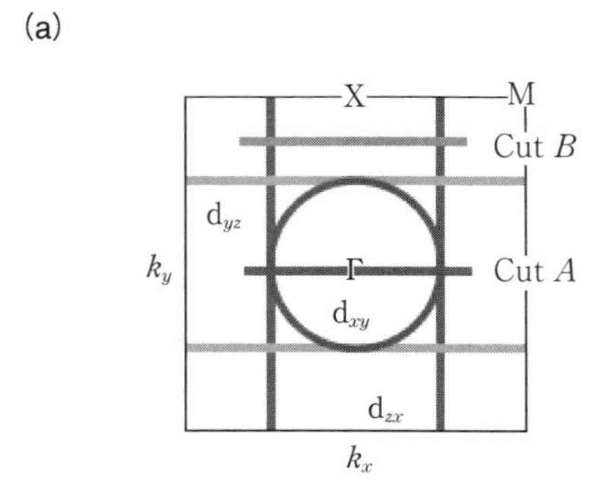

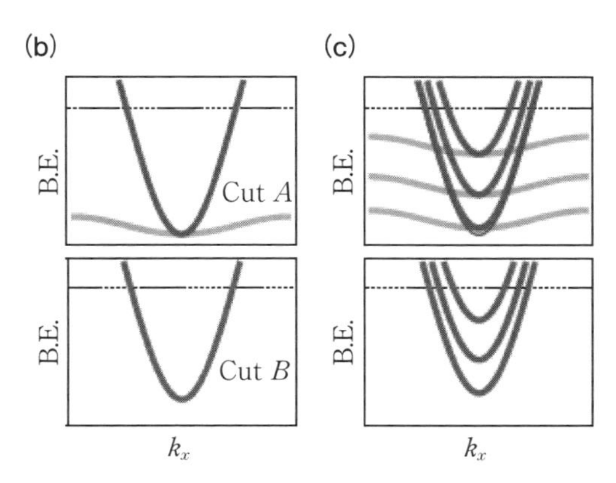

図 5.20 Γ 点から X 点(Cut A)と，X 点から M 点(Cut B)の二つの方向に対して，$SrVO_3$ の(b)量子化されていないバルク状態と，(c)軌道選択的な量子化が起きた極薄膜の場合に予想されるバンド分散の模式図[20].

5.3.3 $LaAlO_3/SrTiO_3$ 界面の 2 次元電子と超伝導

酸化物ヘテロ界面の 2 次元電子系のなかで最もよく研究されているのが，$LaAlO_3/SrTiO_3$(LAO/STO)界面の 2 次元電子液体である．LAO と STO はバンドギャップが～5.6 eV と～3.2 eV の典型的なワイドギャップの酸化物絶縁体であるが，Ohtomo と Hwang は，この二つの絶縁体をつなぎ合わせたヘテロ界面が金属伝導を示すことを発見した(**図 5.22**)[21]．この金属伝導を示す 2 次

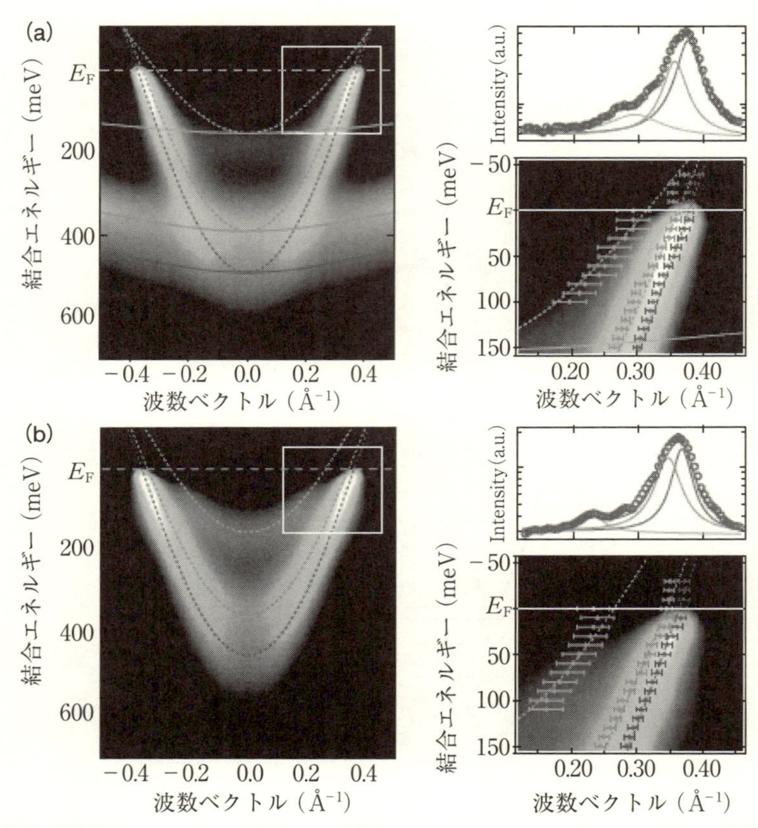

図 5.21　ARPES により測定した膜厚 8 ユニットセル(～3 nm)の $SrVO_3$ 極薄膜のバンド分散[20]．(a)は Cut A，(b)は Cut B.

元電子液体のキャリアは電子であり，低温で 10,000 cm^2/Vs 以上の大きな移動度を持つ．このような特性は，縮退半導体である La や Nb 等のドナーをドープした STO の特性と非常によく一致している．

・2 次元電子液体の形成機構

LAO/STO 界面の 2 次元電子液体は，TiO_2 を最表面とする(100)面の STO 単結晶基板上に，LAO エピタキシャル薄膜を作製することにより得られる(**図

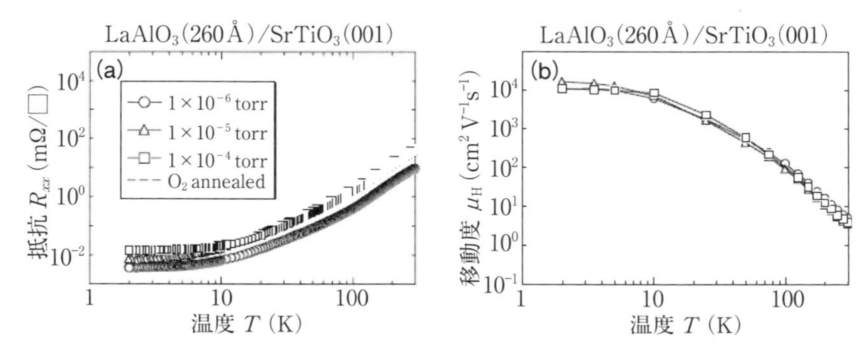

図 5.22 $LaAlO_3/SrTiO_3$ ヘテロ界面の形成した2次元電子液体の面抵抗と移動度の温度依存性[21].

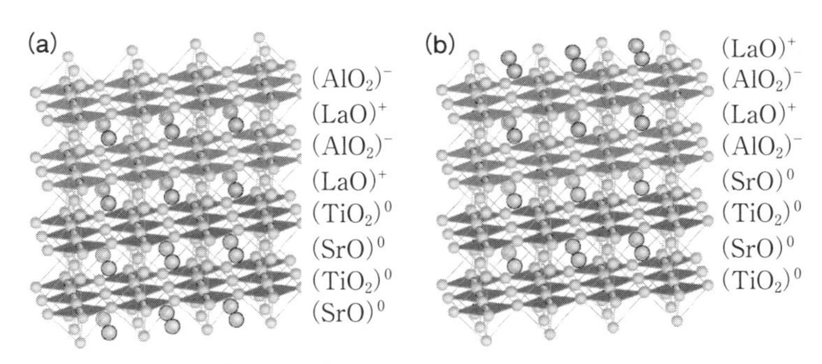

図 5.23 $SrTiO_3$ の最表面に依存した $LaAlO_3/SrTiO_3$ ヘテロ界面の結晶構造の模式図[21].

5.23)[21]．一方，SrO が最表面の場合には，界面に2次元電子液体は形成しない．Hwang らは，LAO の LaO 層と AlO_2 層が電荷を持った層と考える Polar catastrophe により，2次元電子液体の形成が STO の最表面に依存する原因を説明している[22]．LAO と STO を〈100〉方向から見ると，**図 5.24** の模式図のように，STO は電荷を持たない $[Sr^{2+}O^{2-}]$ 層と $[Ti^{4+}(O^{2-})_2]$ 層を積層した構造，一方，LAO は +1 価の $[La^{3+}O^{2-}]^+$ 層と −1 価の $[Al^{3+}((O^{2-})_2]^-$ 層が積層した構造と考えることができる．したがって，STO の最表面が TiO_2 の場合，LAO は +1 価の $[La^{3+}O^{2-}]^+$ 層から，最表面が SrO の場合は −1 価

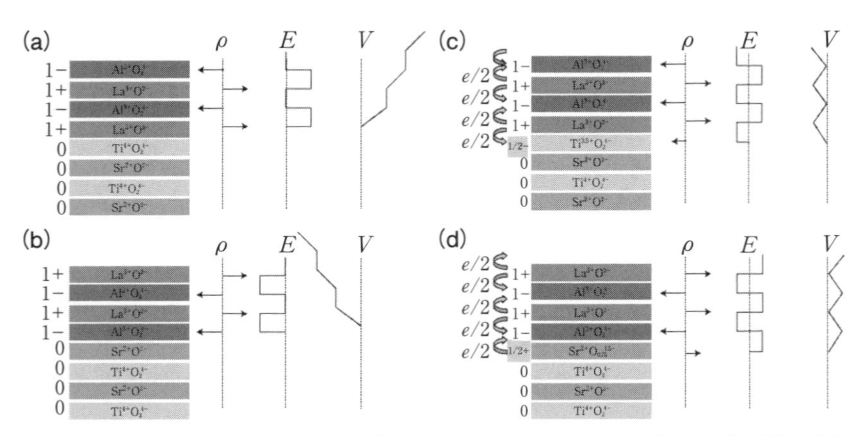

図 5.24　$LaAlO_3/SrTiO_3$ ヘテロ界面の polar catastrophe による2次元電子液体の形成の様子を表した模式図[22].

の $[Al^{3+}(O^{2-})_2]^-$ 層から成長することになる．LAO の各層が上述のような電荷を持っていると考えると，積層方向に対する LAO の電荷分布はある種の自発分極と見なすことができる．すなわち，LAO/STO 界面で分極差が生じることになり，その符号は STO の最表面が TiO_2 と SrO の場合で反転することになる．(Mg, Zn)O/ZnO 界面で述べたように，界面に分極差が発生すると，界面の法線方向にポテンシャルが発散してしまう．そのようなポテンシャルの発散を防ぐには，界面に電荷が蓄積される必要があるため，STO の最表面が TiO_2 の場合には，STO 側の界面に電子が蓄積して2次元電子液体を形成することになる．一方，STO の最表面が SrO の場合，理想的には，ホールが STO 側の界面に蓄積されることになる．しかし，STO はドナードープにより n 型半導体化するが，アクセプタードープによる p 型半導体化はできない．p 型伝導を示さない原因として，「ホールが酸素サイトに局在化する」，「酸素欠陥が生じてホールを補償する」などが考えられる．最表面が SrO の STO に LAO エピタキシャル薄膜を作製した場合にも，そのような原因により，界面は p 型伝導を示さず絶縁体化すると考えられる[22].

LAO/STO 界面の2次元電子液体の形成は，STO 基板の最表面に加えて，LAO エピタキシャル薄膜の膜厚にも依存する．**図 5.25** は，LAO エピタキ

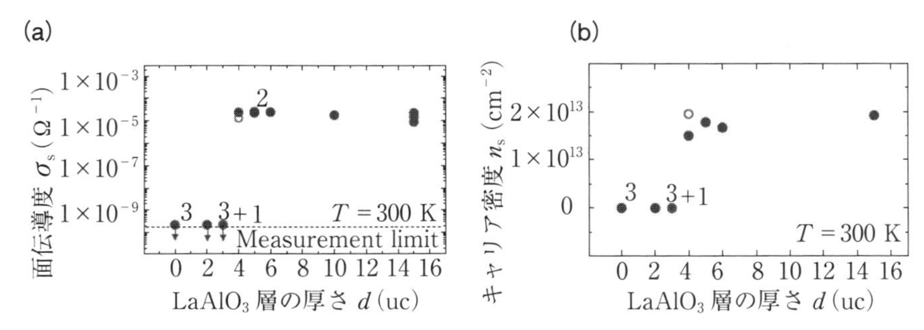

図 5.25　$LaAlO_3/SrTiO_3$ ヘテロ界面の面伝導度および面電荷密度の $LaAlO_3$ エピタキシャル薄膜の膜厚依存性[23]．

シャル薄膜の膜厚とLAO/STO界面の面伝導度および面電荷密度の関係であり，膜厚が3ユニットセルと4ユニットセルの間で，面伝導度と面電荷密度が急激に増加している[23]．この結果から，2次元電子液体が形成するためには，STO基板上に4ユニットセル以上のLAOエピタキシャル薄膜を作製する必要があることがわかる．第一原理計算から，この振る舞いは，STO基板上に作製したLAOエピタキシャル薄膜の歪に起因する分極により説明されている．**図 5.26** の右図は，第一原理計算により求めた TiO_2 最表面のLAO/STO界面の構造である[24]．AlO_2 層のAlイオンが界面側に変位する分極歪が生じている．この分極歪による分極の向きは，図5.24にある TiO_2 最表面の場合と同じである．このような分極が生じると，LAO層にポテンシャル勾配が生じることになる．そのため，LAO/STO界面の各層毎の状態密度において，LAO側で状態密度の高エネルギー側へのシフトが生じる[23]．ここで，LAO/STO界面系のバンドギャップをO 2pバンドとTi 3dバンドの差と定義すると，LAO層が5ユニットセルになると，界面のTi 3dバンドの下端とLAO表面の AlO_2 層のO 2pバンドの上端が重なり，バンドギャップが消失する．これにより，表面のO 2pバンドから界面のTi 3dバンドに電子が供給され，界面に2次元電子液体が形成する(**図 5.27**)．

上述のように，LAO層の自発分極の起源にはいくつか機構があるものの，LAO層の自発分極がLAO/STO界面に2次元電子液体の形成する要因となることが理論的に示されている．一方で，LAO薄膜の作製時に酸素欠陥やLa

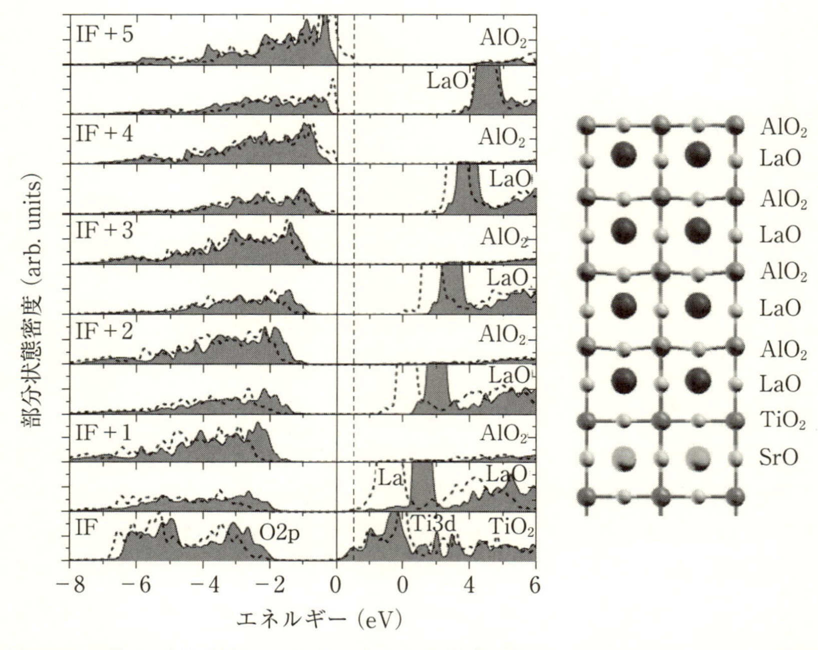

図 5.26　第一原理計算により求めた TiO_2 最表面の $LaAlO_3/SrTiO_3$ ヘテロ界面の電子状態と結晶構造[24]．

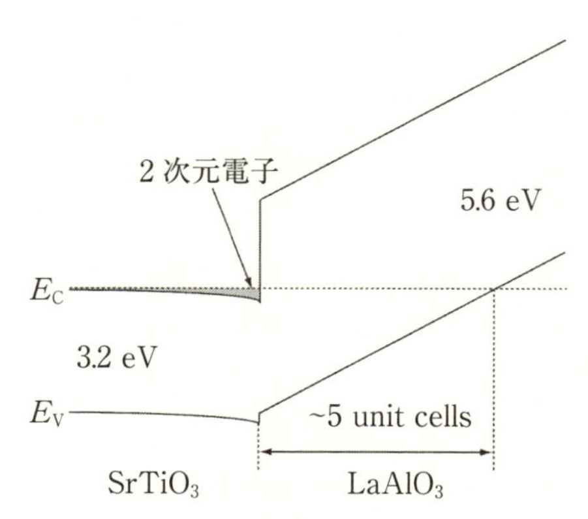

図 5.27　分極歪効果による $LaAlO_3/SrTiO_3$ ヘテロ界面の2次元電子液体形成の模式図．

のSTO層への拡散が生じ，それらがドナーとして働く可能性も指摘されており，LAO/STO界面の2次元電子液体の形成機構解明には，実験と理論の両面からさらなる研究が必要である．

・2次元超伝導

10^{20} cm^{-3}程度のキャリア密度を有するドナーをドープした$SrTiO_3$は，金属伝導を示すn型縮退半導体であり，極低温(~0.3 K)で超伝導転移を示す[25]．そのため，発見当初から，LAO/STO界面の2次元電子液体も極低温で超伝導転移を示す(基底状態が超伝導である)ことが期待されていた．Trisconeらは，希釈冷凍機を用いた極低温の電気抵抗測定により，LAO/STO界面は極低温で超伝導に転移し，その超伝導転移温度(T_C)は，LAO層の膜厚が8ユニットセル(8 uc)の場合，約0.2 K以下であること確認した(**図5.28**)[26]．また，磁場中での電気抵抗測定から求めた上部臨界磁場(H_{C_2})の温度依存性より，コヒーレンス長は~70 nmと見積もっている．

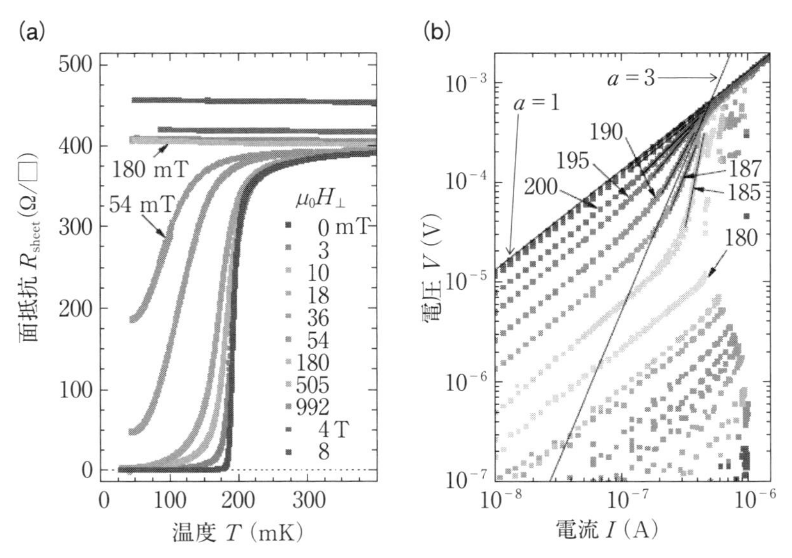

図5.28　$LaAlO_3/SrTiO_3$ヘテロ界面の2次元電子液体の(a)超伝導転移の磁場依存性と，(b)電流-電圧特性の温度依存性[26]．

この観測された超伝導がLAO/STO界面の2次元電子液体によるもの，すなわち，2次元電子系の超伝導であることが，電流-電圧(I-V)特性に見られるBerezinskii-Kosterlitz-Thouless(BKT)転移の存在から証明されている[26,27]．BKT転移とは，ゼロ磁場下にある超伝導体内に生成したvortex(渦糸)とanti-vortexのペアがBKT転移温度($T = T_{BKT}$)でかい離する現象である．このようなBKT転移は，超伝導が発現している領域(超伝導体層の厚さ)がコヒーレンス長よりも小さい2次元電子系で発現する．vortex-antivortexペアが存在する超伝導体に電流を流すと，ローレンツ力が働くためvortexとantivortexは互いに反対方向に変位する．そのようなvortexとantivortexの変位は，非線形な電流-電圧特性($V \propto I^{a}$)を与え，$T = T_{BKT}$で$a = 3$になる．図5.28の左の図は，LAO(8 uc)/STO界面のI-V特性の温度依存性である．$T > T_C$ではオーミックな特性($a = 1$)が見られるが，$T < T_C$になるとI-V特性に非線形性($a > 1$)が現れ，$0.187\ K < T < 0.190\ K$で$a = 3$となり，この温度領域でBKT転移が起きていることがわかる．

Trisconeらは，LAO(8 uc)/STO界面のT_Cとキャリア密度の関係から，2次元電子液体の起源についても議論している[26]．ホール測定から見積もった$T = 4.2\ K$におけるこの試料の2次元電子液体の面電荷密度は$\sim 4 \times 10^{13}\ cm^{-2}$である．一方，酸素欠陥によりSTOにキャリアをドープして$T_C \sim 0.2\ K$の超伝導を得るには，$3 \times 10^{19}\ cm^{-3}$以上の電荷密度が必要である．もし，$T_C \sim 0.2\ K$の超伝導を示す2次元電子液体が酸素欠陥により形成していると考えると，面電荷密度が$\sim 4 \times 10^{13}\ cm^{-2}$であることから，その超伝導層の厚さは13 nm以下である必要がある．しかし，$\sim 4 \times 10^{13}\ cm^{-2}$の場合について，ポワソン方程式によりSTO表面のキャリア分布を求めると，$T = 4\ K$において，2次元電子液体層の厚さは上述の13 nmよりも4倍程度大きい約50 nmと見積もられる[26]．2次元電子液体層の厚さが約50 nmだとすると，この2次元電子液体層では$3 \times 10^{19}\ cm^{-3}$の1/4以下の電荷密度で$T_C \sim 0.2\ K$の超伝導が発現していることになる．この見積もりが正しいとすると，LAO/STO界面の2次元電子液体で発現する超伝導は，酸素が欠損したSTOで発現する超伝導とは異なった特性を有していることになる．

・強磁性

電子ドープされたLAO/STO界面の基底状態として，超伝導の他に，理論計算から強磁性となることが予想されている[28]．Ti 3d状態にオンサイトのクーロン斥力(U_d=8 eV)を導入してLAO/STO界面の電子状態を計算すると，界面のTiO_2層で電荷不均化(charge disproportionation)が起き，Ti^{4+}とTi^{3+}がチェッカーボード状に配列した電子状態となることが理論的に予測されている[28]．このような電荷不均化が起きると，**図5.29**の第一原理計算で求めた電子状態に示されているように[26]，界面の構造的な対称性の破れから，Ti^{3+}サイトではt_{2g}軌道の縮退が解けてd_{xy}とd_{yz}, d_{zx}に分かれ，Ti^{3+}サイトにある電子は低エネルギー側のd_{xy}に入る．このTi^{3+}サイトのd_{xy}に入った電子に強磁性的な相互作用が働くことにより，強磁性が発現する．Ti^{3+}でt_{2g}軌道の縮退が解ける原因としては，界面構造の対称性の破れの他にも，Jahn-Teller効果による格子変形も考えられ，LAO/STO界面のTEM観察で

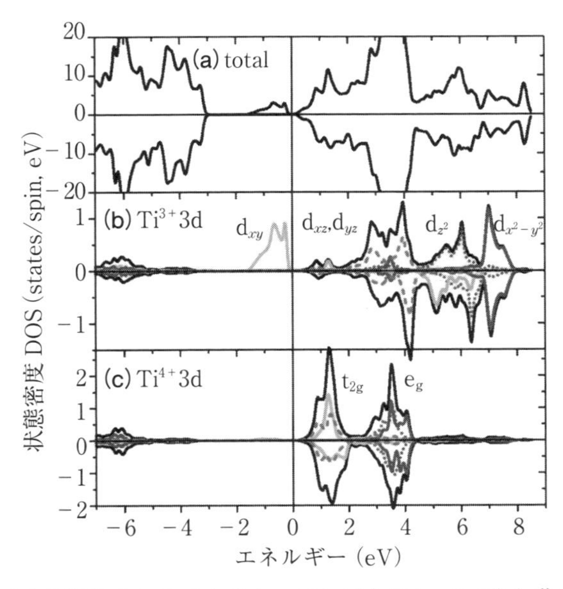

図5.29　Ti 3d状態にオンサイトのクーロン斥力(U_d=8 eV)を導入して第一原理計算により求めた$LaAlO_3/SrTiO_3$ヘテロ界面の電子状態[28]．(b)と(c)はTi^{3+}とTi^{4+}サイトの電子状態，(a)はそれらを合わせた全体の電子状態．

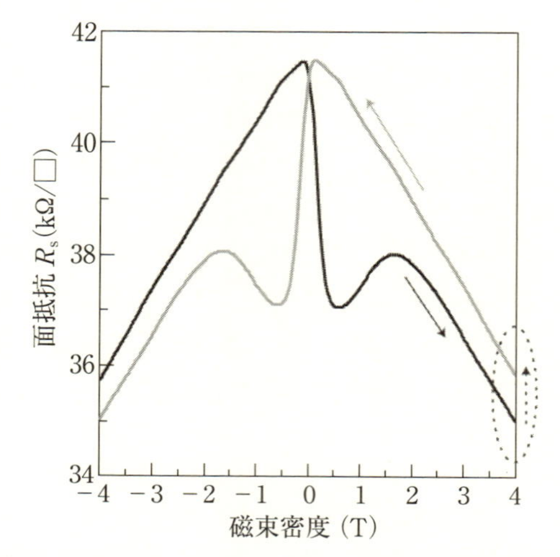

図 5.30　極低温で測定した $LaAlO_3/SrTiO_3$ ヘテロ界面の磁気抵抗効果[30].

STO の格子変形が報告されている例もある[29].

LAO/STO 界面が強磁性的な特性を持つことは，磁気輸送特性の実験により最初に示された．Brinkman らは，LAO 薄膜作製時の酸素分圧を制御して作製した少ない面電荷密度($\sim 1\times 10^{13}$ cm^{-2})を持つ LAO/STO 界面について，極低温で磁気輸送特性を測定した結果，磁場スイープに対してヒステリシスを持つ大きな磁気抵抗効果を観測した(**図 5.30**)[30]．この結果は，この LAO/STO 界面の 2 次元電子液体が強磁性的な特性を有していることを示している．Brinkman らは超伝導を示さない試料を測定に用いたが，その後，超伝導を示す LAO/STO 界面においてもヒステリシスを持つ磁気抵抗効果が観測され，超伝導と強磁性が共存した基底状態となっている可能性も示された[31]．また，**図 5.31** に示すように，元素毎の磁気特性を検出できる X 線磁気円 2 色性(X-ray Magnetic Circular Dichroism ; XMCD)と X 線吸収分光(X-ray absorption spectroscopy ; XAS)を組み合わせた実験により[32]，理論計算で予測された通り，LAO/STO 界面において Ti 3d の軌道縮退が解け，d_{xy} 軌道に入った電子が強磁性的な特性を誘起していることが明らかにされている．

上述のように，他の酸化物ヘテロ界面やその 2 次元電子状態と同様に，

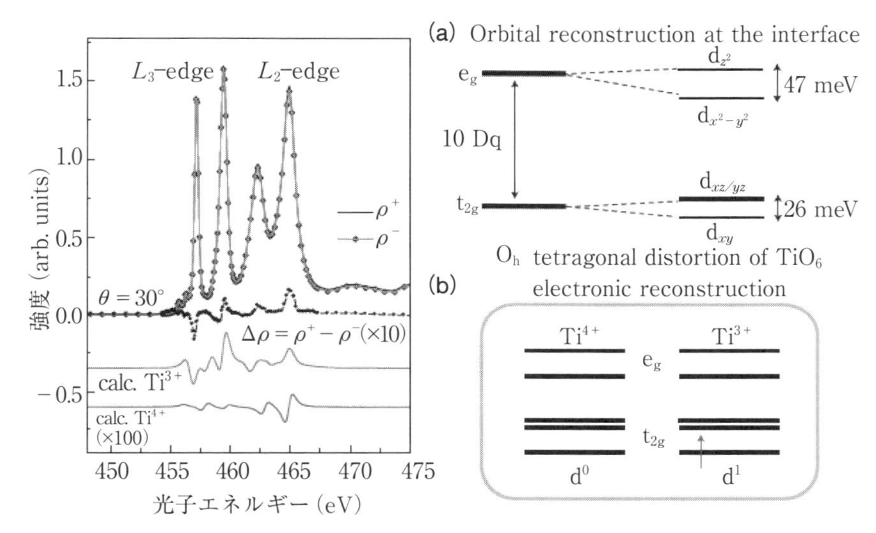

図 5.31 $LaAlO_3/SrTiO_3$ ヘテロ界面の X 線磁気円 2 色性(XMCD)と界面における Ti 3d の軌道を表した模式図[32].

LAO/STO 界面の 2 次元電子液体においても 3d 状態の異方的な軌道と電子相関が，金属，超伝導，強磁性などのさまざまな基底状態を生み出していると考えられる．特に，強磁性はキャリアドープした STO には見られない特性であり，LAO/STO 界面に発現した最も重要な特性の一つである．酸素欠陥や金属イオンの拡散の影響など，解決すべき問題もあるが，LAO/STO 界面は酸化物ヘテロ界面の機能探索と物理的機構研究のモデル材料として興味深く，今後も研究の進展が期待される

5.4 酸化物超格子

先に述べたように，異なる材料を交互積層した超格子は，その構成材料単体を大きく上回る特性や，構成材料単体にはない特性を示すことから，新機能材料と見なすことができる．この節では，そのような特性を示す酸化物超格子新材料の研究を 3 例紹介する．

5.4.1　高熱電能 $SrTiO_3$/Nb-doped $SrTiO_3$ 超格子

自然界の太陽光や風，さまざまな機器から発生する熱，振動，電磁波等を使って発電するエネルギーハーベスティングが注目されている．その一つが，熱電変換である．熱電変換とは，導体である熱電材料の両端に温度差を与えた際に熱起電力が発生する現象であるゼーベック(Seebeck)効果を利用し，熱を電気に変換する技術である．熱起電力が発生する機構は，高温側と低温側の端で化学ポテンシャルが異なるためで，この化学ポテンシャル差が熱電材料の両端に電圧を発生させる．

熱電材料の発電能力の指標となるのが，ZT と呼ばれる無次元性能指数であり，

$$ZT = \frac{S^2\sigma}{\kappa} T \tag{5.16}$$

で与えられる．ここで T は温度，S，σ，κ は熱電材料のゼーベック係数(熱電能)，電気伝導率，熱伝導率である．ZT が大きな材料として Bi_2Te_3 等の重金属化合物があり，これまで精力的に研究されてきたが，近年，環境保護の面から重金属を含まない新たな熱電材料の開発が望まれている．その一つの候補として，近年，高温，酸化条件でも安定な材料である酸化物熱電材料が研究され，これまでに，ホールがキャリア(p 型)である Na_xCoO_2，$Ca_3Co_4O_9$，電子がキャリア(n 型)である La や Nb をドープした $SrTiO_3$ などが，比較的大きな ZT を示すことが報告されている[33, 34, 35]．

(5.16)式より，ZT を向上させるためには，S と σ を大きく，κ を小さくすればよい．ここで金属の場合について考えると，Mott らの理論によれば[36]，S と σ は，

$$S = \frac{\pi^2}{3}\frac{k_B^2 T}{q}\left[\frac{\mathrm{d}(\ln\sigma(E))}{\mathrm{d}E}\right]_{E=E_F} \tag{5.17}$$

$$\sigma(E) = e\mu(E)D(E)k_B T \tag{5.18}$$

で与えられる*4．ここで，$\mu(E)$ と $D(E)$ は，移動度と状態密度，q はキャリ

*4　半導体の場合は異なる式で与えられる．

アの電荷である．(5.18)式を代入すると，(5.17)式は，

$$S=\frac{\pi^2}{3}\frac{k_B^2T}{q}\left[\frac{1}{D(E)}\frac{\mathrm{d}D(E)}{\mathrm{d}E}+\frac{1}{\mu(E)}\frac{\mathrm{d}\mu(E)}{\mathrm{d}E}\right]_{E=E_F} \tag{5.19}$$

と書き換えられる．ここで，第2項が第1項よりも小さく，$D(E)\propto E^a$(3次元電子系の場合；$a=1/2$)であるとすると，

$$S\propto E_F^{-1} \tag{5.20}$$

の関係が得られる．この式は少し荒っぽい簡略化であるが，一般的な傾向は正しく与えており，E_Fが小さいほどSは大きくなる．したがって，$S^2\sigma$を大きくするためには，$D(E_F)$を大きくし，E_Fを小さくすればよいことになる．しかし，一般的にE_Fが大きくなると$D(E_F)$も大きくなることから，Sとσはトレードオフの関係にある．そのため，キャリア濃度(またはE_F)に対して$S^2\sigma$は極大値を持つことになり，キャリア量の制御などにより$S^2\sigma$を向上させることは難しいことがわかる．

この問題を解決し，人工的にZTを大きくする方法として，Hicks と Dresselhaus は，量子井戸や量子細線などの量子構造を利用することを提案した[37,38]．図5.5の模式図のように，量子井戸に閉じ込められた2次元電子ガスの状態密度はエネルギーに対して階段状に変化し，各段当たりの状態密度は，

$$D(E)=\frac{m}{\pi\hbar^2}\frac{1}{d_W} \tag{5.21}$$

で与えられ，量子井戸の幅d_Wを小さくすると，$D(E)$は大きくなる(ここで，mはキャリアの有効質量)．この特性を利用すると，d_Wを小さくすることにより，Sをある程度高く保ったまま，σを大きくすることができる．また，d_Wを小さくすると，フォノンの平均自由行程が制限されるため，熱伝導率κが小さくなることも期待される．典型的な熱電材料 PbTe の超格子($PbTe/Pb_{1-x}Eu_xTe$)の実験においてSとZTの増大が観測されたことから[39]，Hicks と Dresselhaus の提案は定性的に正しいと考えられる．

Ohta らは，この超格子の手法をn型酸化物熱電材料の$SrTiO_3$に適用し，バルクの4倍以上の大きなSを得ることに成功した[40,41]．超格子は，Ti を Nb で20%置換したn型縮退半導体$SrTi_{0.8}Nb_{0.2}O_3$層とノンドープの絶縁体

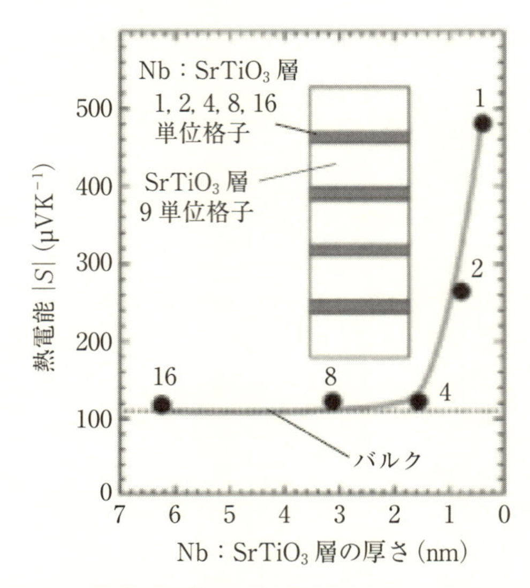

図 5.32　$SrTi_{0.8}Nb_{0.2}O_3$ 層の膜厚変化に対する $SrTiO_3$/$SrTi_{0.8}Nb_{0.2}O_3$ 超格子の室温におけるゼーベック係数(絶対値 $|S|$) [41].

$SrTiO_3$ 層から成る積層構造を 20 周期繰り返した構造で，$SrTiO_3$ 層の厚さを 3.6 nm(9 ユニットセル)に固定し，$SrTi_{0.8}Nb_{0.2}O_3$ 層の厚さは 0.4 nm(1 ユニットセル)から 6.4 nm(16 ユニットセル)の間で変化させている．また，基板には絶縁体の $LaAlO_3$ 基板を用い，PLD 法により RHEED 振動を観測しながら 1 ユニットセルの精度で膜厚を制御して超格子を作製している．

図 5.32 は，$SrTi_{0.8}Nb_{0.2}O_3$ 層の膜厚変化に対する超格子の室温におけるゼーベック係数(絶対値 $|S|$)である [41]．$SrTi_{0.8}Nb_{0.2}O_3$ 層の膜厚が比較的厚い 1.6 nm(4 ユニットセル)～6.4 nm では，超格子の $|S|$ 値は膜厚 100 nm の $SrTi_{0.8}Nb_{0.2}O_3$ 薄膜(バルク)の $|S|$ 値(～108 μV/K)と同程度であり，量子化の効果が現れていない．しかし，$SrTi_{0.8}Nb_{0.2}O_3$ 層の膜厚が 1.6 nm 以下になると，量子化の効果により $|S|$ 値が急激に増加し，膜厚 0.4 nm ではバルクの 4 倍以上の～480 μV/K となっている．

先に述べたように，S は E_F，すなわちキャリア濃度に依存する．したがって，量子化による S の増大を正しく評価するためには，同じキャリア濃度の

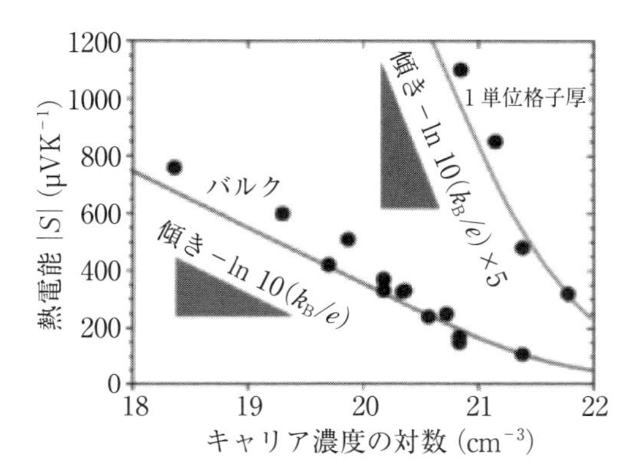

図 5.33 1 ユニットセル厚の $SrTiO_3$ 層と $SrTi_{1-x}Nb_xO_3$ バルクの $|S|$ のキャリア濃度 $n(1/cm^3)$ に対するプロット[41].

バルクと超格子の S を比較しなければならない．**図 5.33** は，1 ユニットセル厚の $SrTiO_3$ 層と $SrTi_{1-x}Nb_xO_3$ バルクの $|S|$ をキャリア濃度 $n(1/cm^3)$ に対してプロットしたものである．ここで，S と σ の間には，

$$|S| \propto -\frac{k_B}{e} \ln 10 \log \sigma \tag{5.22}$$

の関係が成り立つことが知られている[42]．したがって，$|S|$ を $\log \sigma$ に対してプロットすると直線関係が得られ，その傾きは $-(k_B/e)\ln 10 (=198\ \mu V/K)$ になる．このような $|S|$-$\log \sigma$ プロットは Jonker プロットと呼ばれる．移動度がキャリア濃度に依存しない場合，σ とホール測定によって求めた n の間には $\sigma \propto n$ の関係が成り立つので，$|S|$-$\log n$ プロットも直線になり，傾きは同じ $-(k_B/e)\ln 10$ になる．図 5.33 の $SrTi_{1-x}Nb_xO_3$ バルクの $|S|$-$\log n$ は，低キャリア密度側で直線関係が見られ，その傾きは $-(k_B/e)\ln 10$ に近い値になっており，上述の関係が成り立っていることがわかる．一方，1 ユニットセル厚の $SrTiO_3$ 層では，傾きは約 1000 μV/K であり，$-(k_B/e)\ln 10$ の約 5 倍である．この結果から，$SrTiO_3$ の場合，超格子構造により量子化することで，キャリア濃度を一定に保ったままゼーベック係数を 5 倍程度大きくできることがわかる．

同じキャリア濃度では，1 ユニットセル厚の $SrTiO_3$ 層の電気伝導率 σ_{2D} と

$SrTi_{0.8}Nb_{0.2}O_3$ バルクの電気伝導率 σ_{bulk} は同程度であることから，1ユニットセル厚の $SrTiO_3$ 層だけで見ると，$S^2\sigma$ は25倍程度増大し，結果として ZT が向上する．しかし，超格子全体で考えた場合，ZT が大きくなるためには，超格子全体の電気伝導率 σ_{SL} も増大するか，またはバルクと同程度の値を保つ必要がある．しかし，超格子は，厚い絶縁性の $SrTiO_3$ 層と薄い電導性の $SrTi_{0.8}Nb_{0.2}O_3$ 層で構成されているため，それらの層の並列回路となり，σ_{SL} は σ_{bulk} よりも小さくなってしまう．そのため，超格子全体で見ると ZT の向上は小さいものとなってしまう．したがって，実用化の観点では，超格子全体の電気伝導率を大きくする新たな工夫が必要である．

5.4.2　巨大磁気抵抗効果を示す $LaMnO_3/SrMnO_3$ 超格子

ペロブスカイト型マンガン酸化物は，銅酸化物超伝導体や $SrTiO_3$ と並んで，薄膜・超格子の特性が最もよく研究されている酸化物の一つである．なかでも $LaMnO_3/SrMnO_3$ 超格子は，界面電荷移動や異なる磁性相の相競合の観点から，界面の伝導特性，磁性が研究されている．

$LaMnO_3$ と $SrMnO_3$ は，Mn イオンの価数がそれぞれ 3+ と 4+ を持った反強磁性の強相関絶縁体であり，$LaMnO_3$ はスピンキャントしたAタイプ，$SrMnO_3$ はGタイプのスピン構造となっている(**図5.34**)．$LaMnO_3$ と $SrMnO_3$ の超格子(または接合)を作製すると，その界面は必ず MnO_2 層となり，LaO 層と SrO 層にサンドイッチされた構造(LaO-MnO_2-SrO 構造)となる．そのため，界面だけを取り出すと，その組成は $La_{0.5}Sr_{0.5}MnO_3$ となることから，界面に位置する Mn イオンの価数は理想的には 3.5+ になる．これは，$LaMnO_3$ の Mn3d の e_g 軌道にある電子の一部(理想的には半分)が，

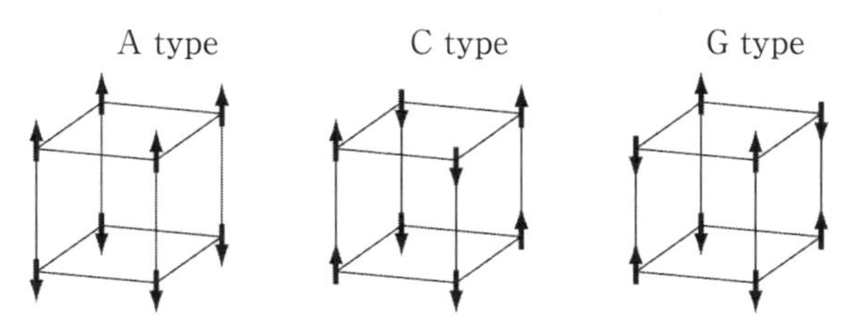

図5.34　反強磁性の典型的なスピン構造の模式図．

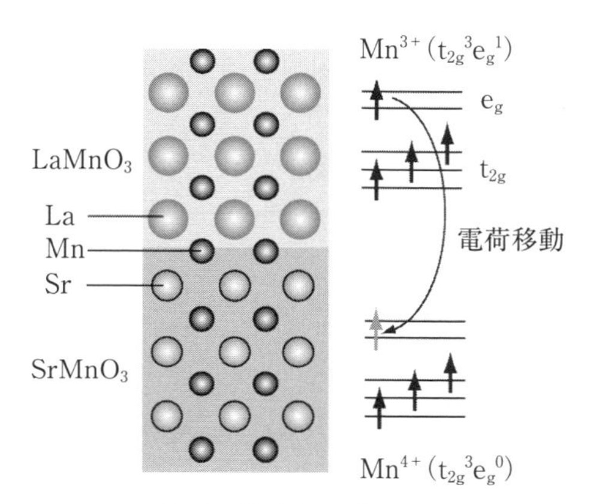

図 5.35 $LaMnO_3/SrMnO_3$ 界面の構造と電荷移動による電子状態の変化の模式図.

$SrMnO_3$ の空の e_g 軌道へと電荷移動するという描像で考えることができる(**図 5.35**). ここで, $LaMnO_3$ と $SrMnO_3$ の固溶体である $La_{1-x}Sr_xMnO_3$ は, $0.15 \leq x \leq 0.5$(Mn イオンの価数が 3.15+ から 3.5+ に対応)の領域で強磁性金属となることから, Mn イオンの価数が 3.5+ となる界面層(LaO-MnO_2-SrO 構造)は強磁性金属になると予想された. すなわち, $LaAlO_3/SrTiO_3$ 界面のように, 絶縁体同士を接合した界面に金属相が発現することになる. 実際, 初期の $LaMnO_3/SrMnO_3$ 超格子の実験において, 金属的な伝導特性と強磁性が観測されている[43, 44, 45]. また, 界面の伝導特性は $LaMnO_3$ 層と $SrMnO_3$ 層の厚さ(層数)と, その比に依存することも報告されている. 具体的には, $LaMnO_3$ 層の層数が $SrMnO_3$ 層の層数より多く, また超格子の周期($LaMnO_3$ 層と $SrMnO_3$ 層の層数の和)が小さいほど, $LaMnO_3/SrMnO_3$ 超格子はより金属的な伝導特性を示す. すなわち, 超格子全体で見た場合の Mn イオンの平均価数が 3.5+ よりも小さく, 界面間の距離が小さいほど, より金属的な伝導特性となる. このことから, 界面電荷移動は界面から数層にわたって起こり, 価数 3.15+ から 3.5+ の Mn イオンを持った層が近接すると, 金属的特性が増強されると考えられていた.

しかし, Nakao らは, $LaMnO_3$ 層と $SrMnO_3$ 層が同じ 2 層の $LaMnO_3/SrMnO_3$ 超格子について, 放射光を用いた詳細な X 線構造解析を行った結果,

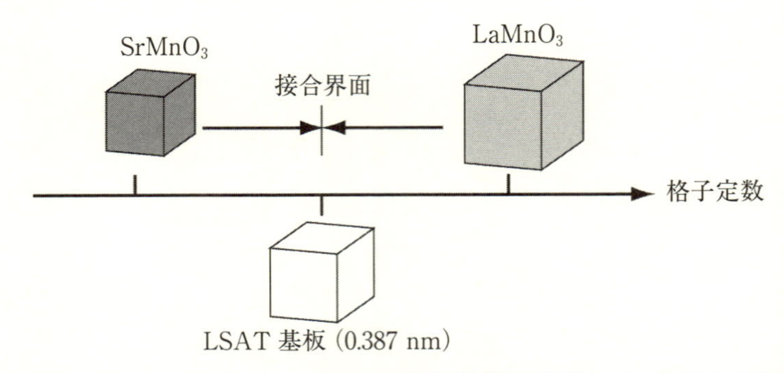

図 5.36　$LaMnO_3$，$SrMnO_3$，LSAT の格子定数の関係．LSAT は $LaMnO_3$ と $SrMnO_3$ のほぼ中間の格子定数を持つ．

その伝導特性が界面構造に依存することを見出した[46]．具体的には，界面平坦性がよい $LaMnO_3/SrMnO_3$ 超格子ほど絶縁体的になり，界面平坦性が悪く，界面が La と Sr の混合した固溶体 $La_{0.5}Sr_{0.5}MnO_3$ に近づくと金属的になる．また，共鳴 X 線散乱の測定から，Mn イオンの価数は $LaMnO_3/SrMnO_3$ 界面で急峻に変化していること，すなわち，界面の MnO_2 層だけが価数 3.5＋の Mn イオンを持っていることが示唆された．Yamada らは，$LaMnO_3$ と $SrMnO_3$ の格子定数に着目し，$LaMnO_3$ と $SrMnO_3$ のほぼ中間の格子定数を持つ LSAT 基板上を用いることにより(**図 5.36**)，界面平坦性の優れた $LaMnO_3/SrMnO_3$ 超格子を作製した[47]．**図 5.37** は，LSAT 基板上に作製した界面平坦性の良い $LaMnO_3/SrMnO_3$ 超格子と，悪い $LaMnO_3/SrMnO_3$ 超格子の X 線回折である．界面平坦性の良い超格子では，超格子周期が超格子全体にわたってそろっていることを反映して，周期と強度のそろったラウエフリンジが観測されている．Nakao らの報告と同様に，これらの超格子の伝導特性は，平坦性の悪い超格子は金属的であるのに対し，平坦性の良い超格子は絶縁体的である(**図 5.38**)．さらに，平坦性の悪い超格子は，初期の報告と同様に，超格子の周期が大きくなると電気抵抗が大きくなり，絶縁体的になっていくのに対し，界面平坦性の良い超格子の伝導特性は，格子の周期に依存しない．この結果から，超格子の積層方向に対する Mn イオンの価数の変化は超格子周期に依存せず，$LaMnO_3/SrMnO_3$ 界面で急峻に変化していると考えられる．すなわち，界面平坦性の良い $LaMnO_3/SrMnO_3$ 界面では，電荷移動は

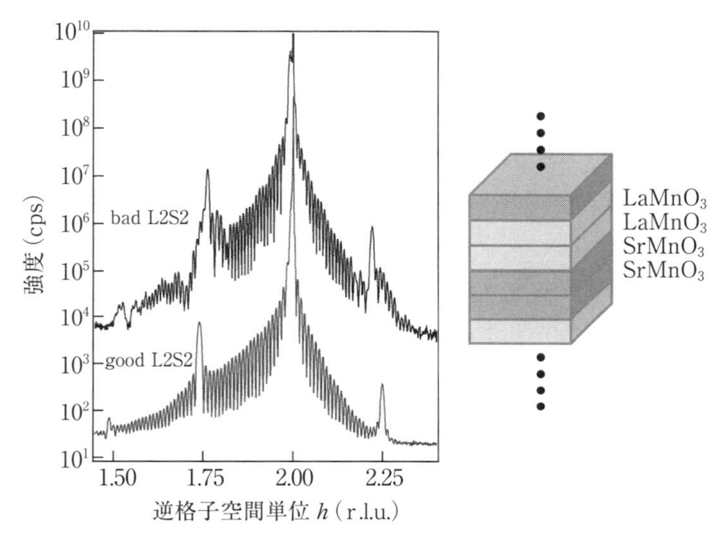

図 5.37 LSAT 基板上に作製した界面平坦性の良い $LaMnO_3/SrMnO_3$ 超格子(good)と悪い $LaMnO_3/SrMnO_3$ 超格子(bad)の X 線回折(山田浩之氏(産総研)より提供).

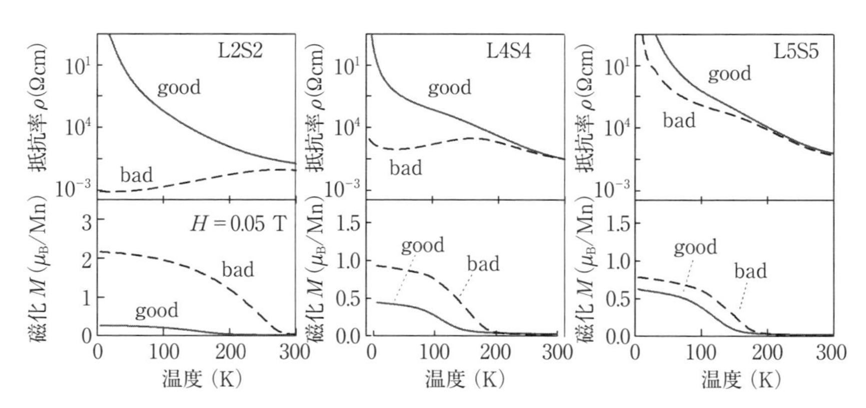

図 5.38 界面平坦性の良い $LaMnO_3/SrMnO_3$ 超格子(good)と悪い $LaMnO_3/SrMnO_3$ 超格子(bad)の電気抵抗率と磁化の温度依存性[47].

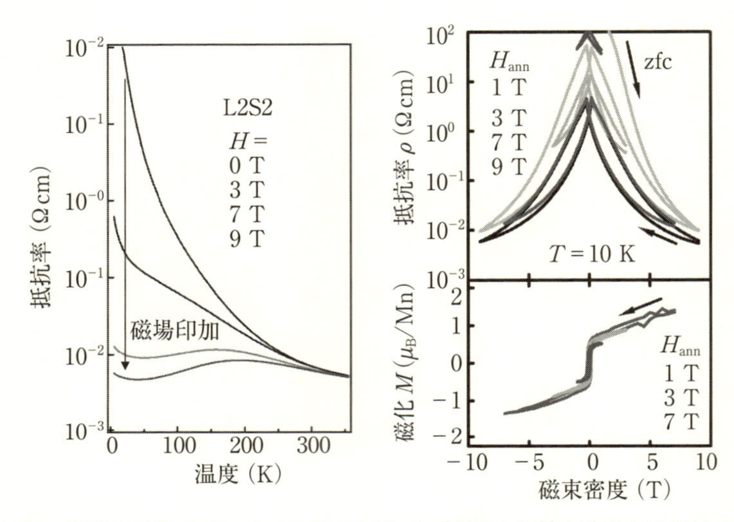

図 5.39　界面平坦性の良い $LaMnO_3/SrMnO_3$ 超格子の(左)磁場中における電気抵抗率の温度依存性と，(右)10 K で測定した電気抵抗率と磁化の磁場依存性[47]．

界面の1層だけで起きていると考えられる．

界面平坦性の良い $LaMnO_3/SrMnO_3$ 超格子は，構成要素の $LaMnO_3$ や $SrMnO_3$，また固溶体の $La_{1-x}Sr_xMnO_3$ には見られない超格子特有の特性を示すことも報告されている．$Nd_{1-x}Sr_xMnO_3$ や $Pr_{1-x}Ca_xMnO_3$ などのペロブスカイト型マンガン酸化物は，巨大磁気抵抗(CMR)効果を示す酸化物材料として知られているが，バンド幅の大きい $La_{1-x}Sr_xMnO_3$ は大きな磁気抵抗効果は示さない．しかし，$LaMnO_3/SrMnO_3$ 超格子は磁場印加により電気抵抗率が数桁にわたって変化する巨大磁気抵抗効果を示す．**図 5.39** の左図は，$LaMnO_3$ 層と $SrMnO_3$ 層を2層ずつ積層した $LaMnO_3/SrMnO_3$ 超格子の磁場中における電気抵抗率の温度依存性である．ゼロ磁場では絶縁体的な特性を示すのに対し，磁場を印加していくと低温で電気抵抗率が数桁にわたって減少しており，巨大磁気抵抗(CMR)効果が発現していることがわかる．

$LaMnO_3/SrMnO_3$ 超格子で発現する巨大磁気抵抗効果の物理的機構として，界面における相競合・相分離が考えられる．図 5.39 の右図は，低温(10 K)で測定した$LaMnO_3/SrMnO_3$超格子の電気抵抗率と磁化の磁場依存性である．電気抵抗率と飽和磁化が磁場に対して履歴効果を示すことがわかる．このような現象は，Crをドープした$Nd_{0.5}Ca_{0.5}MnO_3$単結晶で観測されており，反強磁性絶縁相と強磁性金属相の相分離と，磁場印加による強磁性金属相ドメインの成長により説明されている[48]．強相関電子系であるペロブスカイト型マンガン酸化物では，バンドフィリング(Mnイオンの価数)，O-Mn-O結合の角度に依存して変化するバンド幅，スピンや軌道の秩序が電子状態(電子相)を決定する主な要因となっており，超格子とその界面の特性も同様と考えられる．ここで，O-Mn-O結合の角度はAサイトのイオン半径(＝格子の大きさ)に依存する．先に述べたように，$LaMnO_3/SrMnO_3$界面では，電荷移動によりMnイオンの価数は3.5＋程度になっていると考えられる．一方，超格子の格子定数は基板のLSATに一致しているが，LSATよりも$LaMnO_3$は格子定数が大きく，$SrMnO_3$は小さいため，界面層は$LaMnO_3$側で引張応力，$SrMnO_3$側で圧縮応力を受けていると予想される．すなわち，界面層は$LaMnO_3$側ではバンド幅を大きくする方向の応力，$SrMnO_3$側ではバンド幅を小さくする方向の応力を受けており，界面でそれらが競合していると考えられる．また，$LaMnO_3$と$SrMnO_3$は異なる反強磁性スピン構造を有していることから，スピン秩序も界面で競合している．これらが，$LaMnO_3/SrMnO_3$界面において反強磁性絶縁相と強磁性金属相が競合を引き起こし，それが巨大磁気抵抗効果の原因となっている可能性がある．これは，強相関酸化物の超格子は，材料の組み合わせや基板(＝格子定数)の選択によって，界面の電荷，軌道，スピンの秩序を制御することで，バルクにはない界面特有の現象を創生できることを示している．

5.4.3 空間反転対称性の破れた酸化物3色超格子

一般的な超格子は二つの材料を交互積層した構造となっている．例えば材料Aと材料Bを交互積層した超格子の場合，表面側から見ても，基板側から見ても…ABABA…の構造となっており，各層の最表面を考慮しなければ，超格子は積層方向に対して対称である．ここで，超格子の構成材料を一つ追加した場合を考えると，表面側から見ると…ABCABC…，基板側から見ると…CBACBA…となり，非対称になることがわかる．すなわち，三つ以上の材

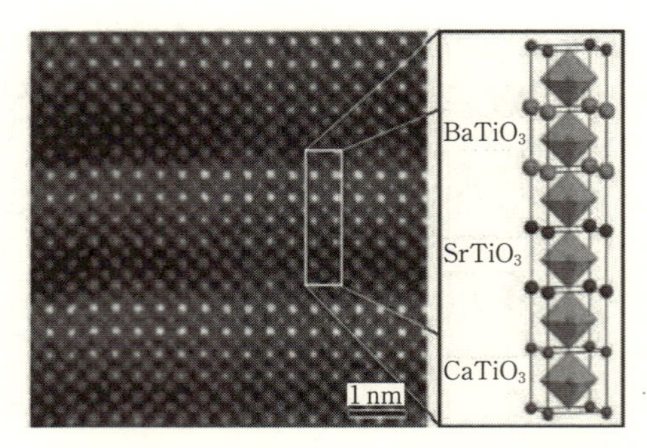

図 5.40　$SrTiO_3/BaTiO_3/CaTiO_3$ 超格子の透過電子顕微鏡像と結晶構造の模式図[49].

料で超格子を作製すると，積層方向に対して空間反転対称性を破ることができる．この空間反転対称性の破れは，超格子の特性を向上させたり，場合によっては新たな機能を生み出したりすることが理論的に予測され，そのいくつかが実験により検証されている．その一つが，ペロブスカイト型チタン酸化物の強誘電特性の増強効果である[49].

Lee らは，典型的なペロブスカイト型チタン酸化物の強誘電体である $BaTiO_3$ を常誘電体の $SrTiO_3$ と $CaTiO_3$ でサンドイッチした構造を交互積層した $SrTiO_3/BaTiO_3/CaTiO_3$ 超格子($S_xB_yC_x$ 超格子；x は $SrTiO_3$ と $CaTiO_3$ の層数，y は $BaTiO_3$ の層数)を $SrTiO_3$ 基板の上に作製し，その強誘電特性を報告している[49]．**図 5.40** は，Lee らが作製した $S_xB_yC_x$ 超格子の透過電子顕微鏡像であり，原子レベルで平坦な界面を持った超格子が作製できていることがわかる．ここで，$BaTiO_3$ の格子定数は基板の $SrTiO_3$ よりも大きく，反対に $CaTiO_3$ の格子定数は $SrTiO_3$ よりも小さい．そのため，$SrTiO_3$ 基板にコヒーレントエピタキシャル成長した $S_xB_yC_x$ 超格子では，$BaTiO_3$ 層は圧縮応力を，$CaTiO_3$ 層は引張応力を受け，格子が変形している．

図 5.41 は，$BaTiO_3$ 薄膜と $S_xB_yC_x$ 超格子の分極(P)および誘電率(ε_r)の電場(E)依存性である．ここで，$BaTiO_3$ 薄膜と $S_xB_yC_x$ 超格子の膜厚はともに 200 nm であり，同じ製膜条件で作製されている．P-E 曲線が正の電場側にシフトしているのは，上部電極(白金)と下部電極($SrRuO_3$)の材料が異なるためと考えられる．残留分極 P_r の値に着目すると，$S_2B_4C_2$ 超格子の P_r は約 16.5

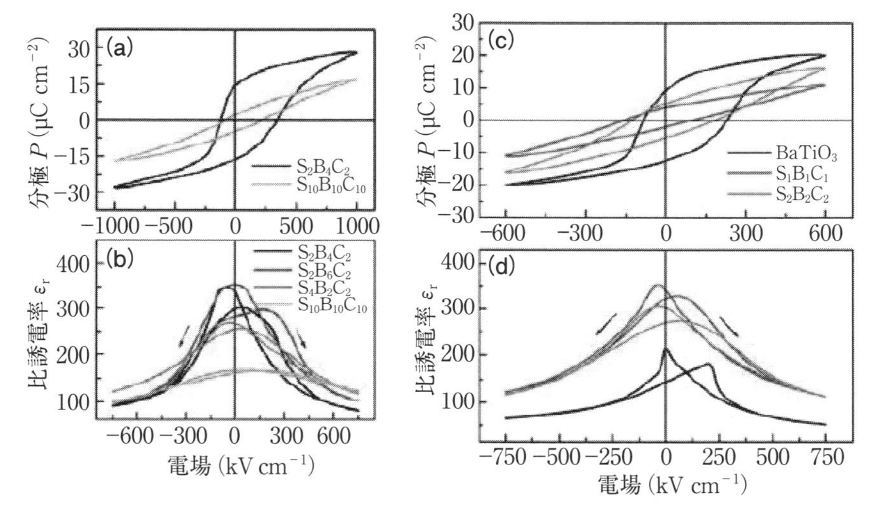

図 5.41　$BaTiO_3$ 薄膜と $SrTiO_3/BaTiO_3/CaTiO_3$ 超格子 ($S_xB_yC_x$) の分極 (P) および誘電率 (ε_r) の電場 (E) 依存性[49].

$\mu C/cm^2$ で，$BaTiO_3$ 薄膜の約 18.1 $\mu C/cm^2$ と同程度となっている．ここで，強誘電体と常誘電体を交互積層した超格子は，強誘電キャパシタと常誘電キャパシタの直列回路と見なすことができ，その場合の分極の平均値 P_{avg} は，

$$P_{avg} = \frac{P_{FE}}{1 + \dfrac{t_{PE}\varepsilon_{FE}}{t_{FE}\varepsilon_{PE}}} \tag{5.23}$$

で与えられる[49]．ここで，P_{FE} は強誘電体の分極，t_{PE} と t_{FE} はそれぞれ常誘電体層と強誘電体層の厚さ，ε_{PE} と ε_{FE} の常誘電体と強誘電体の誘電率である．$SrTiO_3$，$CaTiO_3$，$BaTiO_3$ の室温での誘電率をそれぞれ 300，186，160 とすると，$S_2B_4C_2$ 超格子の P_{avg} は約 10.9 $\mu C/cm^2$ と見積もることができる．したがって，$S_2B_4C_2$ 超格子の実際の P_r は予想される P_{avg} の約 1.5 倍になっている．この結果は，$S_2B_4C_2$ 超格子中の強誘電体層 ($BaTiO_3$) の分極 P_{FE} が，同じ製膜条件で作製された $BaTiO_3$ 薄膜の約 1.5 倍になっていることを示している．

$S_xB_yC_x$ 超格子では，上述のように $BaTiO_3$ 層は圧縮応力を受けて格子が変形し，超格子表面の法線方向に格子が伸びている．このような $S_xB_yC_x$ 超格子内の $BaTiO_3$ 層の格子変形は，法線方向の P_r を増強する効果がある．しかし，Lee らは，観測された P_r の約1.5倍の増強は格子変形だけでは説明できず，理論予測されているように[50]，$SrTiO_3/BaTiO_3$ 界面と $BaTiO_3/CaTiO_3$ 界面の対称性の破れが Ti イオンの変位を増強し，その結果，P_r が増強されたと結論づけている．

次に，3色超格子は，構成する材料の選択により，空間反転対称性に加えて，時間反転対称性も破ることができる．その一つの例が，$LaMnO_3/SrMnO_3/LaAlO_3$ 超格子である[51]．先に述べたように $LaMnO_3/SrMnO_3$ 界面では，電荷移動により電荷の空間変調が生じ，界面に位置する MnO_2 層の Mn イオンは3.5＋になる．図5.39の M-H 曲線からわかるように，この界面の MnO_2 層は磁性を有しており，磁化容易軸は表面に対して平行方向である．したがって，$LaMnO_3/SrMnO_3/LaAlO_3$ 超格子は，表面の法線方向に空間反転対称性が破れて分極成分を持ち，磁性が発現する表面に対して平行方向に時間反転対称性が破れると予想される．このような空間反転対称性と時間反転対称性が破れた系では，非相反的方向2色性，複屈折等の特異な磁気光学効果を示すことが知られている[52]．その特徴は，磁化と分極の内積で表されるトロイダルモーメントと，光の伝搬ベクトルが平行か，または反平行かにより，反射光や透過光の強度が変化することである．Kida らは，$LaMnO_3/SrMnO_3/LaAlO_3$ 超格子も反射光や透過光の強度の変化する磁気光学効果を示すことを報告している[51]．

Kida らは，$LaMnO_3/SrMnO_3/LaAlO_3$ 超格子の磁気光学効果を正確に評価するため，$LaMnO_3$，$SrMnO_3$，$LaAlO_3$ がそれぞれ6，4，2ユニットセルからなる積層構造を10回繰り返した $LaMnO_3/SrMnO_3/LaAlO_3$ 超格子を回折格子（周期4 μm，幅2 μm）に加工し（**図5.42**），その回折特性を測定した．**図5.43**は，回折格子に沿って面内方向に磁場0.2 T を印加して磁化の方向をそろえ，その状態で表面に偏向したレーザー光（波長785 nm）を入射し，1次の反射と透過の回折光の強度を測定した結果である．ここで，レーザー光の電場成分は回折格子に沿った方向，すなわち磁場（＝磁化）と平行になっている．実線は超格子の磁化-温度（M-T）曲線であるが，超格子（すなわち界面の

図 5.42 $LaMnO_3/SrMnO_3/LaAlO_3$ 超格子から作製した回折格子の(左)光学顕微鏡写真と(右)電子顕微鏡写真[51].

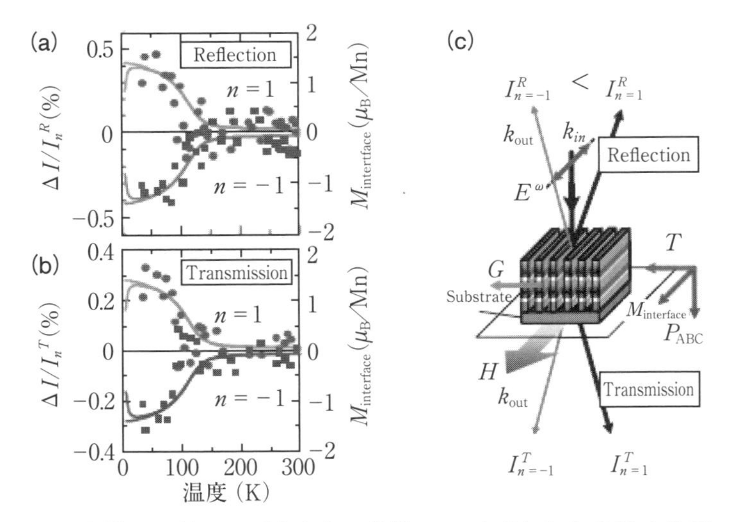

図 5.43 回折格子に沿って面内方向に磁場 0.2 T を印加した状態で表面に偏向したレーザー光(波長 785 nm)を入射して測定した 1 次の(a)反射と(b)透過の回折光の強度の温度変化[51]. 実線は超格子の磁化の温度依存性. 右($n=+1$)と左($n=-1$)に回折された光の強度に差が生じている. (c)レーザー光の電場成分(E^{ω})と伝搬ベクトル(k), 磁場(H), 回折格子の逆格子ベクトル(G), $LaMnO_3/SrMnO_3/LaAlO_3$ 超格子の磁化($M_{\mathrm{interface}}$), 分極(P_{ABC}), トロイダルモーメント(T)の関係を表した模式図[51].

MnO_2層)が磁性を示す約100 K以下の温度になると，右($n=+1$)と左($n=-1$)に回折された光の強度に差が生じている．回折光の強度の大小関係は，磁場の反転や，レーザー光を基板側から入射することで，反転することが確認されている．また，空間反転対称性が破れていない$LaMnO_3/SrMnO_3$超格子では回折光の強度に差が生じないことも確認されており，回折光の強度の変化は空間反転対称性と時間反転対称性の破れに起因することが示されている．

図5.43の配置で回折格子に磁場を印加した場合，磁化と分極の内積で表されるトロイダルモーメントTは，回折格子の周期の方向になる．また，光の伝搬ベクトルは回折格子の逆格子ベクトルGと一致する．したがって，回折格子の右と左に回折された反射光と透過光の伝搬ベクトルは，Tと平行，または反平行となり，その結果，光の強度に差が生じる磁気光学効果が発現することになる．

空間反転対称性の破れの要因となる分極と，時間反転対称性の破れの要因となる磁性は，それら一つだけでもさまざまなデバイスに応用できる機能を有しているが，近年，分極(強誘電)と(強)磁性が共存し，それらが互いに結合したマルチフェロイックが新たな機能として注目されている．マルチフェロイック材料では，電場で磁化(スピン)を反転させたり，磁場で分極を反転させたりすることができると期待される他，分極と磁性が結合した新たな機能の発現も期待される．上述のように3種類以上の材料で構成した超格子は，空間反転対称と時間反転対称性の破れを人工的に制御できることから，それらの破れや，分極と磁性の結合に起因する新たな機能を探索する舞台として高いポテンシャルを有している．

参考文献

1)　L. L. Chang, L. Esaki, and R. Tsu, Appl. Phys. Lett., **24**, 593(1974).
2)　日本物理学会編，半導体超格子の物理と応用，培風館(1984).
3)　R. Dingle et al., Appl. Phys. Lett., **33**, 665(1978).
4)　T. Mimura et al., Jpn. J. Appl. Phys., **19**, L225(1980).
5)　M. N. Baibich et al., Phys. Rev. Lett., **61**, 2472(1988).

6) G. Binasch et al., Phys. Rev. B **39** 4828(1989).
7) A. Ohtomo et al., Nature, **419**, 378(2002).
8) J. Falson et al., Appl. Phys. Lett., **107**, 082102(2015).
9) K. v. Klitzing, G. Dorda, and M. Pepper, Phys. Rev. Lett., **45**, 494(1980).
10) M. A. Paalanen et al., Phys. Rev. B **25**, 5566(1982).
11) R. Willett et al., Phys. Rev. Lett., **59**, 1776(1987).
12) M. Büttiker, Phys. Rev. B **38**, 9375(1988).
13) H. B. Laughlin, Phys. Rev. Lett., **50**, 1935(1983).
14) R. Willett et al., Phys. Rev. Lett., **59**, 1776(1987).
15) フォルソン・ジョセフ 他，応用物理，**84**, 984(2015).
16) A. Tsukazaki et al., Scinence, **315**, 1338(2007).
17) A. Tsukazaki, et al., Nat. Mater., **9**, 889(2010).
18) J. Falson et al., Nat. Phys., **11**, 347(2015).
19) V. W. Scarola, K. Park, and J. K. Jain, Nature, **406**, 863(2000).
20) K. Yoshimatsu et al., Science, **333**, 319(2010).
21) A. Ohtomo and H. Y. Hwang, Nature, **427**, 423(2004).
22) N. Nakagawa et al., Nat. Mater., **5**, 204(2006).
23) S. Thiel et al., Science, **313**, 1942(2006).
24) R. Pentcheva and W. E. Pickett, Phys. Rev. Lett., **102**, 107602(2009).
25) H. Suzuki et al., J. Phys. Soc. Jpn., **65**, 1529(1996).
26) N. Reyren et al., Science, **317**, 1196(2007).
27) A. D. Caviglia et al., Nature, **456**, 624(2008).
28) R. Pentcheva and W. E. Pickett, Phys. Rev B **74**, 035112(2006)
29) J.-L. Maurice et al., phys. stat. sol. (a)**203**, 2209(2006).
30) K. Brinkman et al., Nat. Mater., **6**, 493(2007).
31) D. A. Dikin et al., Phys. Rev. Lett., **107**, 056802(2011).
32) J. -S. Lee et al., Nat. Mater., **12**, 703(2013).
33) I. Terasaki, Y. Sasago, and K. Uchinokura, Phys. Rev. B **56**, R12685(1997).
34) R. Funahashi et al., Jpn. J. Appl. Phys., **39**, L1127(2000).
35) T. Okuda et al., Phys. Rev. B **63**, 113104(2001).
36) M. Cutler and N. F. Mott, Phys. Rev., **181**, 1336(1969).
37) L. D. Hicks and M. S. Dresselhaus, Phys. Rev. B **47**, 12727(1993).
38) L. D. Hicks and M. S. Dresselhaus, Phys. Rev. B **47**, R16631(1993).
39) T. C. Harman, D. L. Spears, and M. J. Manfra, J. Electron. Mater., **25**, 1121

(1996).
40) H. Ohta et al., Nat. Mater., **6**, 129(2007).
41) 太田裕道，応用物理，**81**, 740(2012).
42) G. H. Jonker, Philips Res. Rep., **23**, 131(1968).
43) P. A. Salvador et al., Appl. Phys. Lett., **75**, 2638(1999).
44) T. Koida et al., Phys. Rev. B **66**, 144418(2002).
45) A. Bhattacharya et al., Phys. Rev. Lett., **100**, 257203(2008).
46) H. Nakao et al., J. Phys. Soc. Jpn., **78**, 024602(2009).
47) H. Yamada, P.-H. Xiang, and A. Sawa, Phys. Rev. B **81**, 014410(2010).
48) T. Kimura et al., Phys. Rev. Lett., **83**, 3940(1999).
49) H. N. Lee et al., Nature, **433**, 395(2005).
50) N. Sai, B. Meyer, and D. Vanderbilt, Phys. Rev. Lett., **84**, 5636(2000).
51) N. Kida et al., Phys. Rev. Lett., **99**, 197404(2007).
52) L. D. Barron, Nature, **405**, 895(2000).

6

酸化物電界効果トランジスタ

集積回路を構成する最も重要なデバイスは，言うまでもなくCMOS(Complementary MOS)である．後で詳しく述べるように，CMOSは，電子が伝導するnチャネルとホールが伝導するpチャネルの二つの金属酸化膜半導体電界効果トランジスタ(Metal-Oxide-Semiconductor Field-Effect Transistor；MOSFET)を相補的に組み合わせたデバイスであり，低消費電力で，微細化(スケーリング)に優れている．MOSFETの重要な構成要素であるゲート絶縁層は，通常，酸化物誘電体が用いられており，微細化が進んだ最先端のデバイスでは，特性を向上させるために高い誘電率を有する酸化物誘電体(high-k材料)が用いられている．FETのゲート絶縁層の他，近年，チャネル層にも酸化物材料が用いられるようになってきた．中でも，アモルファスまたは配向性多結晶のIn-Ga-Zn-O(IGZO)をチャネル層とするFETは，低いオフリーク電流と高い移動度という特長を有しており，液晶や有機ELディスプレイの駆動トランジスタとして実用化されている．また，非常に小さなゲート電圧の変化により大きなドレイン電流の変化を実現することを目指して，強相関電子材料をチャネル層に用いたFETが研究されている．このようなFETは，強相関電子材料の電子相転移(モット転移)を利用することから，モットFET(Mott FET)と呼ばれている．本章では，MOSFETを例にFETの基本的な構造と特性を述べた後，酸化物材料がFETに用いられている代表的な例として，high-kゲート絶縁層，IGZOチャネルFET，モットFETを紹介する．

6.1 電界効果トランジスタ

6.1.1 MOSキャパシタのバンド構造と静電容量特性

最も一般的なFETであるMOSFETは，平面型のp^+-n-p^+またはn^+-p-n^+接合*1の上にMOSキャパシタが載った構造となっている(図6.1)．このMOSFETの動作特性を理解するためには，まずはゲート電圧印加による

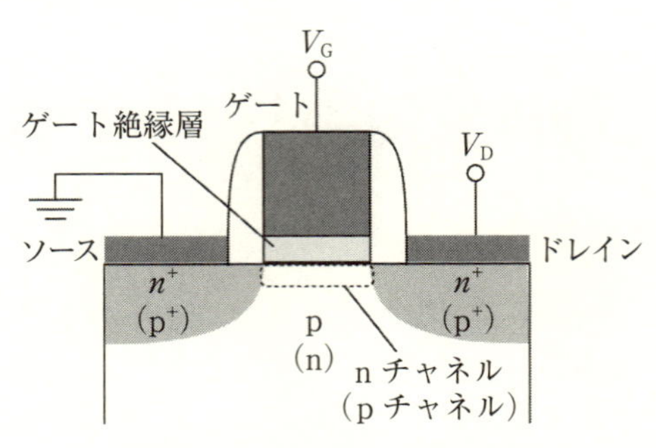

図 6.1　MOSFET の模式図.

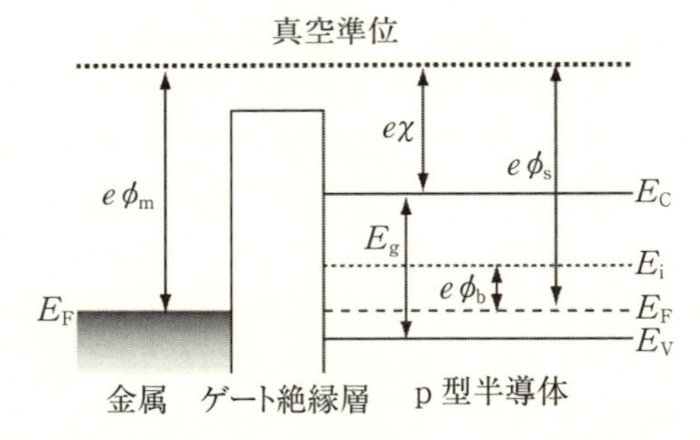

図 6.2　n チャネル MOSFET の MOS キャパシタ部分のバンド図.

MOS キャパシタのバンド構造の変化と蓄積される電荷量を理解する必要がある[1)]. **図 6.2** は，p 型半導体(S)の MOS キャパシタのバンド図である．ここでは，ゲート電極(M)と p 型半導体の仕事関数が同じ，すなわち，ゲート電圧 V_G がゼロの状態でフェルミレベルが一致している理想的な状況を考える．この MOS ダイオードに負の V_G を印加すると，半導体のバンドは O-S 界面で上方に曲がり，界面にホールが蓄積される(**図 6.3**(a))．この状態は蓄積(accumulation)と呼ばれる．一方，正の V_G を印加すると，半導体のバンドは下方に曲がる．このとき，O-S 界面に印加される電圧を $V_S(>0)$ とすると，eV_S

---

*1　n^+ はドナーとなる不純物が多くドープされた n 型半導体層，p^+ はアクセプタとなる不純物が多くドープされた p 型半導体層を意味する.

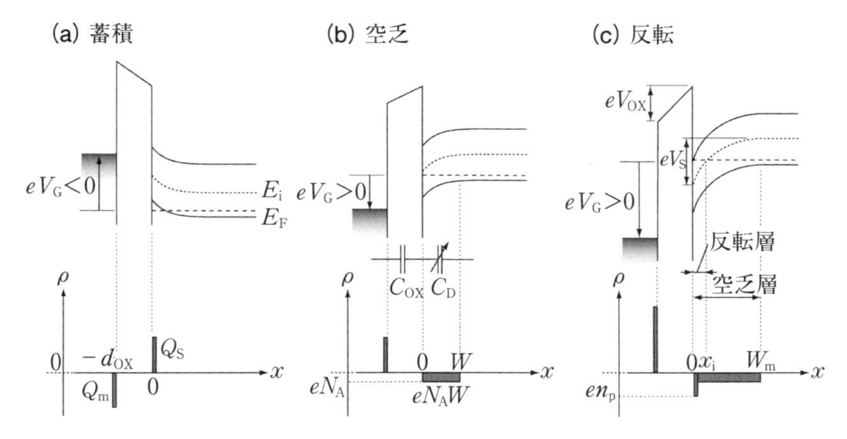

図 6.3 n チャネル MOSFET の(a)蓄積，(b)空乏，(c)反転状態の MOS キャパシタ部分のバンド図と電荷分布．

が p 型半導体のフェルミレベル E_F と真性半導体のフェルミレベル E_i $(=E_g/2)$の差よりも小さい場合($eV_S<E_i-E_F$)，多数キャリアのホールが界面から内部のバルク側へ追いやられる(図 6.3(b))．そのため，界面でキャリアが空乏することから，この状態は空乏(depletion)と呼ばれる．ここで e は素電荷である．さらに V_G を大きくし，$eV_S>E_i-E_F$ の状況になると，界面で E_i が E_F よりも低エネルギー側に位置することになる(図 6.3(c))．このような E_i と E_F 逆転が起きると，界面で少数キャリア(電子)の濃度が多数キャリア(ホール)の濃度よりも大きくなり，界面に電子が蓄積される．そのため，この状態は反転(inversion)と呼ばれる．

MOSFET では，この反転モードを利用してキャリアを伝導させている．つまり，n チャネル MOSFET では，ゲート電圧印加により，界面で p 型半導体層を反転モードにし，p 型半導体界面に電子が伝導する n チャネルを形成させている．反対に，p チャネル MOSFET では，ゲート電圧印加により，n 型半導体界面にホールが伝導する p チャネルを形成させている．したがって，n チャネル MOSFET では p 型半導体の伝導帯を電子が，p チャネル MOSFET では n 型半導体の価電子帯をホールが伝導する．そうすることにより，不純物のアクセプタやドナーによる散乱の効果を低減し，移動度を高めている．

次に，MOSFET の動作状態である反転モードのバンド構造を考える．界面から距離 x の位置における半導体中の静電ポテンシャル $\phi(x)$ は，ポアソン方程式($\Delta\phi(x) = -\rho_S(x)/\varepsilon_0\varepsilon_S$，$\rho_S(x)$ は電荷密度，ε_0 は真空の誘電率，ε_S は半導体の比誘電率)を用いて求めることができる．第3章のショットキー接合と同様の近似を用いると，空乏モードにおける $\phi(x)$ は，

$$\phi(x) = V_S\left(1 - \frac{x}{W}\right)^2 \tag{6.1}$$

$$V_S = \frac{eN_A W^2}{2\varepsilon_0\varepsilon_S} \tag{6.2}$$

で与えられる[1]．ここで，W は空乏層幅，N_A はアクセプタ濃度である．半導体内部のバルクにおける E_i と E_F の差を $\phi_b(= E_i - E_F)$ とすると，上述のように $V_S > \phi_b$ になると空乏モードから反転モードへ移行する．反転モードに移行した後もしばらくは界面に蓄積される電子の濃度 n_p が N_A よりも小さいため，ゲート電圧の増加とともに W が大きくなる．ここで，界面に蓄積される電子の濃度 n_p は，

$$n_p = n_i \exp\left[\frac{e(V_S - \phi_b)}{k_B T}\right] \tag{6.3}$$

で与えられ，n_i は真性キャリア密度，k_B はボルツマン定数，T は温度(K)である．この関係式は，n_p が eV_S に対して指数関数的に増加すること示している．そのため，V_G を大きくしていくと，ある電圧以上で n_p が N_A よりも大きくなる．そのような電圧領域では，MOSFET の MOS キャパシタに蓄積される半導体側の電荷の増加は，n_p の増加が支配的となるため，ゲート電圧 V_G を増加させても W はほとんど変化しなくなる．このような状態となる V_S の閾値 V_S^{inv} は，$n_p = N_A$ となる V_S で与えられ，$\phi_b = (k_B T/e)\ln(N_A/n_i)$ であることから，(6.3)式より，

$$V_S^{inv} = 2\phi_b = \frac{2k_B T}{e}\ln\left(\frac{N_A}{n_i}\right) \tag{6.4}$$

となる．また，そのときの空乏層幅 W_m は，(6.2)式から，

$$W_m = 2\sqrt{\frac{\varepsilon_0\varepsilon_S k_B T}{e^2 N_A}\ln\left(\frac{N_A}{n_i}\right)} \tag{6.5}$$

となる．

空乏モードと反転モードでは，半導体界面に空乏層が形成しているため，印加されたゲート電圧 V_G はゲート絶縁層と空乏層に加わることになる．したがって，ゲート絶縁層に加わった電圧を V_{OX} とすると，V_G は，

$$V_G = V_{OX} + V_S \tag{6.6}$$

となる．また，ゲート絶縁層と空乏層の単位面積当たりの静電容量をそれぞれ C_{OX} と C_D とすると，MOS キャパシタ全体の静電容量 C は，C_{OX} と C_D と直列回路で与えられるので，

$$C = \frac{C_{OX}C_D}{C_{OX} + C_D} \tag{6.7}$$

となる．ここで，ゲート絶縁層の比誘電率を ε_{OX}，厚さを d_{OX} とすると，C_{OX} は $C_{OX} = \varepsilon_0\varepsilon_{OX}/d_{OX}$ で与えられ，同様に，C_D は $C_D = \varepsilon_0\varepsilon_S/W$ で与えられる．負の V_G を印加した蓄積モード（$V_S < 0$）では，界面にホールが蓄積され，半導体界面に空乏層はできないため，$C \approx C_{OX}$ となる．一方，反転モードで V_S が V_S^{inv} を超えるような領域では，上述のように，W はほとんど変化せず，W_m で近似できることから，C はほぼ一定の値

$$C_m \approx \frac{\varepsilon_0\varepsilon_{OX}}{d_{OX} + \dfrac{\varepsilon_{OX}}{\varepsilon_S}W_m} \tag{6.8}$$

で与えられる．$C \approx C_m$ となるゲート電圧（$V_G = V_{th}$）は閾値電圧（またはスレッショルド電圧）と呼ばれ，(6.4)，(6.6)式より，$V_{th} = V_{OX} + 2\phi_b$ となる．ここで，V_{th} における MOS キャパシタに蓄積された電荷 Q_s を空乏層の空間電荷 eN_AW_m とすると，V_{th} は，

$$V_{th} = \frac{Q_S}{C_{OX}} + 2\phi_b = 2\frac{\sqrt{\varepsilon_0\varepsilon_s eN_A\phi_b}}{C_{OX}} + 2\phi_b \tag{6.9}$$

で与えられる．上記のような関係から，MOSFET の静電容量 C は V_G が負の領域では C_{OX} で一定であり，負から正へと V_G を増加させると C は減少し，$V_G > V_{th}$ になると C_m で一定となる（**図 6.4**）．

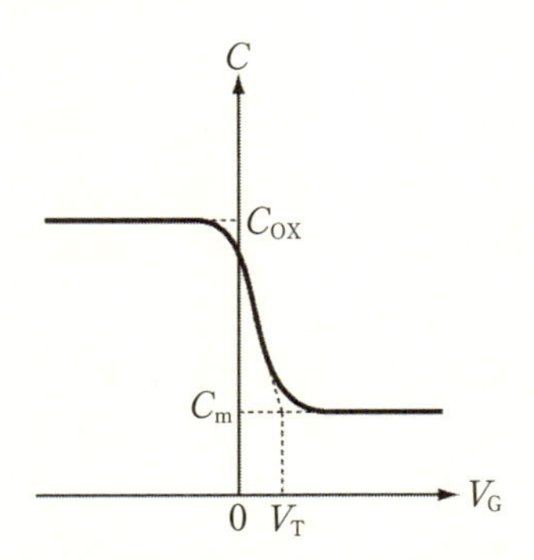

図6.4　MOSFET の静電容量 C のゲート電圧依存性の模式図.

6.1.2　MOSFET の動作特性

FET の動作特性は，通常，(1)出力特性(output characteristics)と(2)伝達特性(transfer characteristics)で評価する．出力特性とは，一定のゲート電圧 V_G を印加した状態におけるドレイン電流 I_D のドレイン電圧 V_D 依存性であり，伝達特性とは，一定の V_D を印加した状態における I_D の V_G 依存性である．ここでは，理想的な n チャネル MOSFET を例に，FET の一般的な出力特性と伝達特性を考える．

・出力特性

ゲートに V_{th} 以上の電圧が印加され，半導体表面に反転層(≈ チャネル)が形成されている状態に，ドレイン電圧 $V_D(>0)$ を印加すると，電子はチャネルを通ってソースからドレインへと伝導する．V_D が小さい領域では，チャネルは抵抗と見なせるため，I_D-V_D 特性はオーミックとなる(**図6.5**(a))．この電圧領域は線形領域(linear region)と呼ばれる(図6.5(d))．しかし，V_D が大きくなると，ドレインに近い領域で，V_D 印加による反転層の幅(x_i)の減少の効果が無視できなくなり，オーミック特性からのずれ(チャネル抵抗の増加)が生じる．最終的に，$V_D = V_D^{sat}$ になるとドレインの境界($y = l$)で反転層が消失($x_i(l) = 0$)する(図6.5(b))．さらに V_D を大きくすると，反転層が消失した領域がソース側へと広がっていく(図6.5(c))．このとき，反転層が消失した

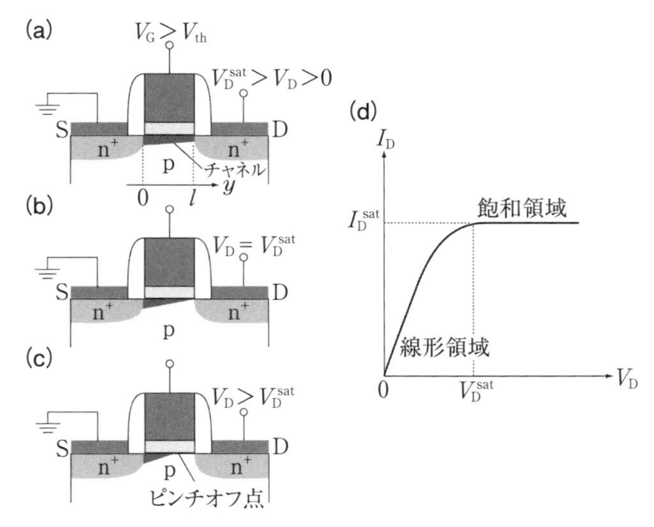

図 6.5 n チャネル MOSFET の動作の概念図.（a）低ドレイン電圧の線形領域,（b）飽和開始時,（c）飽和後.（d）n チャネル MOSFET の出力特性の模式図.

領域のソース側の先端をピンチオフ点と呼ぶ. V_D がこの電圧領域($V_D > V_D^{sat}$)に入ると, I_D は一定になるため, 飽和領域(saturation region)と呼ばれる(図 6.5(d)).

ソース-ドレイン間のある点 y におけるチャネルの局所的な電気伝導率 $\sigma(y)$ は, 移動度 μ_n を一定と仮定すると,

$$\sigma(y) = \mu_n Q_n(y) \tag{6.10}$$

で与えられる. ここで, $Q_n(y)$ は反転層内の単位面積当たりの電荷量であり,

$$Q_n(y) \cong -[V_G - V(y) - 2\phi_b]C_{OX} + \sqrt{2\varepsilon_0\varepsilon_s e N_A[2\phi_b + V(y)]} \tag{6.11}$$

で与えられる. $V(y)$ は, 片側階段 p-n$^+$ 接合の逆バイアスのポテンシャル分布に相当し, $y=0$ で $V(0)=0$, $y=l$ で $V(l)=V_D$ である. チャネルの幅(ゲート幅)を w とすると, 局所領域 dy の抵抗 dR は,

$$dR = \frac{dy}{\sigma(y)} = \frac{dy}{w\mu_n|Q_n(y)|} \tag{6.12}$$

となる. この局所領域での抵抗による電圧降下 dV は, ドレイン電流 I_D が

ソース-ドレイン間で一定なので，

$$\mathrm{d}V = I_{\mathrm{D}}\mathrm{d}R = \frac{I_{\mathrm{D}}\mathrm{d}y}{w\mu_{\mathrm{n}}|Q_{\mathrm{n}}(y)|} \tag{6.13}$$

となる．(6.13)式に(6.11)式を代入し，yを0からlまで積分すると，I_{D}とV_{G}，V_{D}の関係として，

$$I_{\mathrm{D}} \cong \frac{w}{l}\mu_{\mathrm{n}}C_{\mathrm{OX}}\left\{\left(V_{\mathrm{G}} - 2\phi_{\mathrm{b}} - \frac{V_{\mathrm{D}}}{2}\right)V_{\mathrm{D}} - \frac{2}{3}\frac{\sqrt{2\varepsilon_0\varepsilon_{\mathrm{s}}eN_{\mathrm{A}}}}{C_{\mathrm{OX}}}\left[(V_{\mathrm{D}} + 2\phi_{\mathrm{b}})^{3/2} - (2\phi_{\mathrm{b}})^{3/2}\right]\right\} \tag{6.14}$$

が得られる．

先に述べたV_{D}が小さい領域では，(6.14)式は，

$$I_{\mathrm{D}} \cong \frac{w}{l}\mu_{\mathrm{n}}C_{\mathrm{OX}}(V_{\mathrm{G}} - V_{\mathrm{th}})V_{\mathrm{D}} \tag{6.15}$$

で近似され，I_{D}-V_{D}特性は線形であることがわかる．次に，飽和領域について考えると，飽和領域に達する電圧$V_{\mathrm{D}}^{\mathrm{sat}}$は，(6.11)式を$Q(l)=0$とした際の$V(l)$に相当する．したがって，

$$V_{\mathrm{D}}^{\mathrm{sat}} \cong V_{\mathrm{G}} - 2\phi_{\mathrm{b}} + \left(\frac{\sqrt{\varepsilon_0\varepsilon_{\mathrm{s}}eN_{\mathrm{A}}}}{C_{\mathrm{OX}}}\right)^2\left[1 - \sqrt{1 + 2V_{\mathrm{G}}\Big/\left(\frac{\sqrt{\varepsilon_0\varepsilon_{\mathrm{s}}eN_{\mathrm{A}}}}{C_{\mathrm{OX}}}\right)^2}\right] \tag{6.16}$$

となる．この式を(6.14)に代入すると飽和電流値$I_{\mathrm{D}}^{\mathrm{sat}}$が求まり，

$$I_{\mathrm{D}}^{\mathrm{sat}} \cong \frac{w}{2l}\mu_{\mathrm{n}}C_{\mathrm{OX}}(V_{\mathrm{G}} - V_{\mathrm{th}})^2 \tag{6.17}$$

となる．

・伝達特性

次に$V_{\mathrm{D}} < V_{\mathrm{D}}^{\mathrm{sat}}$の線形領域における伝導特性を考える．まず，$V_{\mathrm{G}}$が$V_{\mathrm{th}}$よりも大きい領域での$I_{\mathrm{D}}$-$V_{\mathrm{G}}$特性はすでに(6.15)式で与えられており，線形関係となることがわかる．一方，V_{G}がV_{th}よりも小さい領域は，サブスレッショルド領域(subthreshold region)と呼ばれ，I_{D}-V_{G}特性は非線形になる．このサブスレッショルド領域のI_{D}-V_{G}特性はFETの動作速度や消費電力を決定することから，特に重要な動作特性の一つである．

サブスレッショルド領域の伝導は，n^+-p-n^+ 接合におけるキャリアの拡散により支配されるため，キャリアの拡散係数を D_n，電荷層の有効厚さは反転層の厚さ x_i とすると，I_D は，

$$I_D = wx_i e D_n \frac{dn_p(y)}{dy} = weD_n \frac{n_p(0) - n_p(l)}{l} \tag{6.18}$$

で与えられる．$n_p(0)$ と $n_p(l)$ は，(6.3)式から，

$$n_p(0) = n_i \exp\left[\frac{e(V_S - \phi_b)}{k_B T}\right] \tag{6.19a}$$

$$n_p(l) = n_i \exp\left[\frac{e(V_S - \phi_b - V_D)}{k_B T}\right] \tag{6.19b}$$

で与えられるので，(6.18)式は，

$$I_D = \frac{wx_i}{l} eD_n n_i \exp\left(\frac{-e\phi_b}{k_B T}\right)\left[1 - \exp\left(\frac{-eV_D}{k_B T}\right)\right]\exp\left(\frac{eV_S}{k_B T}\right)$$

$$= I_D^0 \exp\left(\frac{eV_S}{k_B T}\right) \tag{6.20}$$

となり，I_D は V_S に対して指数関数的に増加する．

この I_D と V_S の関係式から，I_D-V_G 特性を得るためには，さらに V_G と V_S の関係を得る必要がある．MOS キャパシタの(6.6)式で示したように，V_G はゲート絶縁層と空乏層に加わった電圧の和で表され，V_S は空乏層に加わった電圧に対応する．MOS キャパシタに蓄積された電荷 Q_s を空乏層の空間電荷 $eN_A W$ とすると，(6.2)，(6.6)式より，V_G と V_S の関係は，

$$V_G = \frac{eN_A W}{C_{OX}} + V_S = \frac{\sqrt{2\varepsilon_0 \varepsilon_s e N_A V_S}}{C_{OX}} + V_S \tag{6.21}$$

で与えられる．この V_G と V_S の関係式と(6.20)式により，I_D-V_G 特性を得ることができる．また，V_G が V_{th} に近い領域になると $W \approx W_m$ で近似できることから，V_S は V_G-V_{th} で近似することができる．したがって，この領域では，I_D は V_G に対して指数関数的に増加する(**図 6.6**)．

・サブスレッショルドスイング

サブスレッショルド領域の特性は，$dV_G/d\log I_D$ で定義されるサブスレッ

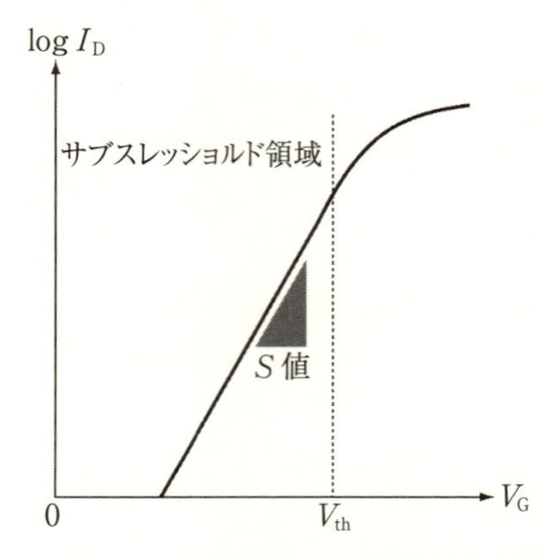

図 6.6　n チャネル MOSFET の伝達特性の模式図.

ショルドスイング(S 値)で評価される．これは，I_D が 1 桁増加するのに必要な V_G の変化量であり，S 値が小さいということは低電圧で動作する，すなわち，低消費電力ということになる．まず，dV_G/dV_S は，(6.21)式より，

$$\frac{dV_G}{dV_S} = \frac{1}{C_{OX}}\sqrt{\frac{\varepsilon_0\varepsilon_S e N_A}{2V_S}} + 1 = \frac{C_{OX} + C_D}{C_{OX}} \tag{6.22}$$

で与えられる．次に，$\log I_D$ は，(6.20)式より，

$$\log I_D = \log I_D^0 + \frac{eV_S}{k_B T}\frac{1}{\ln 10} \tag{6.23}$$

で与えられる．したがって，$dV_S/d\log I_D$ は，

$$\frac{dV_S}{d\log I_D} = \frac{k_B T}{e}\ln 10 \tag{6.24}$$

となる．(6.22)式と(6.24)式より，S 値は，

$$S \equiv \frac{dV_G}{d\log I_D} = \frac{dV_G}{dV_S}\frac{dV_S}{d\log I_D} = \frac{k_B T}{e}\ln 10 \cdot \frac{C_{OX} + C_D}{C_{OX}} \tag{6.25}$$

となる．この式より，C_{OX} が C_D よりも十分に大きい理想的な場合，S 値は $k_B T \ln 10/e$ となり，室温(300 K)では約 60 mV となる．この値は MOSFET の限界値であり，室温では，I_D を 1 桁増加させるためには，V_G を最低でも 60 mV 増加させる必要がある．

6.1.3 CMOS

先に述べたように，CMOS は n チャネルと p チャネルの MOSFET を相補的に組み合わせたデバイスであり，最も一般的な CMOS は，論理回路の基本デバイスである CMOS インバータである．**図 6.7** は，CMOS インバータの回路図である．p チャネル MOSFET のドレインが電源(V_{DD})に接続され，n チャネル MOSFET のソースが接地されている．また，p チャネル MOSFET のソースと n チャネル MOSFET のドレインが接続され，その接続点が出力端子となっている．入力信号として，n チャネルと p チャネルの MOSFET のゲートに，同時に同じ電圧(V_{in})が印加される．

V_{in} が 0 V(入力 "0")のとき，p チャネル MOSFET はオン，n チャネル MOSFET はオフである．そのため，出力端子には V_{DD} が出力される．すなわち，入力 "0" に対して出力 "1" になる．一方，V_{in} に V_{DD} と同じ値を入力すると(入力 "1")，p チャネル MOSFET はオフ，n チャネル MOSFET はオンになる．その場合，出力端子は n チャネル MOSFET を介して接地されるため，出力端子には電圧ゼロが出力される(出力 "0")．

MOSFET のオフリーク電流を除くと，MOSFET に流れる電流は，上記のスイッチング動作の際に出力端子に接続されたキャパシタの充放電に使われる電流だけである．すなわち，スイッチング動作時の非常に短い時間に流れる過渡電流だけしか流れない．そのため，定常状態では消費電力($P = IV$)は非常

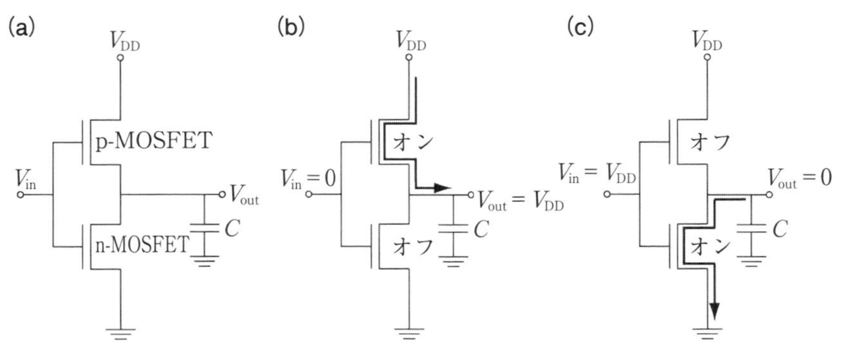

図 6.7 (a)CMOS インバータの回路図．(b) $V_{in} = 0$，(c) $V_{in} = V_{DD}$ の状態．

に小さい.

6.2 High-k ゲート絶縁膜

6.2.1 MOSFET の微細化とゲートリーク電流の増大

COMS を構成する Si の MOSFET のゲート酸化膜には，これまでシリコンの酸化物である SiO_2 膜が用いられてきた．この SiO_2 ゲート酸化膜は，蒸着などの製膜ではなく，Si 基板を水蒸気雰囲気下で高温熱処理することにより，Si 基板表面を熱酸化して作製する．最初に発明された FET は Ge を用いていたが，Ge の酸化物である GeO_2 は潮解性があり，化学的に不安定なため，良好なゲート構造を作製することが困難であった．一方，SiO_2 は熱的・化学的安定性に優れており，また，熱酸化により得られた SiO_2 膜は，Si 基板(チャネル)との密着性がよく，緻密であることから，電気的・機械的特性も優れている．このような特長から，Ge に代わって，Si 基板を熱酸化して作製した SiO_2 をゲート酸化膜とする Si の MOSFET が実用化された．

MOSFET の特性向上は，素子の微細化により実現されてきた．同じドレイン電圧 V_D を印加した場合，ゲート長(チャネル長)を小さくすると，ドレイン電流 I_D が増大し，特性が向上する．これは，ソース-ドレイン間の電界強度が大きくなるためである．しかし，微細化を進め，チャネル長がドレインとソースの側面に形成する空乏層幅と同程度まで小さくなると，空乏層領域の影響が無視できなくなり(**図 6.8**)，スレッショルド電圧 V_{th} の変化や，ソース-ドレイン間のリーク電流の増大といった短チャネル効果が発現する．飽和領域におけるこれらの短チャネル効果の主な要因は，ドレインが誘起した障壁低下効果(Drain-induced Barrier Lowering; DIBL)によるものであり，これにより V_{th} の変化とリーク電流の増大が生じ，結果として MOSFET の重要な特性である S 値の大きな劣化が生じてしまう[1]．ここで，DIBL は V_D に依存するため，V_{th} の変化とリーク電流の増大は V_D の増加と共に大きくなる(図 6.8)．したがって，S 値の劣化を抑制するには V_D を小さくするのが有効である．しかし，V_D の低減は，同時に I_D の低下も引き起こしてしまう．

この問題の解決方法の一つが，V_{th} を小さくすることである．(6.15)式より，低い V_D で大きな I_D を得るためには，V_{th} を小さくすればよいことがわか

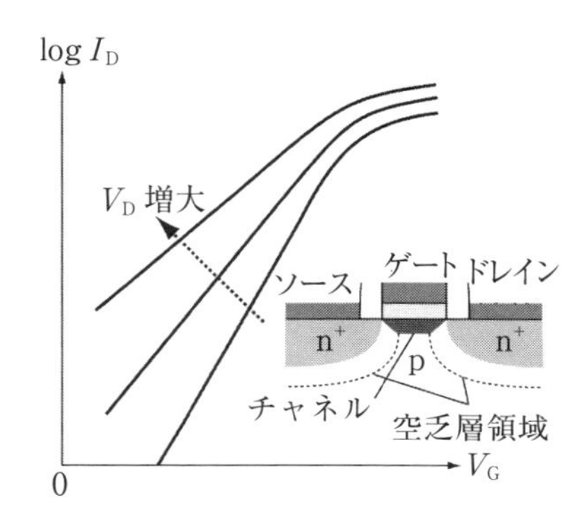

図 6.8 短チャネル MOSFET のサブスレッショルド特性の V_D 依存性の模式図.

る.また,(6.9)式より,チャネルの不純物濃度を変化させずに V_{th} を小さくするには,ゲート酸化膜の単位面積当たりの静電容量 C_{OX} を大きくすればよいことがわかる.そのため,ゲート長とともに,SiO_2 ゲート酸化膜の厚さも縮小されてきた.

このような微細化による SiO_2 ゲート酸化膜の膜厚減少は,MOSFET の特性の向上につながったものの,一方で,ゲートリーク電流の増大を引き起こし,結果として消費電力が増大してしまった.欠陥等に起因するリーク電流に加え,SiO_2 ゲート酸化膜の膜厚が数ナノメートルになると,トンネル効果によるリーク電流も流れてしまう.したがって,問題を解決するには,リーク電流を抑制するためにゲート絶縁膜の膜厚をある程度厚く保ち,かつ C_{OX} も大きくする必要がある.そのような方法の一つとして,近年,高誘電率(high-k)酸化物がゲート絶縁膜に用いられるようになった.

6.2.2 high-k 酸化物

シリコンテクノロジ分野では比誘電率を k で表すため,SiO_2 よりも高い誘電率を有する材料は high-k 材料と呼ばれる.MOS キャパシタの静電容量 C_{OX} は $C_{OX}=\varepsilon_0\varepsilon_{OX}/d_{OX}$ で与えられることから,SiO_2($\varepsilon_{OX}=\varepsilon_{SiO_2}$)を用いた MOS キャパシタと同じ C_{OX} を得るのに,high-k 材料($\varepsilon_{OX}=\varepsilon_H$)を用いた場合には膜厚を $\varepsilon_H/\varepsilon_{SiO_2}$ 倍厚くすることができる(**図 6.9**).したがって,high-k 材料の採

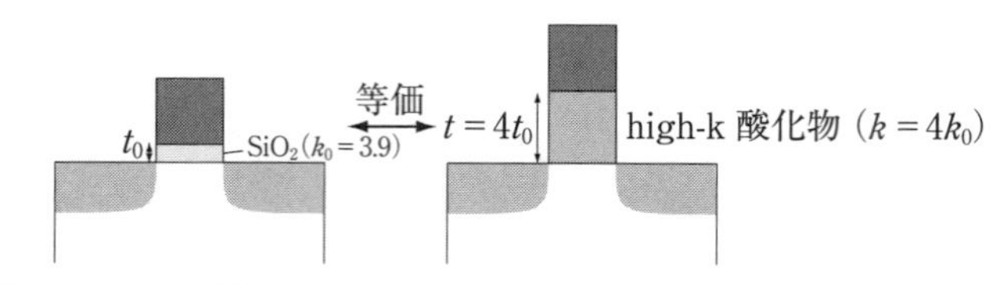

図6.9　SiO_2 ゲート MOSFET と high-k ゲート MOSFET の比較.

表6.1　酸化物誘電体の比誘電率とバンドギャップ.

材料	比誘電率(室温)	バンドギャップ(eV)
SiO_2	3.9	9
Si_3N_4	7〜8	5.1〜5.3
Al_2O_3	8〜9.5	8.5〜8.8
Ta_2O_5	〜25	〜4.5
ZrO_2	〜18	〜5.7
HfO_2(Monoclinic)	〜18	〜6
HfO_2(Cubic)	40〜50	〜6
La_2O_3	〜24	〜6.4
Y_2O_3	〜15	〜6
TiO_2(Rutile)	110	3
$SrTiO_3$	300	3.2
$LaAlO_3$	〜23	5.6

用によるゲート絶縁膜の膜厚の増加は，リーク電流を抑制することができ，かつ微細化と同等な特性を実現することができる.

微細化による CMOS の特性向上の予測(設計)は，Si と SiO_2 の物性値を基準としている．そのため，high-k ゲート絶縁層を用いた場合には，実際の膜厚の代わりに，SiO_2 ゲート絶縁層を用いた場合を基準とした SiO_2 換算膜厚(Equivalent Oxide Thickness；EOT)が，素子設計のパラメータとして用いられる．ここで，high-k ゲート絶縁層の実際の膜厚を d_{OX} とすると，EOT は $EOT=(\varepsilon_{SiO_2}/\varepsilon_H)d_{OX}$ で与えられる.

表6.1 は，ゲート絶縁層の候補となった主な high-k 材料の比誘電率とバンドギャップである．この表から，候補となった high-k 材料の多くは遷移金属

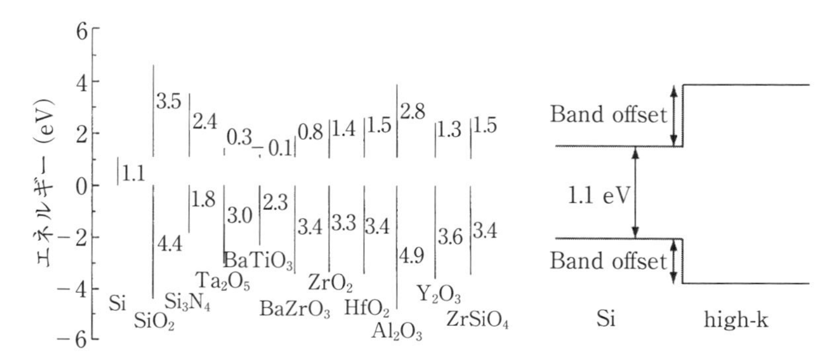

図 6.10 Si の伝導帯端と価電子帯端に対する high-k 材料の伝導帯端と価電子帯端のバンドオフセットエネルギー[2)].

酸化物，または希土類酸化物であることがわかる．ゲート絶縁層に用いる high-k 材料は，比誘電率が SiO_2 よりも大きいことに加えて，①チャネル形成とゲートからのキャリア注入を抑制するため，バンドギャップが Si よりも大きく，Si の伝導帯端と価電子端に対して十分なバンドオフセットが形成できること，②キャリアの伝導やトラップの要因となる欠陥が少ないこと，③ Si との間で安定な界面が形成できることなどの要求を満たす必要がある．

図 6.10 は，主な high-k 材料について，Si の伝導帯端と価電子帯端に対するバンドオフセットエネルギーをプロットしたものである[2)]．表 6.1 に示すように，TiO_2 や $SrTiO_3$ などの Ti 酸化物は SiO_2 の数十倍の比誘電率を有する．しかし，これらの Ti 酸化物のバンドギャップ，電子親和力は図 6.10 にある強誘電体 $BaTiO_3$ とほぼ同じであることから，Si との間にキャリア注入の障壁となるバンドオフセットを形成できない．そのため，高い比誘電率を有するこれらの Ti 酸化物はゲート絶縁層に適さないことがわかる．一方，ZrO_2，HfO_2，Al_2O_3 などの酸化物は，Si の伝導帯端と価電子帯端に対して十分なバンドオフセットを形成することができる．このようなバンド構造の特性と，量産に適した化学気相堆積法で電気的特性の良好な薄膜が作製できることから，ZrO_2，HfO_2，La_2O_3，Al_2O_3 などが high-k ゲート絶縁層の有力な候補として精力的に研究され，45 nm 世代以降の MOSFET から HfO_2 系酸化物ゲート絶縁層がメタルゲートと組み合わせて実用化されている．

6.2.2　HfO_2 系ゲート絶縁層

HfO_2 には，結晶構造の異なるいくつかの相が存在する．最も安定な相は単斜晶相(monoclinic phase)であり，比誘電率は18程度である．この比誘電率は SiO_2($\varepsilon_{SiO_2}=3.9$)の4.5倍程度に相当する．一方，高温相(準安定相)である立方晶相(cubic phase)と正方晶相(tetragonal phase)は40-50の高い比誘電率を持っている．一般的にゲート絶縁層に用いられる室温または低い基板温度で製膜された HfO_2 膜はアモルファス相であり，その比誘電率は安定相である単斜晶相と同じ18程度である．しかし，技術ロードマップに従ってMOSFETの微細化による性能向上を進めていくには，より高い誘電率が必要となり，立方晶相や正方晶相の HfO_2 を用いたゲート絶縁層の研究が行われてきた．

高い誘電率を有する HfO_2 の立方晶相と正方晶相は，通常，1750℃以上で存在する準安定相である．そのため，通常の基板温度(≦1000℃)による製膜では，これらの準安定相を持った薄膜を作製することは困難である．この問題を解決し，通常の製膜条件で高い誘電率を有する HfO_2 薄膜を作製するため，さまざま手法が開発されてきた．その一つが元素ドーピングである[3,4]．HfO_2 に希土類や遷移金属などをドープすると，単斜晶相から立方晶相または正方晶相に変化する温度が低下することが知られている．このドーピングによる相変化温度の低下と，薄膜の気相成長が非平衡という特長を利用すると，比較的低い基板温度でSi上に立方晶相または正方晶相の HfO_2 薄膜を製膜することができる．**図6.11**は，基板温度600℃でスパッタ法によりSi上に作製したYドープ HfO_2 薄膜のX線回折である[3]．Yをドープしていない薄膜(0 at%)は単斜晶相であるが，Yを4 at%と17 at%ドープした薄膜は立方晶相となっている．比誘電率は，Yをドープしていない薄膜が約22，最も大きい4 at%ドープした薄膜が約27と報告されている．

一方，HfO_2 または ZrO_2 に希土類をドープすると高い誘電率を有する正方晶相の薄膜を作製できることが報告されている．**図6.12**は，金属膜を蒸着した後，熱アニーリングすることにより作製したGdドープ HfO_2 薄膜のX線回折である[4]．Gdを5 at%ドープした HfO_2 薄膜では，単斜晶相の回折ピークに加えて正方晶相の回折ピークが観測され，一部，正方晶相が存在していることがわかる．Gdを20 at%ドープした HfO_2 薄膜では，正方晶相の回折ピークだ

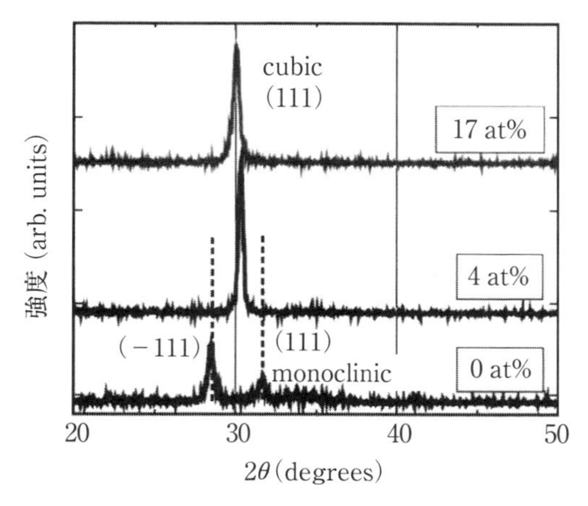

図 6.11 Si 基板上に作製した Y ドープ HfO_2 薄膜の X 線回折[3].

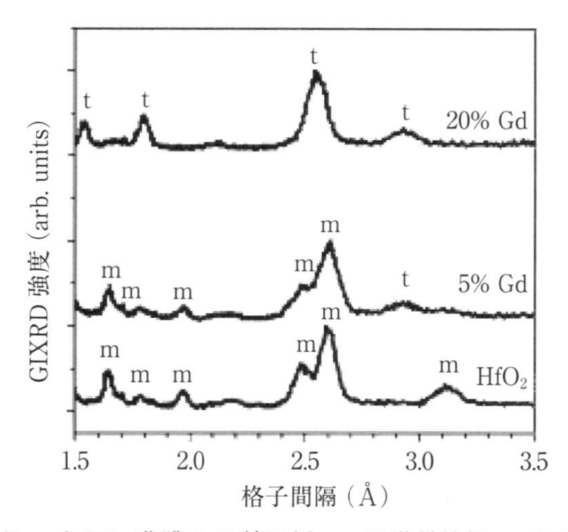

図 6.12 Gd ドープ HfO_2 薄膜の X 線回折．m は単斜晶相，t は正方晶相からの回折ピーク[4].

けが観測され，薄膜がほぼ正方晶相となっていることがわかる．同様の傾向は Dy や Er をドープした HfO_2 薄膜でも観測され，ラマン散乱の測定から，10 at% 以上のドーピングで薄膜がほぼ正方晶相となることが報告されている[4].

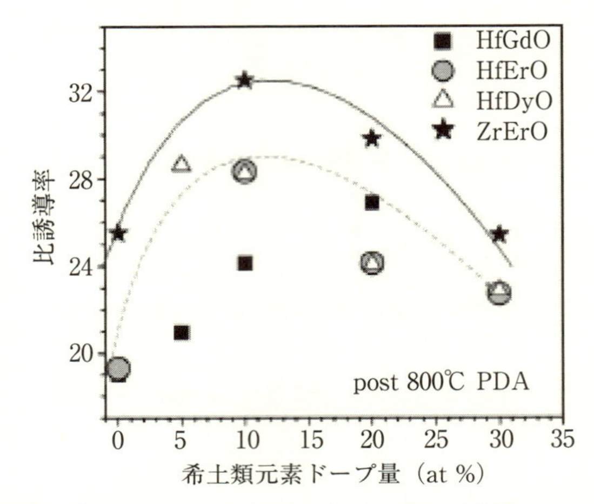

図6.13　希土類元素(Gd, Er, Dy)ドープした HfO_2 薄膜と ZrO_2 薄膜の比誘電率の希土類ドープ量依存性[4].

図6.13は，希土類ドープした HfO_2 薄膜と ZrO_2 薄膜の比誘電率の希土類ドープ量依存性である[4]．比誘電率は，Er または Dy を 10 at% ドープした HfO_2 薄膜が約 28，Er を 10 at% ドープした ZrO_2 薄膜が約 32 である．この他にも，HfO_2 に Si または Zr をドープすると比誘電率が約 30 の立方晶相の薄膜が成長することが報告されている[5]．

元素ドーピング以外の方法として，HfO_2 薄膜を製膜後に，HfO_2 薄膜を Si 薄膜や TiN 薄膜などによりキャップし，その後，真空中で急速熱アニール(Rapid Thermal Annealing；RTA)することにより，立方晶相を安定化する方法がある[6,7]. RTA とは，赤外線ランプなどを使って数秒から数十秒で試料を急速に昇温し，温度を数秒から数十秒間を保った後，急冷する熱処理方法である．このような急速な温度変化により，高温相(準安定相)を室温で安定化することができる．**図6.14**は，Si/TiN 薄膜でキャップした HfO_2 薄膜(cap-PDA)とキャップしていない薄膜(open-PDA)を，真空中 800℃で RTA した後に測定した X 線回折である[7]．Si/TiN 薄膜でキャップしていな薄膜は単斜晶相であるのに対し，キャップした薄膜は立方晶相になっている．キャップすることで立方晶相が得られる機構については，熱膨張率が異なる材料でキャップする

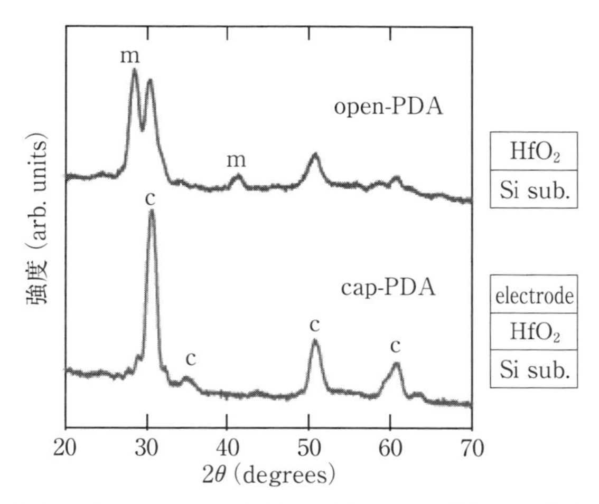

図 6.14 真空中 800℃で RTA した後に測定した Si 基板上に作製した HfO_2 薄膜の X 線回折[7]．cap-PDA は Si/TiN 薄膜でキャップ，open-PDA はキャップしていない薄膜．m は単斜晶相，c は立方晶相からの回折ピーク．

ことにより HfO_2 薄膜に応力が生じ，それにより立方晶相が安定化されるというモデルが提案されている[6]．**図 6.15** は，Si/TaN 薄膜でキャップした HfO_2 薄膜(cubic)とキャップしていない薄膜(monoclinic)の EOT の HfO_2 薄膜の膜厚に対する依存性である[7]．Si/TaN 薄膜でキャップした立方晶相の HfO_2 薄膜で，約 50 の比誘電率が得られている．**図 6.16** は，Si/TaN 薄膜でキャップした立方晶相 HfO_2(EOT＝0.77 nm)をゲート絶縁層に用いた MOSFET の TEM 像と，I_D-V_G 特性および I_D-V_D 特性である．通常の SiO_2 をゲート絶縁層に用いた場合，EOT <1 nm になると，トンネル電流によりゲートのリーク電流 I_G が大きくなり，I_D-V_G 特性が影響を受けてしまう．しかし，この素子では，EOT＝0.77 nm であっても HfO_2 ゲート絶縁層の実膜厚がそれよりも厚いため I_G が低く抑えられている．

先に述べたように，45 nm 世代以降の MOSFET では，金属元素をドープした比誘電率が 40 に近い HfO_2 系酸化物ゲート絶縁層が用いられている．また，45 nm 世代以前の SiO_2 ゲート絶縁層の MOSFET では，ゲート電極に Si 膜を用いていたが，HfO_2 系酸化物ゲート絶縁層では界面の defect 等により閾値電

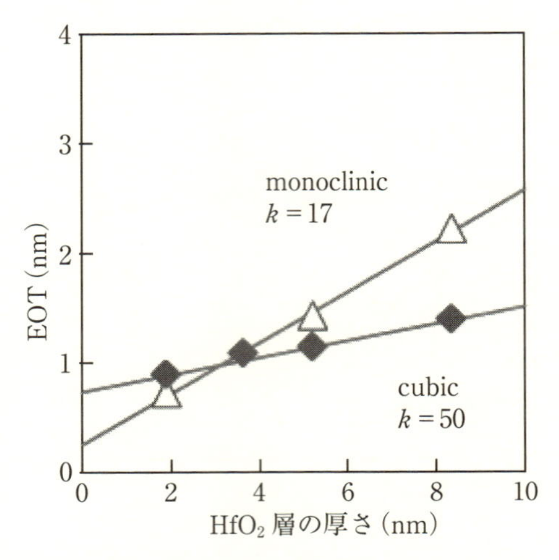

図 6.15　Si/TaN 薄膜でキャップした HfO_2 薄膜(cubic)とキャップしていない薄膜(monoclinic)の EOT の膜厚依存性[7].

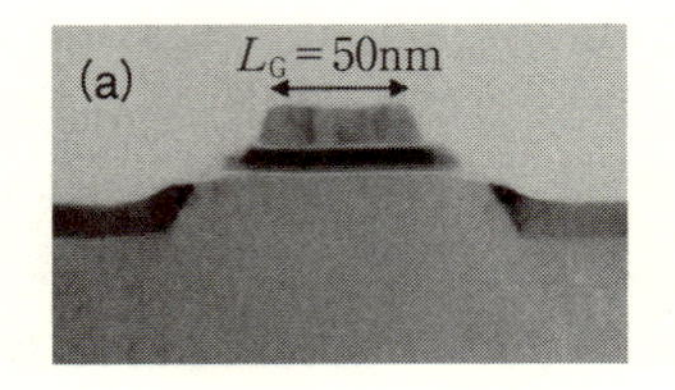

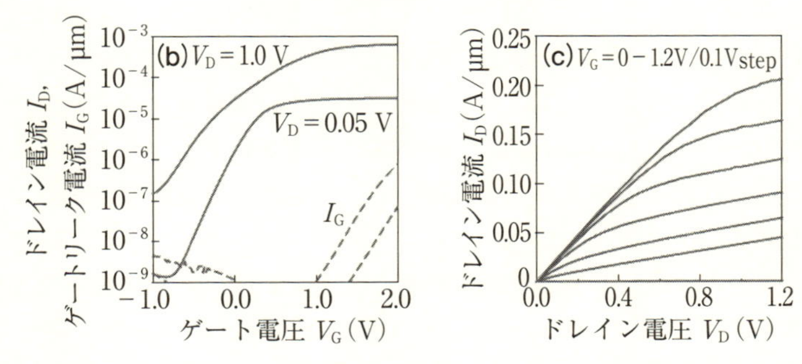

図 6.16　立方晶相 HfO_2 ゲート MOSFET の(a)TEM 像，(b)伝達(I_D- V_G)特性，(c)出力(I_D- V_D)特性[7].

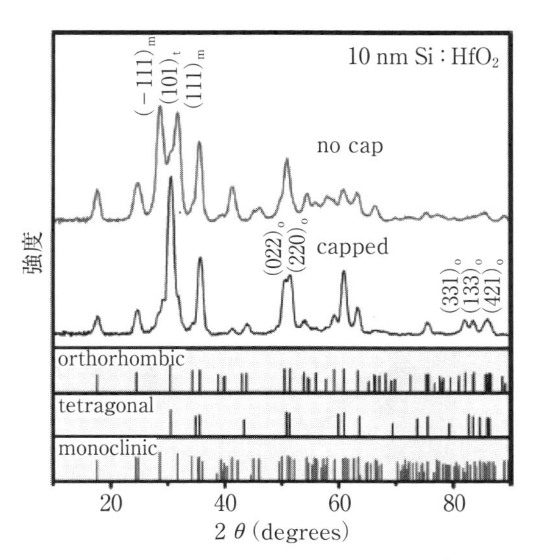

図 6.17 RTA 処理した Si ドープ HfO_2 薄膜の X 線回折[8]．capped は TiN 薄膜でキャップした薄膜，no cap はキャップしていない薄膜．o は斜方晶相，m は単斜晶相，t は正方晶相からの回折ピーク．

圧がピンされるなどの問題が発生するため，metal gate と呼ばれる金属材料を用いたゲート構造が採用されている．

高誘電率の立方晶相と正方晶相 HfO_2 のゲート絶縁層について述べてきたが，近年，準安定相の斜方晶相(orthorhombic phase) HfO_2 が強誘電性を示すことがわかり，デバイス応用の観点から注目されている．上述のように，何もドープしていない HfO_2 薄膜を TiN 薄膜でキャップし，RTA 処理を施すことで立方晶相 HfO_2 薄膜が得られる．Böscke らは，Si をドープした HfO_2 薄膜を用いて同様の RTA 処理を行うと，斜方晶相が安定化することを報告した[8]．**図 6.17** は，RTA 処理した膜厚 10 nm の約 3 mol%Si ドープ HfO_2 薄膜の X 線回折である．TiN 薄膜でキャップしていない薄膜は単斜晶相であるのに対し，キャップした薄膜は斜方晶相になっている．**図 6.18** は，Si を 3.8 mol% と 5.6 mol% ドープした HfO_2 薄膜の強誘電分極特性と圧電特性である[8]．3.8 mol% ドープした薄膜は強誘電体であり，一方，5.6 mol% ドープした薄膜は反強誘電体であることがわかる．Si 以外に，Al，Y，Gd，La 等を

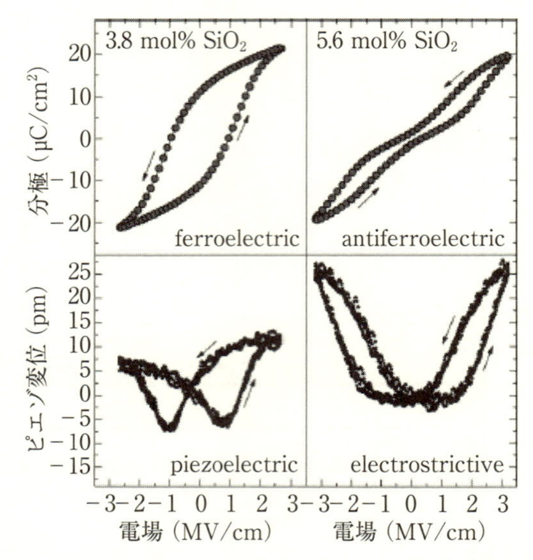

図 6.18　Si を 3.8 mol% と 5.6 mol% ドープした HfO_2 薄膜の強誘電分極特性(上)と圧電特性(下)[8].

ドープした HfO_2 薄膜も，同様の手法により強誘電体となることが報告されている[9]．先に述べたように，何もドープしていない HfO_2 の場合，温度の上昇とともに単斜晶相から立方晶相，正方晶相へと変化する．一方，これらの金属元素をドープすると，単斜晶相と立方晶相または正方晶相の間に強誘電性を示す斜方晶相が現れる．これにより，RTA 処理の温度を斜方晶相が現れる温度に設定することで，この準安定相の薄膜を得ることができる．

次の章で紹介するが，ペロブスカイト型遷移金属酸化物の強誘電体を用いた不揮発性メモリ(Ferroelectric Random Access Memory；FeRAM)が実用化されている．しかし，ペロブスカイト型遷移金属酸化物は Si の CMOS プロセスとの親和性や，エッチング時の加工ダメージなどが問題となっている．一方で強誘電 HfO_2 は，HfO_2 がすでに MOSFET のゲート絶縁層に用いられていることもあり，CMOS プロセスとの親和性に問題がなく，エッチングプロセスも確立している．そのような利点から，ペロブスカイト型酸化物強誘電体の代替材料として期待されている．

6.3　酸化物半導体電界効果トランジスタ

6.3.1　薄膜トランジスタと液晶ディスプレイ

前節までに紹介してきた集積回路を構成する MOSFET は，単結晶 Si 基板上にゲート，ソース，ドレインを作製しており，電界効果により Si 基板の表面に電流の流れるチャネルが形成される．FET は集積回路以外にも，液晶ディスプレイなどの画像表示デバイスの駆動スイッチにも用いられている．この場合，FET はガラス基板の上にチャネル層の薄膜を製膜して作製する(**図 6.19**)．そのため，このような FET は薄膜トランジスタ(Thin Film Transistor ; TFT)または薄膜電界効果トランジスタと呼ばれている．

液晶ディスプレイの TFT のチャネル層には，当初，アモルファスシリコン(a-Si)が用いられ，その後，エキシマレーザーアニール法により作製された低温ポリシリコン(Low-Temperature Polycrystalline Silicon ; LTPS)と呼ばれる多結晶シリコンの薄膜が用いられてきた．アモルファスシリコンから低温ポリシリコンへと変わった理由は，アモルファスシリコンの移動度が 1 cm^2/Vs 以下であるのに対して，低温ポリシリコンは 100 cm^2/Vs 以上と 2 桁以上大きく，同じサイズの TFT で比較すると，2 桁以上大きな駆動電流を得ることができるためである．これにより，液晶ディスプレイの高精細化が可能となったが，一方で，低温ポリシリコン TFT は，アモルファスシリコン TFT に比べてオフ時のドレインリーク電流が大きいという欠点がある．この問題を解決するため，液晶ディスプレイでは，2 個の低温ポリシリコン TFT を直列に接続

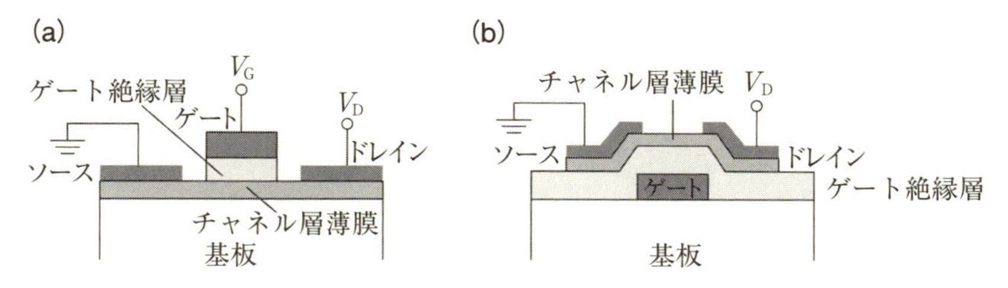

図 6.19　(a)トップゲート型と(b)ボトムゲート型の薄膜トランジスタの模式図．

することでドレイン電圧を1/2にし，リーク電流を抑制している．また，低温ポリシリコンTFTは特性のばらつきが大きいため，複数個のTFTから成る補償回路を画素内に設けなければならない．そのため，1画素当たりのTFTの占める面積が大きくなってしまうため，光の抜ける開口部の面積が小さくなってしまう．

In，Ga，Znの酸化物である$InGaZnO_x$(IGZO)は，その結晶性が多結晶，アモルファスに関係なく，10 cm^2/Vs以上の移動度を示す[10]．この値は，アモルファスシリコンより1桁以上大きいが，低温ポリシリコンの1/10程度である．そのためIGZOをチャネル層に用いたTFTは，低温ポリシリコンTFTよりも駆動電流が小さい．しかし，IGZO-TFTはオフ時のリーク電流が，低温ポリシリコンTFTの1/10000以下であり，液晶ディスプレイに用いた場合，低温ポリシリコンTFTのようにTFTを2個直列に接続する必要がない．そのため，開口部の面積を広くすることができ，結果として，液晶のバックライトの消費電力を抑制できる．このような特長から，近年，IGZO-TFTが液晶ディスプレイに用いられるようになった．また，プラスチック等のフレキシブル基板の上にも作製可能なアモルファスIGZOは，アモルファスシリコンを超える特性を有することから，電子ペーパーや有機ELを使ったフレキシブルディスプレイなどに用いるTFT材料として期待されている．

以上のような背景から，この節では，酸化物半導体をチャネルに用いたTFTの代表例として，すでに実用化されているIGZO-TFTを紹介する．

6.3.2　アモルファス酸化物半導体IGZO

IGZOは，アモルファスシリコンを超える特性を有するアモルファス材料を目指し，Hosonoらにより開発されたn型の酸化物半導体である[10,11]．その開発指針は次の通りである[11]．

長距離秩序のないアモルファスでは，原子(イオン)が様々な角度，距離で結合している．そのようなアモルファスのキャリア輸送を考えると，金属元素の等方的なs軌道が最低非占有軌道(Lowest Unoccupied Molecular Orbital；LUMO)となって伝導帯を形成し，さらに軌道が空間的に大きく広がっていると，移動度が高くなると期待される(図6.20)．そのため，4s，5sまたは6s軌道を持つ金属元素含む酸化物が候補になる．そのような条件を満たす酸化物の

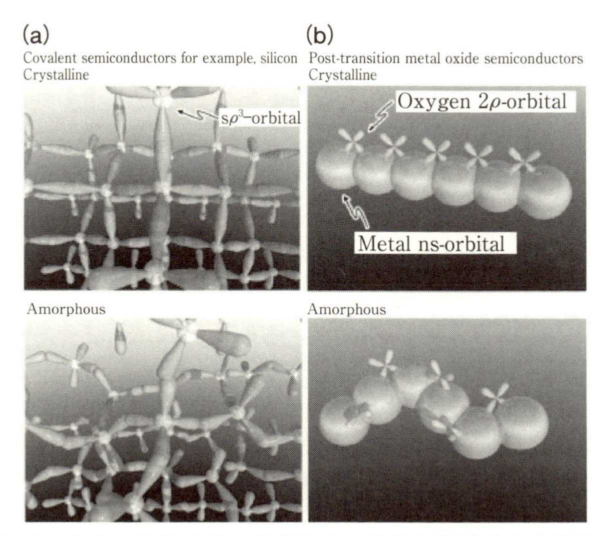

図 6.20 (a)Si と(b)金属元素の等方的な s 軌道が最低非占有軌道となる酸化物の伝導に寄与する軌道の模式図[15]．上は結晶相，下はアモルファス相.

代表例が In_2O_3 である．In_2O_3 に少量の SnO_2 が含まれた複合酸化物である ITO(Indium Tin Oxide)は，太陽電池や液晶ディスプレイなどの透明電極に用いられている透明導電酸化物であり，アモルファスでも 10 cm^2/Vs 以上の移動度を示す．しかし，ITO は酸素欠損を生じやすく，高濃度のキャリアが生成してしまうため，TFT のチャネル材料には適さない．酸素欠損の生成を抑えるためには，金属元素と酸素の結びつきを強くする，すなわち酸素との結合エネルギーが強い金属イオンを選択する必要がある．結合エネルギーが強い金属イオンから成る酸化物半導体としては Ga_2O_3 がある．β 型の結晶構造を持つ β-Ga_2O_3 は 4.9 eV 程度の大きなバンドギャップを有しており，パワーデバイス用のワイドギャップ半導体の候補として研究されている[12]．

上記の開発指針を基に，Hosono らは，高い移動度が期待できる空間的に大きく広がった s 軌道が LUMO となる In_2O_3 や ZnO と，酸素欠損生成の抑制効果がある結合エネルギーが強い Ga_2O_3 を混合することにより，キャリア濃度の制御可能なアモルファス酸化物半導体が得られると考え，In_2O_3-ZnO-Ga_2O_3 の 3 元系酸化物薄膜を系統的に合成した[10,13]．**図 6.21** の

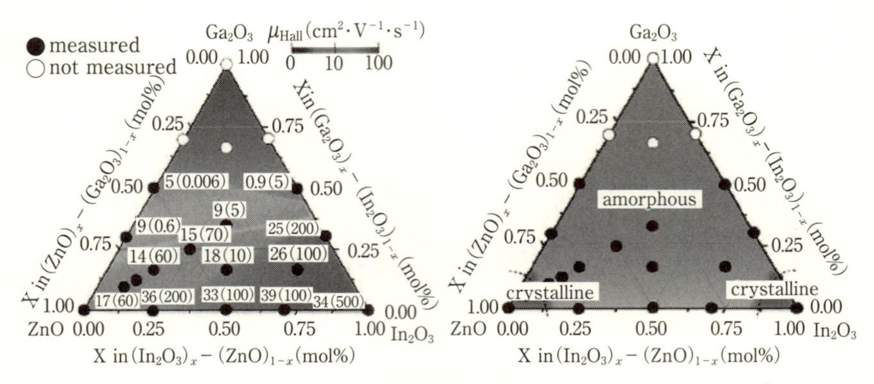

図 6.21　In_2O_3-ZnO-Ga_2O_3 の3元系酸化物薄膜の（左）Hall 移動度（cm^2/Vs）とキャリア濃度（$\times 10^{18}cm^{-3}$：括弧内の数字）の組成比依存性，（右）結晶性の組成比依存[10]．

左の図は，PLD 法により室温でガラス基板上に作製した In_2O_3-ZnO-Ga_2O_3 の3元系酸化物薄膜の Hall 移動度とキャリア濃度の組成比依存性である[10]．上述の予想通り，In の組成比が多い領域で移動度とキャリア濃度が高く，Ga の組成比が増えると移動度，キャリア濃度共に減少している．図 6.21 の右の図は，3元系酸化物薄膜の結晶性の組成比依存である[10]．In_2O_3 と ZnO は，室温で作製しても結晶化した薄膜となり，2元系および3元系酸化物はアモルファス薄膜となっている．

図 6.22 は，高い移動度を持つアモルファス In-Zn-O（a-IZO）薄膜と，In と Ga と Zn の組成比が 1：1：1 のアモルファス In-Ga-Zn-O（a-IGZO）薄膜のキャリア濃度と製膜時の酸素分圧の関係である[10]．Ga を含まない a-IZO 薄膜は，酸素分圧を 10 Pa まで高くしても，キャリア濃度 10^{17} cm^{-3} 程度までしか低減できない．一方，Ga を含む a-IGZO 薄膜は，酸素分圧によりキャリア濃度を広範囲にわたって制御でき，6 Pa 以上にするとキャリア濃度を 10^{15} cm^{-3} 以下まで低減することができる．Hosono らは，このような実験を通して，In と Ga と Zn の組成比がほぼ 1：1：1 の酸化物（IGZO）が，適度に高い移動度を持ち，キャリア濃度を TFT 応用に適した範囲に制御することができる n 型のアモルファス酸化物半導体となることを見出した．

図 6.23（a）は，キャリア濃度（Ne）の異なる a-IGZO 薄膜の伝導率の温度の

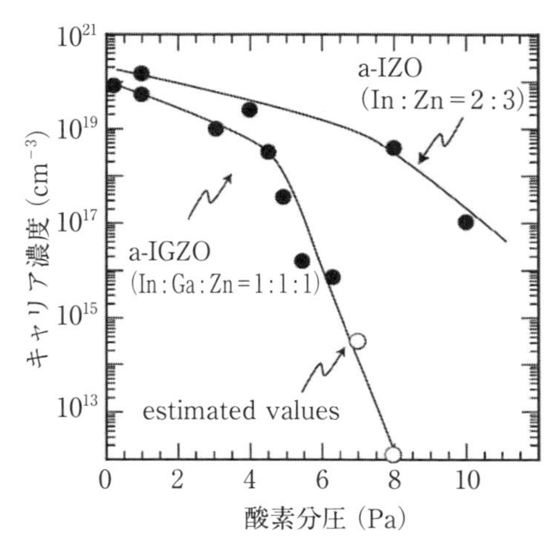

図 6.22 アモルファス In-Zn-O (a-IZO) 薄膜とアモルファス In-Ga-Zn-O (a-IGZO) 薄膜のキャリア濃度と製膜時の酸素分圧の関係[10].

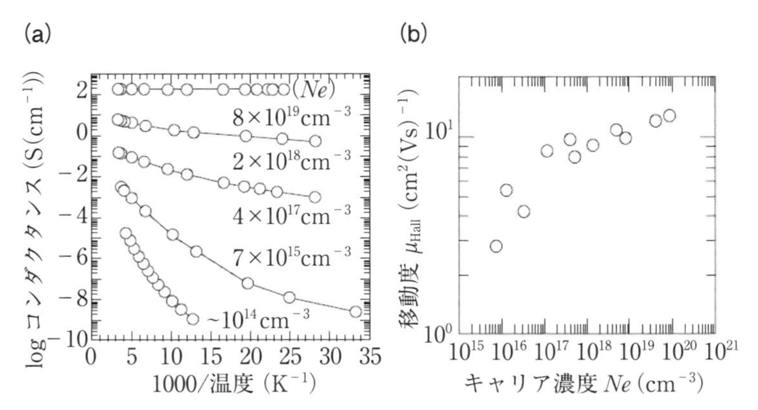

図 6.23 キャリア濃度(Ne)の異なる(a)a-IGZO 薄膜の伝導率の温度依存性[14]. (b)a-IGZO 薄膜の Hall 移動度(μ_{Hall})の Ne 依存性[14].

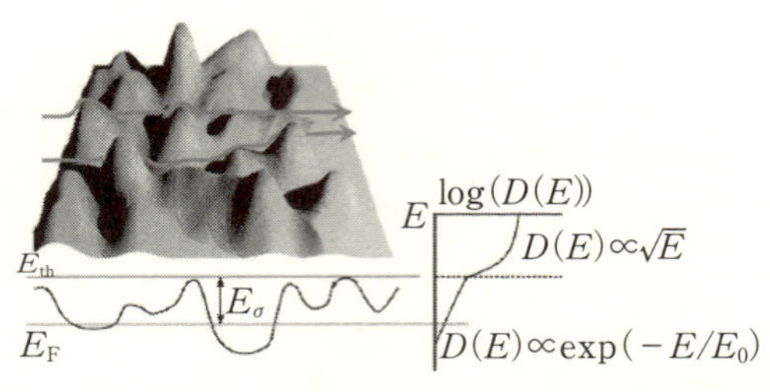

図 6.24　a-IGZO 薄膜のパーコレーション伝導モデルの模式図[10)]

逆数に対する依存性である[14)]．キャリア濃度の低い薄膜は熱活性型に近い特性を示す．キャリア濃度の増加とともに伝導率の温度依存性が小さくなり，キャリア濃度が 8×10^{19} cm^{-3} の薄膜は縮退半導体となっている．図 6.23(b)は，a-IGZO 薄膜の Hall 移動度(μ_{Hall})のキャリア濃度依存性である．キャリア濃度の増加とともに Hall 移動度が増加し，キャリア濃度が 10×10^{19} cm^{-3} 以上で Hall 移動度が 10 cm^2/Vs 以上となっている．この特性は，通常の半導体の単結晶やエピタキシャル薄膜の特性とは異なっている．不純物ドープした半導体では，キャリアはドープされた不純物イオンによりクーロン散乱される．そのため，不純物ドープ量が多く，キャリア濃度の高い領域では，クーロン散乱の影響により，キャリア濃度(＝不純物ドープ量)の増加とともに移動度が低下する．通常の半導体とは異なる a-IGZO の伝導特性の説明として，**図 6.24** の模式図のようなパーコレーション伝導モデルが提案されている[10)]．a-IGZO では，その結晶学的な構造の乱雑性から，伝導帯の下端が空間的に変化しており，キャリア濃度が低い領域では，それがキャリア伝導の障壁となっていると考えられる．その場合，キャリアは障壁の低いところを探して迂回しながら伝導(パーコレーション伝導)する．ここで，キャリア濃度が増加すると，パーコレーション伝導のパスが増える，またはパスが広がるため，移動度が増加する．さらにキャリア濃度が増加し，フェルミレベルが障壁の最大高さ(E_{th})を超えると，E_{th} 以上のエネルギーのキャリアは障壁の影響を受けなくなり，バンド伝導(縮退伝導)を示すようになる．このような伝導機構の変化が，キャリア濃度の増加とともに移動度が増加すると機構と考えられる．

6.3.3　IGZO-TFT

Hosono らは，上述の高い移動度を有する a-IGZO をチャネルに用いて，高性能な透明なフレキシブル TFT を開発した[15]．**図 6.25** は，フレキシブル a-IGZO-TFT の模式図と写真である．基板に PET フィルム，ゲート絶縁層に Y_2O_3，電極に ITO を用いたトップゲート型となっている．**図 6.26** は，フレキシブル a-IGZO-TFT の出力特性と伝達特性である．出力特性に明確なピンチオフ特性が見られ，伝達特性では 10 V のゲート電圧印加により I_D が 2 桁以上増加している．また，曲げ試験(曲げ半径 30 mm)後も，その特性にほとんど劣化が見られない．

図 6.27 は，ガラス基板上に作製した a-IGZO-TFT の伝達特性と出力特性である[16]．オフ時のリーク電流は 10^{-12} A 程度と非常に小さく，I_D のオン・オフ比は 10^7 を超えている．また飽和領域の移動度は 12 cm^2/Vs と，アモルファス Si-TFT よりも 1 桁以上大きい．この小さなリーク電流と，大きな I_D のオン・オフ比は，先に述べた移動度がキャリア濃度ともに増加する a-IGZO 薄膜の特異な伝導特性に起因していると考えられる．

以上のように，a-IGZO をチャネル層とする TFT は，小さなリーク電流と大きな移動度を有しており，このような特長から，先に述べたように IGZO-TFT は液晶ディスプレイに用いられている．しかし，現在，液晶ディスプレイで実用化されている IGZO-TFT のチャネル層は a-IGZO ではなく，CAAC-IGZO(c-axis aligned crystal-IGZO)と呼ばれる結晶化した IGZO が用いられて

Film thicknesses
a-IGZO active layer : 30 nm
Y_2O_3 gate : 140 nm
ITO electrode : 40 nm

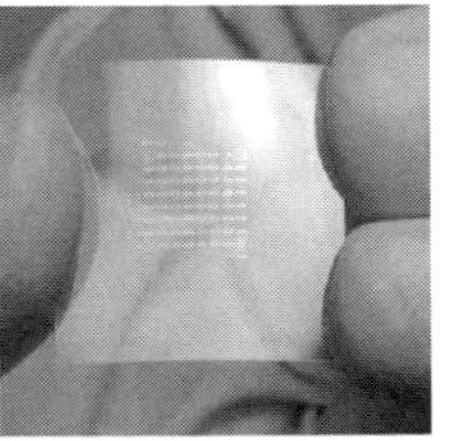

図 6.25　フレキシブル a-IGZO-TFT の模式図(左)と写真(右)[15]．

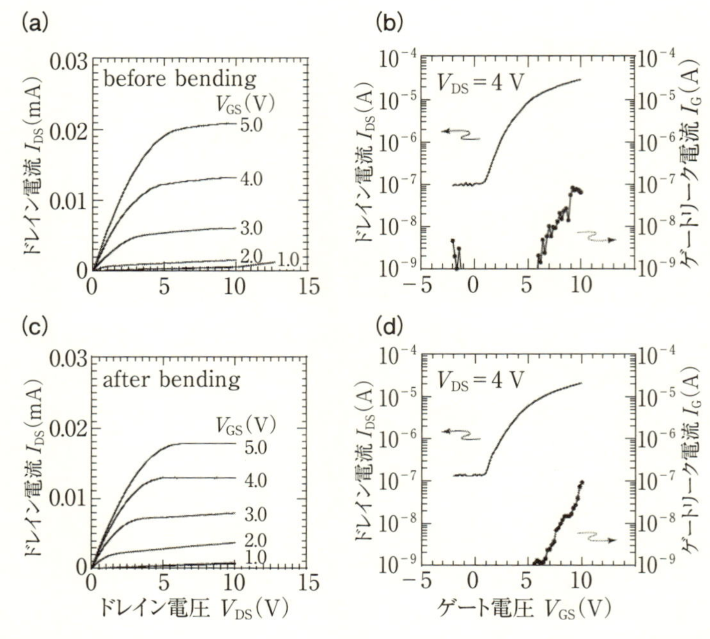

図6.26　曲げ試験前後(before/after bending)のフレキシブル a-IGZO-TFT の出力特性(左)と伝達特性(右)の比較[15].

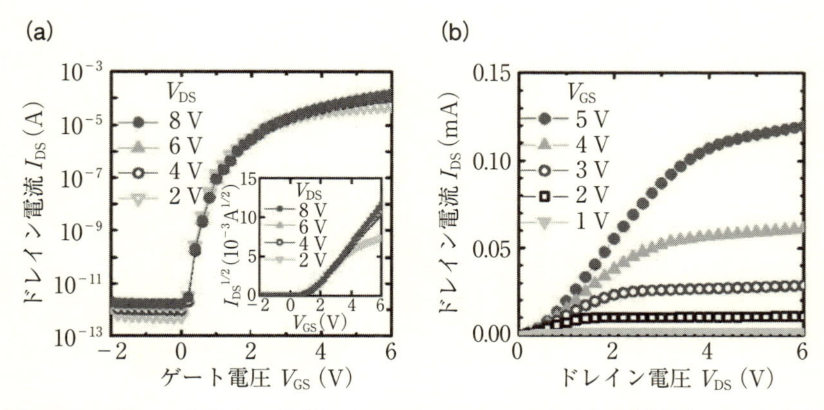

図6.27　ガラス基板上に作製した a-IGZO-TFT の(a)伝達特性と(b)出力特性[16].

いる(半導体エネルギー研究所とシャープ(株)が開発). 一方, 有機 EL ディスプレイなどのフレキシブルディスプレイには, プラスチックなどのフレキシブル基板の上に低温で作製可能な a-IGZO の方が適しており, a-IGZO-TFT の実用化が期待されている.

6.4　強相関酸化物電界効果トランジスタ

6.4.1　モット絶縁体と金属-絶縁体転移

本章でこれまで紹介してきた FET のチャネル材料は半導体である. 半導体では, 材料中の電子の数は材料を構成する原子の数よりも少なく, 電子は空間的に広がった波動として扱うことができる. 一方, 電子の濃度が高くなり, 原子 1 個当たりほぼ 1 個の電子が存在するような状況になると, 電子同士の間に働くクーロン斥力が顕著になり, 電子は原子の周りに局在化し, 粒子としての特徴が現れてくる. このような電子の状態を強相関電子と呼び, 電子が局在化することにより伝導性を失った絶縁体をモット絶縁体(または強相関絶縁体)と呼ぶ.

ここで, 通常のバンド絶縁体とモット絶縁体の違いを説明するため, **図 6.28** のような原子 1 個当たり 1 個の軌道だけを持った単純なモデルを考える. パウリの排他原理により, フェルミ粒子である電子は量子状態である軌道に二つ以上入ることはできない. したがって, 原子 1 個当たり 2 個の電子が存在す

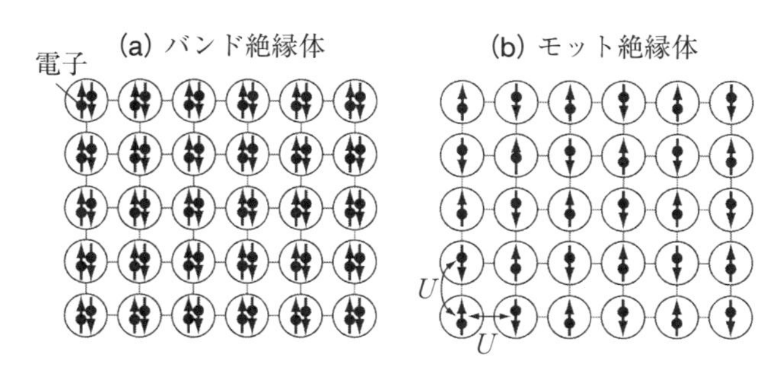

図 6.28　原子 1 個当たり 1 個の軌道だけを持った単純なモデルで表した(a)バンド絶縁体と(b)モット絶縁体.

る場合，原子1サイトに上向きスピンを持った電子1個と下向きスピンを持った電子1個の合計2個の電子が入ることになる．このような軌道が完全に埋まった状態では，電子は原子サイト間を移動できないため，絶縁体になる．また上向きと下向きスピンの電子が対を形成しているため，磁性を持たない．これが通常のバンド絶縁体である．

次に，原子1個当たり1個の電子が存在する場合を考える．この場合，通常であれば，電子は原子サイト間を飛び移りながら移動できるため，金属になる．ここで，電子が飛び移り，原子1サイトに電子2個が入った状態になると，電子同士にクーロン斥力(U)が働くことになる．このUが，電子の飛び移る頻度を表す電子トランスファー積分(t)よりも大きい場合，電子は飛び移れなくなり(局在化し)，絶縁体になってしまう．このような状態がモット絶縁体である．このとき，局在化した電子の間には交換相互作用が働き，隣り合う原子サイト間でスピンの向きが逆向きになるように整列した反強磁性になる場合が多い．

粒子としての特徴が現れた強相関電子系では，電子の持つ電荷に加えてスピンや軌道も，材料の物性の決定する重要な要素となってくる．特に，モット絶縁体にキャリアをドープしたり，磁場，電場，光，圧力といった外場の刺激を与えたりすることにより，電子に波動性が生じ，非局在化が始まる際，電荷，スピン，軌道の自由度が複雑に絡みあった多彩な物性が発現する．その代表例が銅酸化物の高温超伝導やマンガン酸化物の超巨大磁気抵抗効果(CMR)である．

このような物性の発現に加え，強相関電子の局在から非局在への変化は，伝導特性の大きな変化，すなわち金属-絶縁体転移を引き起こす．これをモット転移と呼ぶ．このモット転移と通常の半導体の金属-絶縁体転移の違いは，モット転移の前後でバンド構造が劇的に変化する点である．半導体の金属-絶縁体転移では，キャリアをドープすると，バンドギャップ中にあったフェルミレベルが伝導帯または価電子帯の中に移動することで，伝導特性が熱活性型(絶縁体または半導体)から縮退型(金属)へと変化する．このとき，キャリアのドープに対して，バンドギャップはほとんど変化しない．一方，モット転移では，第3章の図3.22に示すように，絶縁体から金属へと相転移する際にバンドギャップが消失する．

6.4.2 モット FET

上述のような強相関電子系のモット転移と，それに伴う多彩な物性の発現をデバイス機能に応用しようとする新しい電子技術が，強相関エレクトロニクスである．強相関エレクトロニクスの最も代表的なデバイスが，強相関電子系材料，特に強相関酸化物をチャネル材料に用いた強相関酸化物 FET である[17,18]．強相関酸化物 FET は，強相関酸化物の絶縁体であるモット絶縁体をチャネルに用い，電界効果により金属-絶縁体転移であるモット転移を引き起こしてスイッチ機能を実現することから，モット FET と呼ばれている*2.

モット FET の基本的な動作原理は，ゲート絶縁層と強相関酸化物チャネルの界面にキャリアが蓄積されたことによる，バンドの電子の充填率の変化が引き起こす，いわゆるフィリング制御モット転移を利用している．原子 1 サイト当たり 1 個の電子が存在し，その電子が縮退の解けた軌道に入った典型的なモット絶縁体を考える(**図 6.29**)．ここで，電子を 1 個引き抜くと，空の軌道を持った原子サイトが生じる．このような原子サイトが生じると，隣りの原子サイトに局在化している電子は，この原子サイトに飛び移ることができるよう

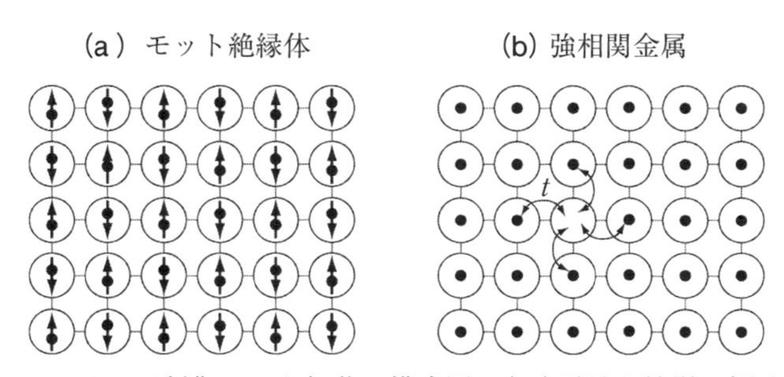

図 6.29 フィリング制御モット転移の模式図．(a)電子が縮退の解けた軌道に入った典型的なモット絶縁体．(b)電子が抜けた空の軌道を持った強相関金属．

---

*2 厳密には，強相関酸化物の金属-絶縁体転移にはモット転移ではないものも含まれているが，酸化物エレクトロニクスの分野では強相関酸化物をチャネルとする FET を総称してモット FET と呼んでいる．

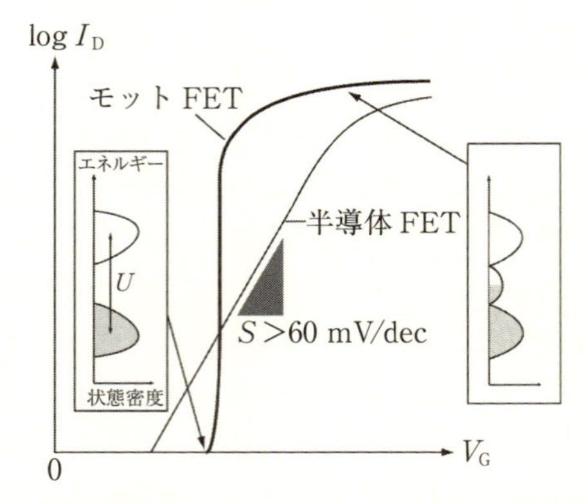

図 6.30　通常の半導体 FET とモット FET の伝達特性の比較.

になるため，電子が非局在化し，モット転移が発現する.

このバンドギャップが消失するモット転移を利用したモット FET は，バンドベンディングを利用した通常の半導体を用いた FET と動作原理が全く異なっており，半導体 FET の限界を突破するゲームチェンジングテクノロジーの候補として期待されている．その機能の一つが，通常の半導体 FET の S 値の限界(室温；～60 mV/dec)の突破である．上述のような理想的な系では，電子を 1 個取り除く(または 1 個加える)だけでモット転移が発現することになる．モット FET で，このような理想的なフィリング制御モット転移が実現できると，ごく小さなゲート電圧の印加により，ドレイン電流が大きく変化することになり，S 値は半導体 FET の限界値より大幅に小さくなると期待できる(**図 6.30**)．また，モット転移に伴う高温超伝導，超巨大磁気抵抗，強磁性などの発現は，半導体 FET では実現できない新たなデバイス機能の創出につながると期待されている.

上述のような応用面に加え，モット FET は強相関物理の観点からも大変興味深い研究対象となってきた．通常，強相関電子系材料のフィリング制御には，不純物ドープの手法が用いられる．この場合，不純物ドープは結晶格子の変化も同時に引き起こしてしまう．一方，FET は結晶格子の変化なしにフィリング制御が可能であることから，フィリング制御モット転移の本質的な物理を解明するのに有効なツールになると期待されている.

上述のようなデバイス機能の創出と物性研究の有効な手段となると期待されているモット FET であるが，その実現には解決しなければならない技術的課題がある．その一つが，ゲートが制御できるキャリア密度の問題である．理想的なモット絶縁体では電子を1個取り除く(加える)だけでモット転移が発現するが，実際の材料では欠陥や構造の乱れ，電子・格子結合などにより，電子は容易に局在してしまう．そのため，モット転移を引き起こすには大量の電子を取り除く(加える)必要がある．例えば，銅酸化物超伝導体や CMR マンガン酸化物では 10^{21} cm^{-3} 以上のキャリア(電子またはホール)が必要である．このキャリア密度をチャネル表面の数 nm に蓄積すると仮定すると，モット転移に必要なキャリアの面密度は 10^{14} cm^{-2} 以上と見積もられる(**図 6.31**)[17]．しかし，high-k 材料の HfO_2 などをゲート絶縁膜に用いた場合でも，絶縁破壊電界のため，チャネル表面に蓄積できるキャリア密度は 10^{14} cm^{-2} 程度が限界であり，モット転移を引き起こすのに十分なキャリア密度を得ることは難しい．キャリア密度の問題以外にも，FET 動作を実現するためには欠陥などのキャリアのトラップ準位が少ないゲート絶縁膜-強相関酸化物チャネル界面を作製する必要がある．

このような問題を解決する手段として，HfO_2 などの high-k 材料よりも1桁大きな誘電率を有する $SrTiO_3$ や，強誘電体の $BaTiO_3$ や Pb(Zr, Ti)O_3(PZT) などをゲート絶縁膜に用いたモット FET が作製されている．これらの材料は

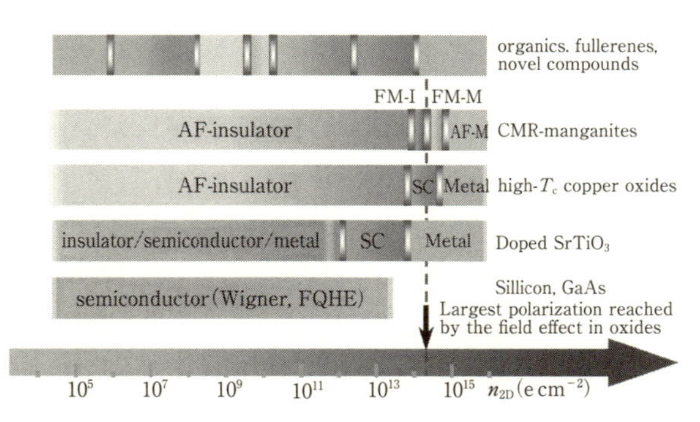

図 6.31　有機導体，巨大磁気抵抗(CMR)マンガン酸化物，銅酸化物超伝導体，$SrTiO_3$，半導体(Si, GaAs)の基底状態の面キャリア密度依存性[17]．SC は超伝導，AF は反強磁性，FM は強磁性．

大量のキャリアを蓄積できるポテンシャルを有していることに加え，銅酸化物超伝導体やCMRマンガン酸化物と同じペロブスカイト型構造であることから，欠陥密度の少ないエピタキシャル界面を作製できるという利点がある．他の解決手段として，イオン液体などの電解質をゲート絶縁層に用いた電気二重層トランジスタ(Electric-Double-Layer Transistor；EDLT)が作製されている．EDLTにゲート電圧を印加すると，電解質とチャネルの界面には巨大な静電容量を有する電気二重層が形成し，これによりhigh-k材料をゲート絶縁膜に用いた場合と比べ，10倍以上の密度のキャリアを蓄積することができる．また，固液界面であるEDLTのゲート絶縁膜-強相関酸化物チャネル界面は，通常の固体ゲートの場合よりトラップ準位が大幅に少ないと予想される．

ここでは，$SrTiO_3$と強誘電体をゲート絶縁膜に用いた固体ゲートのモットFETと，EDLTの研究例を紹介する．

6.4.3　$SrTiO_3$ゲートモットFET

FETにおいて，チャネル表面に蓄積できるキャリアを増やす方法は，ゲートの静電容量を大きくし，大きなゲート電圧を印加することである．ゲートの静電容量を大きくするには，誘電率の大きな材料をゲート絶縁膜に用い，その膜厚を薄くすればよい．しかし，high-kゲート絶縁膜で述べたように，膜厚を薄くするとリーク電流の増加や絶縁破壊電圧の低下をまねき，大きなゲート電圧を印加できなくなるため，静電容量を大きくするには誘電率の大きな材料を用いることのほうが有効である．表6.1に示したように，$SrTiO_3$は室温で他のhigh-k材料よりも1桁高い約300の比誘電率を有している．さらに，極低温になると比誘電率は20,000以上にまで増加する[19]．このような高い比誘電率を有する$SrTiO_3$は，FET動作に大量のキャリア蓄積が必要なモットFETのゲート絶縁膜に適している．特に，極低温で比誘電率が増大し，蓄積できるキャリア量が増加することから，銅酸化物超伝導体の超伝導転移の制御を目指したFETのゲート絶縁膜に用いられてきた．

$SrTiO_3$をゲート絶縁膜に用いたFETによる銅酸化物超伝導体の超伝導転移の制御は，Mannhartらにより最初に実現された[20]．**図6.32**は，Mannhartらが作製した$YBa_2Cu_3O_{7-\delta}$(YBCO)をチャネルとするFETの模式図と，その動作特性である．縮退半導体のNbドープ$SrTiO_3$基板の上にゲート電極の

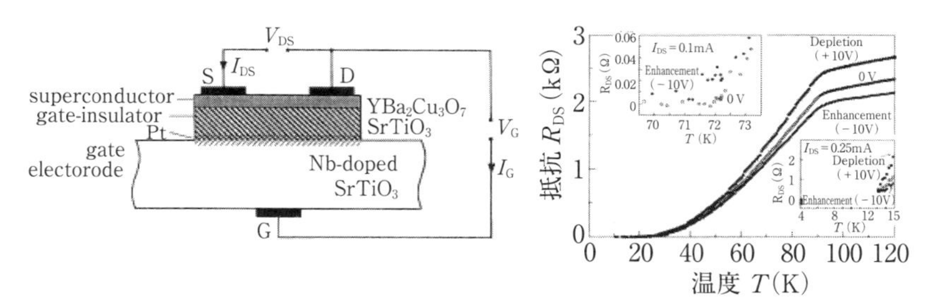

図 6.32 $SrTiO_3$ をゲート絶縁膜に用いた $YBa_2Cu_3O_{7-\delta}$(YBCO)チャネル FET の模式図と動作特性[20].

Pt を 2-5 nm を製膜した後，500 nm の $SrTiO_3$ ゲート絶縁膜，7 nm の YBCO チャネルを積層した構造となっている．ゲートに +10 V を印加すると，キャリアのホールが減少するため，チャネル抵抗が増加し，わずかであるが T_C が低下している．一方，−10 V のゲート電圧を印加するとホールが増加するため，チャネル抵抗が減少し，T_C がわずかに上昇している．−10 V のゲート電圧を印加した際の常伝導状態の抵抗値は，+10 V のゲート電圧を印加した場合と比べ約 24% 減少している．キャリアの移動度がゲート電圧に依存せず一定と仮定した場合，この常伝導状態の抵抗値の変化量はキャリア(ホール)密度の変化量と見なすことができる．ここで，YBCO チャネルのキャリア量を 10^{21} cm^{-3} 程度と仮定すると，±10 V のゲート電圧印加によるキャリア量変化は約 2.4×10^{20} cm^{-3} となり，この値と膜厚の積から単位面積当たりキャリア変化量は約 1.7×10^{14} cm^{-2} と見積もられる．この値から，$SrTiO_3$ ゲート絶縁膜の比誘電率は約 760 と見積もられ，この値は 100-200 K の $SrTiO_3$ の比誘電率と同程度である．

Newns らは，FET による銅酸化物超伝導体の抵抗値(ドレイン電流)のさらに大きな変化を報告している．**図 6.33** は，Newns らが作製した $Y_{1-x}Pr_xBa_2Cu_3O_{7-\delta}$ をチャネルとする FET の模式図と，室温における出力特性である[21]．この出力特性の測定では，ゲート電圧を +10 V から −12 V まで 2 V 間隔で変化させており，そのときにドレイン電流の ON/OFF 比は約 10^4 であると報告されている[22]．この大きなドレイン電流の変化は，キャリア蓄積により $Y_{1-x}Pr_xBa_2Cu_3O_{7-\delta}$ チャネルにモット転移が起き，絶縁体から

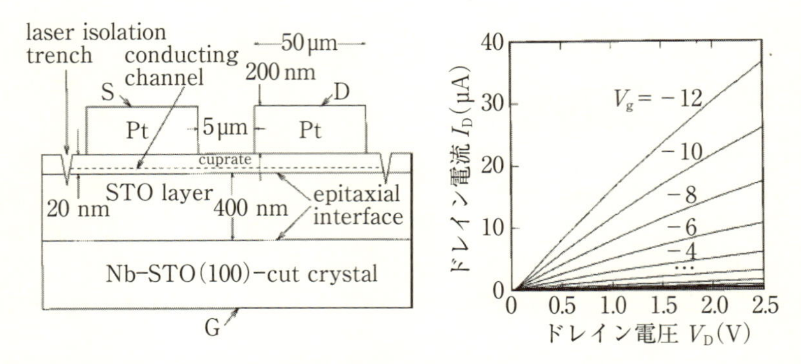

図 6.33　$SrTiO_3$をゲート絶縁膜に用いた$Y_{1-x}Pr_xBa_2Cu_3O_{7-\delta}$チャネル FET の模式図と室温における出力特性[21)].

金属へと変化したためと説明されている．しかし，$SrTiO_3$の室温の比誘電率(約 300)とゲート電圧 −12 V から見積もられるチャネル表面に蓄積される単位面積当たりのキャリア密度は5×10^{13} cm^{-2}程度であり，モット転移を引き起こすのに必要なキャリア密度に達していない．$SrTiO_3$は酸素欠損の生成により n 型半導体になることから，ゲート絶縁膜作製時に酸素欠損が生じ，それによりゲートリークが発生してしまうことがある．そのため，$SrTiO_3$系材料をゲート絶縁膜に用いた FET では，常に，リーク電流がソース-ドレイン抵抗(または電流)に影響を与えている可能性を考慮する必要がある．

6.4.3　強誘電ゲートモット FET

強誘電体をゲート絶縁膜に用いた強誘電ゲート FET は，高い密度のキャリア蓄積と，ゲートリークがチャネルのソース電流に与える影響の排除を同時に実現できる可能性を持った素子である．強誘電ゲート FET では，ゲート電圧を印加することにより，強誘電ゲートの分極を反転させ，それによりチャネル界面のキャリア密度を変化させる．$BaTiO_3$や PZT などの強誘電体のバルクは，室温で 20 μC/cm^{2}以上の自発分極を有しており，これは1.25×10^{14} cm^{-2}以上のキャリア密度に相当する．また，ゲート電圧をゼロに戻しても強誘電ゲートの分極の向きと大きさは保持されるため，ゲート電圧を印加していない状態で，ゲート電圧印加の履歴に対応したドレイン電流の変化を測定すること

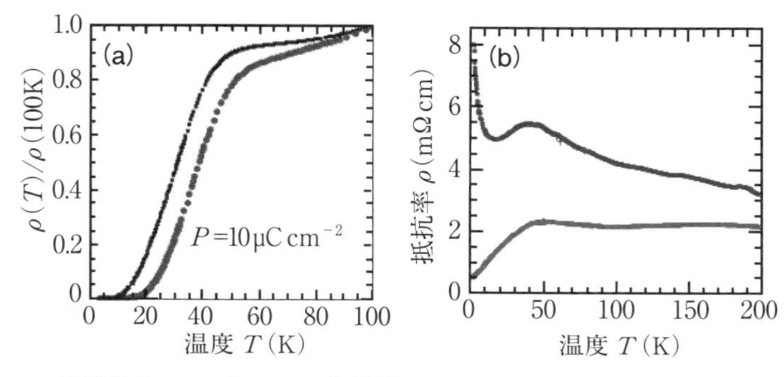

図 6.34 強誘電体 PZT をゲート絶縁膜に用いた $GdBa_2Cu_3O_{7-\delta}$(GBCO)チャネル FET のチャネル抵抗の温度依存性[17]．(a)は GBCO チャネルの初期状態のキャリア密度が約 2×10^{21} cm^{-3}，(b)は約 7×10^{20} cm^{-3}．(a)はチャネル抵抗を 100 K のチャネル抵抗で規格化．(b)は磁場 1T を印加した状態で測定．

ができる．したがって，ゲート電圧を印加しない状態で，分極反転によるキャリア蓄積の効果を測定できるため，ゲートリークの影響を排除することができる．

このような強誘電ゲート FET の特性を利用して，Ahn らは FET による銅酸化物超伝導体の超伝導転移の制御を実証した[23]．Ahn らは，$SrTiO_3$(001)基板上にバッファー層として膜厚 7.2 nm の(001)配向した $PrBa_2Cu_3O_{7-\delta}$ のエピタキシャル膜を製膜した後，チャネル層の超伝導体 $GdBa_2Cu_3O_{7-\delta}$(GBCO)のエピタキシャル膜を 2 nm 積層し，その上に 300 nm の PZT エピタキシャル薄膜を積層して強誘電ゲート FET を作製した．ここで，$PrBa_2Cu_3O_{7-\delta}$ は超伝導を示さない絶縁体(半導体)である．また，作製した PZT 強誘電ゲートの自発分極はバルクよりも小さく約 10 μC/cm^2 である．**図 6.34**(a)は，ホール測定により見積もったキャリア密度が約 2×10^{21} cm^{-3} の GBCO チャネル FET のチャネル抵抗の温度依存性である．小さい点は PZT の分極が GBCO チャネルの方を向き，ホールであるキャリア密度が減少した状態，大きい点は分極がゲート電極の方を向き，キャリア密度が増加した状態である．キャリア密度の増加により T_C の変化が観測されている．しかし，自発分極の大きさから見積もられる分極反転によるキャリア密度の変化は，超伝導–常伝導転移を

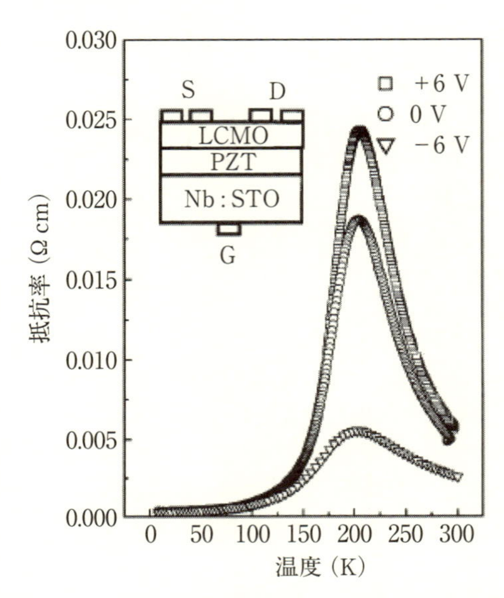

図 6.35　強誘電体 PZT をゲート絶縁膜に用いた(La, Ca)MnO_3(LCMO)チャネル FET のチャネル抵抗の温度依存性[24]．

引き起こすのに必要なキャリア密度変化よりも小さいため，超伝導-常伝導転移は観測されていない．図 6.34(b)は，キャリア密度が約 7×10^{20} cm^{-3} の GBCO チャネル FET のチャネル抵抗の温度依存性である．このキャリア密度は超伝導-常伝導転移の近傍に位置している．そのため，この素子では PZT の分極反転によるキャリア密度の変化により，超伝導-常伝導転移を観測できている．

銅酸化物超伝導体の他にも，CMR マンガン酸化物をチャネル層とする強誘電ゲート FET も作製され，大きなチャネル抵抗の変調が実証されている．**図 6.35** は，Wu らが作製した(La, Ca)MnO_3(LCMO)をチャネルとする PZT 強誘電ゲート FET のチャネル抵抗の温度依存性である[24]．抵抗率が極大となる強磁性転移温度付近において，分極反転により約 76% の抵抗率の変化が観測されている．しかし，この場合も PZT の分極反転により制御できるキャリア密度が小さいため，PZT の分極反転により金属-絶縁体転移を観測できていない．

先に述べたように，$SrTiO_3$ や強誘電体等の固体ゲート絶縁膜は，モット転移などの電子相転移を引き起こすことが可能なキャリア密度をチャネル表面に蓄積できるポテンシャルを有しているが，実際に作製された素子で制御できるキャリア密度は理想的な場合よりも大幅に小さい．その原因は，$SrTiO_3$ ゲート絶縁膜の場合は酸素欠損などの生成による電流リークと誘電率の低下であり，強誘電体ゲート絶縁膜の場合も欠陥の生成による自発分極の減少などである．そのため，制御できるキャリア密度の範囲内で電子相転移が起きるよう，あらかじめチャネル層の化学組成や酸素欠損量を調整し，キャリア密度を電子相転移が起きるぎりぎりの値に調整するなどの工夫がなされてきた．しかし，図 6.34(b)に示した GBCO チャネル FET のように，そのような工夫を行っても，強相関酸化物の電子相転移から期待される劇的な伝導特性の変化を実現することは困難であり，固体ゲート絶縁膜を用いて実用レベルのモット FET を実現するためには新たな技術の開発が必要である．

6.4.4 電気二重層トランジスタ

2000 年以降，FET で制御できるキャリア密度の範囲を広げ，強相関材料の電子相転移による劇的な物性変化を実現する技術として用いられるようになったのが，電気二重層トランジスタ(EDLT)である[25]．先に述べたように，EDLT は誘電体膜の代わりにイオン液体などの電解質をゲート絶縁層に用いた構造の FET である(**図 6.36**)．ゲート電圧を印加すると，その電圧の極性に対応して，電解質中の陽イオンまたは陰イオンが電解質とチャネルおよびゲート電極の界面に移動して電気二重層を形成する．EDLT では，この電気二重層がゲートの実効的なキャパシタとして働き，チャネル表面に蓄積できるキャリア密度は電気二重層の静電容量により決まる．電気二重層の典型的な厚さは 1 nm 程度と非常に薄いため，静電容量と印加される電界は非常に大きいものとなる．**図 6.37** は，有機半導体のルブレン単結晶と種々のイオン液体を組み合わせて作製した EDLT の静電容量の周波数依存性であり，周波数の低い領域では $10\ \mu F/cm^2$ を超える大きな静電容量を持つイオン液体があることがわかる[26]．この静電容量は，2 V のゲート電圧印加により面密度 10^{14}-$10^{15}\ cm^{-2}$ のキャリアを蓄積できることになる．また，ZnO などの酸化物半導体をチャネルとする EDLT においても同程度の静電容量が報告されて

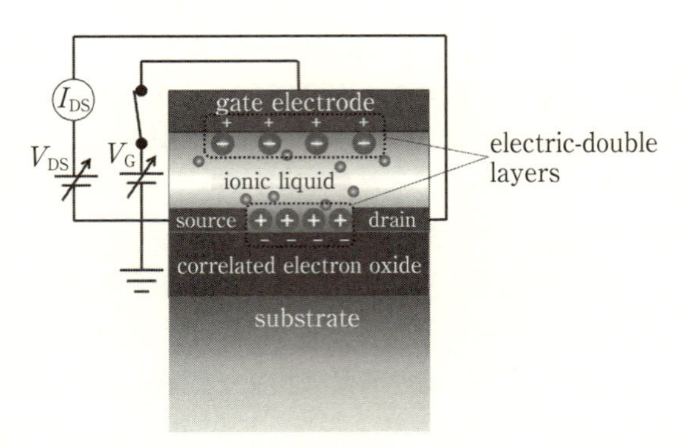

図 6.36　イオン液体を用いた電気二重層トランジスタ(EDLT)の模式図.

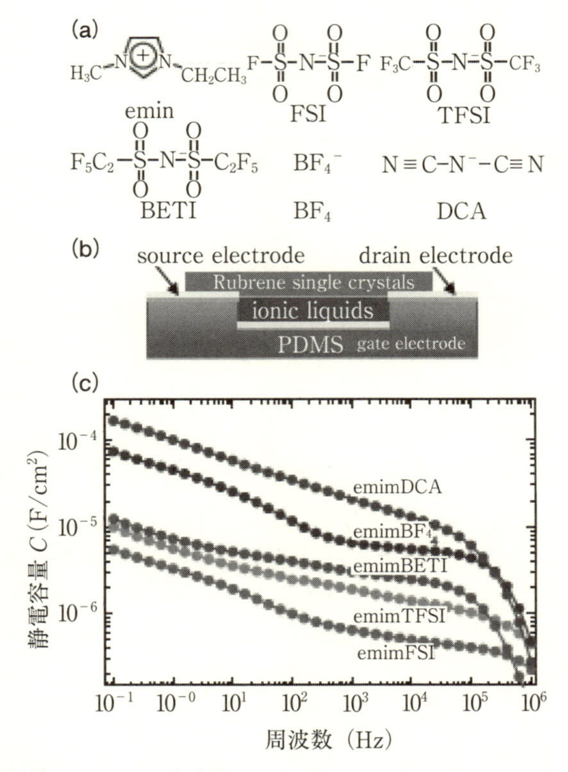

図 6.37　(a)種々のイオン液体(emimFSI, emimTFSI, emimBETI, emim BF_4, emimDCA)の分子構造, (b)有機半導体のルブレン単結晶とイオン液体からなる EDLT の模式図, (c)EDLT の静電容量の周波数依存性[26].

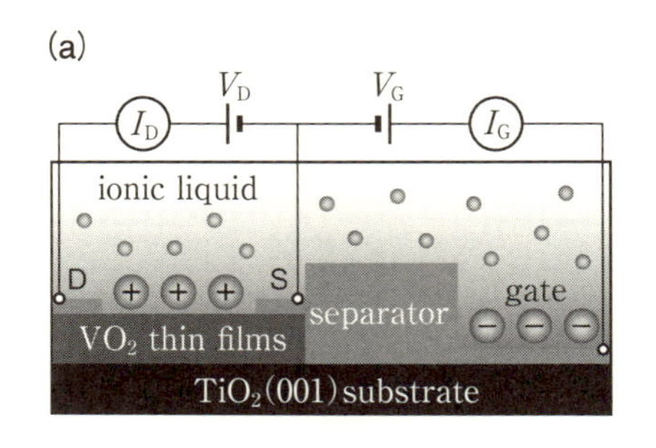

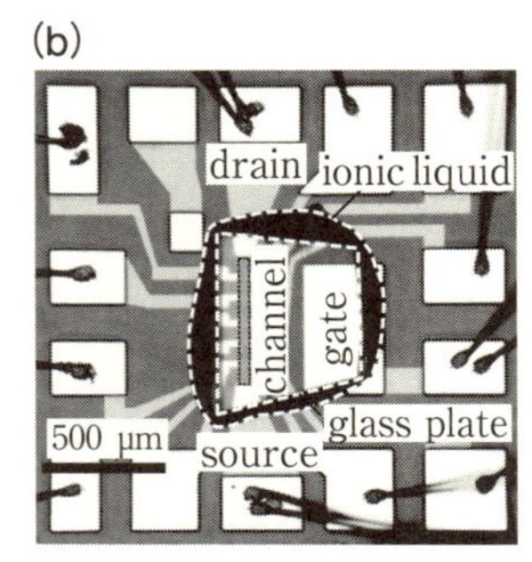

図 6.38 VO_2 チャネル EDLT の（a）断面模式図と（b）写真[35]．イオン液体は DEME-TFSI を使用.

おり，EDLT の大きな静電容量はチャネル材料に依存しない普遍的な特性である[27]．

強相関酸化物の電子相転移を引き起こすのに十分なキャリア密度が得られる EDLT により，銅酸化物超伝導体[28, 29, 30]，CMR マンガン酸化物[31, 32]，温度変化に対して金属-絶縁体転移を示すペロブスカイト型ニッケル酸化物[33, 34]や二酸化バナジウム（VO_2）[35, 36, 37, 38]などの強相関酸化物の電子相転移の制御が実証されている．ここでは，室温より高い 341 K で金属-絶縁体転移を示し，応用上も有用である VO_2 をチャネルに用いた EDLT について紹介する．

図 6.38 は，Nakano らが最初に VO_2 の金属-絶縁体転移の制御に成功した EDLT の断面模式図と素子の写真である[35]．この素子はゲート電極が VO_2 チャネルと同じ平面内に配置された構造となっており，ゲート電極と VO_2 チャネルの両方をイオン液体が覆っている．**図 6.39** は，膜厚 10 nm の VO_2 チャネル EDLT のチャネルの面抵抗の温度依存性である．正のゲート電圧を印加するとチャネル表面に電子が蓄積され，VO_2 のキャリア密度が上昇し，それにより金属-絶縁体転移温度（T_{MI}）が低温へとシフトし，低温絶縁相の面抵抗が低下している．ゲート電圧が 0.8 V 以上になると，金属-絶縁体転移は完全に消失し，低温まで金属相が安定化されている．ここで注目すべきは，T_{MI} の低温へのシフトが金属-絶縁体転移の大きなブロードニングを伴っていない点である．通常の半導体チャネルの FET では，チャネル表面近傍だけにキャリアが蓄積される．VO_2 チャネルにおいても同様にチャネル表面近傍だ

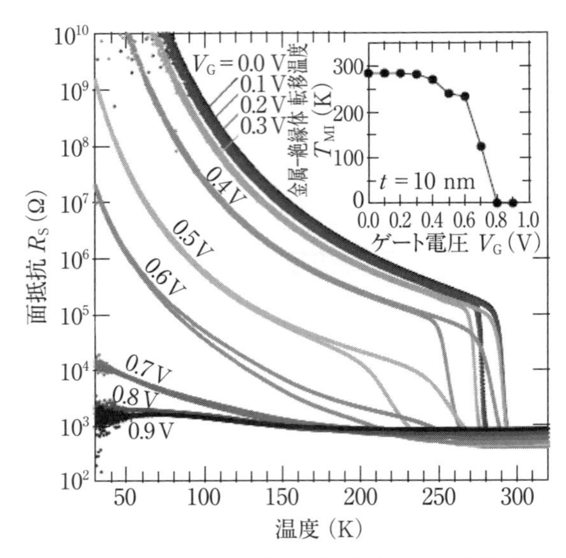

図 6.39　VO_2 チャネル EDLT の面抵抗の温度依存性．挿入図は，金属-絶縁体転移温度(T_{MI})のゲート電圧依存性[35]．

けにキャリアが蓄積されているとすると，表面近傍から薄膜内部(バルク)に向かって T_{MI} が空間的に変化することになり，金属-絶縁体転移はブロードになると考えられる．しかし，そのようなブロードニングが観測されていないことから，T_{MI} の低温へのシフト，すなわち電子状態の変化がチャネルの膜厚方向全体にわたっていると考えられる．これは光学特性の測定からも観測されている．**図 6.40** は，膜厚 50 nm の VO_2 チャネル EDLT における VO_2 チャネルの透過率のゲート電圧依存性である[36]．正のゲート電圧の印加により，赤外線領域(長波長領域)の透過率が大きく減少している．この結果は，VO_2 チャネル全体が絶縁相から金属相へと変化してバンドギャップ(0.6-0.7 eV)が消失し，VO_2 チャネルが赤外線を吸収するようになったためである．また，この結果は，膜厚方向に少なくとも 50 nm まで電子相が変化していることを意味している．

この他にも VO_2 チャネル EDLT は，通常の半導体の FET には見られない特性を示すことが報告されている．その一つが不揮発なチャネル抵抗(ドレイ

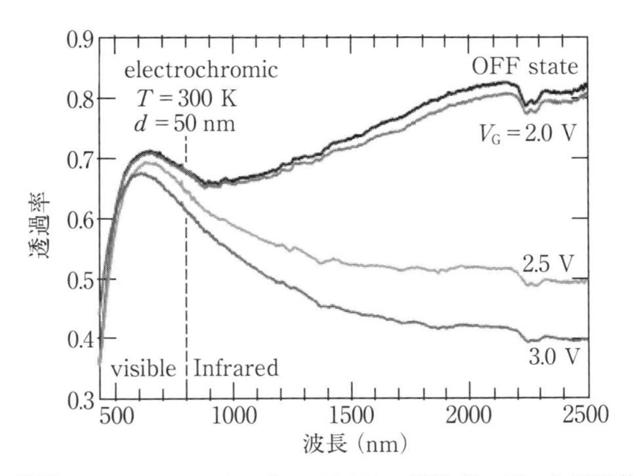

図 6.40　膜厚 50 nm の VO_2 チャネル EDLT の透過率のゲート電圧依存性[36].

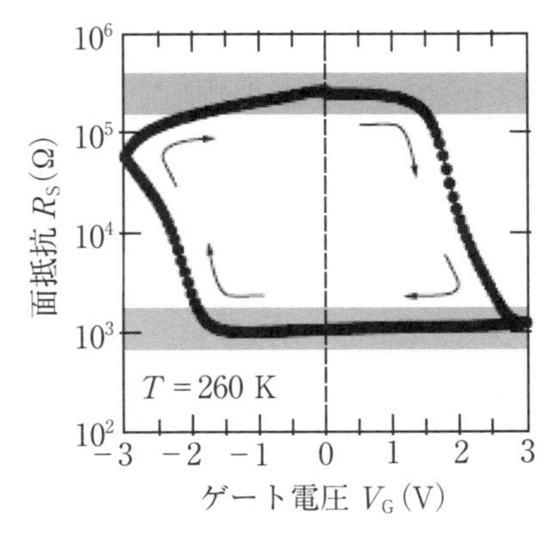

図 6.41　260 K で測定した VO_2 チャネル EDLT の面抵抗のゲート電圧依存性[35].

ン電流)の変化である．**図 6.41** は，260 K で測定した VO_2 チャネル EDLT のチャネルの面抵抗のゲート電圧依存性(伝達特性)である[35]．VO_2 チャネルの面抵抗がゲート電圧に対してヒステリシスを示し，ゲート電圧ゼロにおいて不揮発な変化となっていることがわかる．第 2 章で述べたように，VO_2 の金属-

絶縁体転移は，バンドが半分満たされた正方晶（ルチル構造）の高温金属相から，バンドギャップが開いた単斜晶の低温絶縁相への構造相転移を伴っている．この構造相転移は体積変化を伴うことから，一次相転移である．そのため，不揮発なチャネル抵抗の変化は，この一次相転移との関連が議論されている．また，電子相の変化がチャネルの膜厚方向全体にわたっているメカニズムも構造相転移の観点から議論されており，それは次のようなものである．正のゲート電圧を印加すると，VO_2 チャネル表面に大量のキャリアが蓄積され，表面近傍で電子状態と結晶構造の変化が起きる．結晶構造の変化はチャネル薄膜に歪を与え，それが引き金となってチャネル薄膜内部に電子状態と結晶構造の変化が伝搬していくことで，最終的にチャネル薄膜全体の電子状態と結晶構造が変化する．これは，電子の電荷・スピン・軌道，格子等の複数の自由度が強く結合した強相関電子系の特徴を取り入れたモデルである．

一方で，EDLT による電子相制御のメカニズムについては，電界による静電的なキャリア蓄積の他に，電気二重層の巨大な電界により引き起こされる化学反応も指摘されている[37, 38]．Parkin らは，VO_2 チャネル EDLT で観測される不揮発なチャネル抵抗の変化がイオン液体を取り除いた後も保持されることを報告している[37]．さらに，初期状態と正のゲート電圧印加後に金属相となった VO_2 チャネルの XPS 測定と，酸素同位体（^{18}O）を使った SIMS 測定により，金属相となった VO_2 チャネルには酸素欠損が生じていることを示した．これらの結果から，電気二重層の巨大な電界により酸素イオン（O^{2-}）が VO_2 からイオン液体へと移動し，VO_2 に酸素欠損が生じたことが，電子相変化のメカニズムであると説明している．この他にも，イオン液体中に残留している酸性物質またはアルコールなどが分解して生成した水素イオン（H^+）が，電界によって酸化物中に挿入されることにより，酸化物が電子ドープされることも報告されている[38]．

以上のように，EDLT による酸化物チャネルのキャリア密度制御のメカニズムについては議論が続いており，その解明にはさらなる研究が必要である．そのような課題が残されているものの，一方で，キャリア密度を広範囲に制御可能な EDLT は，新現象・新機能探索の強力なツールとなっている．その具体例の一つが，$KTaO_3$ の超伝導である[39]．Ueno らは，$KaTO_3$ をチャネルとする EDLT を作製し，$KaTO_3$ に電子ドープすると，T_C が約 50 mK の超伝導

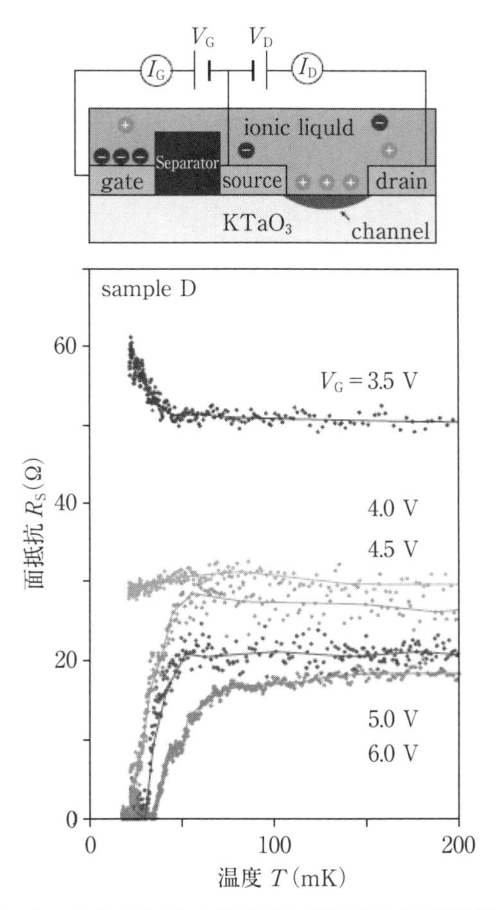

図 6.42 $KaTO_3$ チャネル EDLT の模式図と面抵抗の温度依存性[39]．イオン液体は DEME-BF_4 を使用．

体になることを示した(**図 6.42**)．これまでに，銅酸化物超伝導体をはじめ，EDLT による超伝導転移の制御は数多く報告されている．しかし，それらのほとんど全てが，元素置換などによるフィリング制御により超伝導転移することが知られている材料である．一方，$KTaO_3$ は，フィリング制御(電子ドープ)により超伝導転移を示す $SrTiO_3$ と同じ量子常誘電体であるが，Ueno らの報告より前に，超伝導転移は観測されていなかった．Uenoらの報告は，元素置換などの従来技術では実現できなかった現象を，EDLTによるキャリア密度制御を用いれば実現できることを示しており，新現象・新機能の探索研究におけるEDLTの有用性が確認できる．

参考文献

1) S. M. Sze and Kwok. K. Ng, Physics of Semiconductor devices, 3rd ed., John Wiley & Sons, Inc. New Jersey(2007).
2) J. Robertson, J. Vac. Sci. Technol. B **18**, 1785(2000).
3) K. Kita, K. Kyuno, and A. Toriumi, Appl. Phys. Lett., **86**, 102906(2005).
4) S. Govindarajan et al., Appl. Phys. Lett., **91**, 062906(2007).
5) Y. Nakajima et al., ECS Transactions, **28**, 203(2010).
6) W. Watanabe et al., ECS Transactions, **11**, 35(2007).
7) S. Migita et al., ECS Transactions, **19**, 563(2009).
8) T. S. Böscke et al., Appl. Phys. Lett., **99**, 102903(2011).
9) U. Schroeder et al., Jpn. J. Appl. Phys., **53**, 08LE02(2014).
10) H. Hosono, Journal of Non-Crystalline Solids, **352**, 851(2006).
11) 細野秀雄，平野正浩監修，透明酸化物機能材料の開発と応用，シーエムシー出版(2006).
12) M. Higashiwaki et al., Semicond. Sci. Technol., **31**, 034001(2016).
13) K. Nomura et al., Jpn. J. Appl. Phys., **45**, 4303(2006).
14) A. Takagi et al., Thin Solid Films, **486**, 38(2005).
15) K. Nomura et al., Nature, **432**, 488(2004).
16) H. Yabuta et al., Appl. Phys. Lett., **89**, 112123(2006)
17) C. H. Ahn, J.-M. Triscone, and J. Mannhart, Nature, **424**, 1015(2003).
18) C. H. Ahn et al., Rev. Mod. Phys., **78**, 1185(2006).
19) K. A. Müller and H. Burkard, Phys. Rev. B **19**, 3593(1979).
20) J. Mannhart et al., Phys. Rev. Lett., **67**, 2099(1991).
21) D. M. Newns et al., Appl. Phys. Lett., **73**, 780(1998).
22) J. A. Misewich et al., Appl. Phys. Lett., **76**, 3632(2000).
23) C. H. Ahn et al., Science, **284**, 1152(1999).
24) T. Wu et al., Phys. Rev. Lett., **86**, 5998(2001).

25) 中野匡規 他, 固体物理, **49**, 381(2014).
26) S. Ono et al., Appl. Phys. Lett., **94**, 063301(2009).
27) H. Yuan et al., Adv. Funct. Mater., **19**, 1046(2009).
28) A. S. Dhoot et al., Adv. Mater., **22**, 2529(2010).
29) A. T. Bollinger et al., Nature, **472**, 458(2011).
30) X. Leng et al., Phys. Rev. Lett., **107**, 027001(2011).
31) P. H. Xiang et al., Adv. Mater., **23**, 5822(2011).
32) T. Hatano et al., Sci. Rep., **3**, 2904(2013).
33) S. Asanuma et al., Appl. Phys. Lett., **97**, 142110(2010).
34) R. Scherwitzl et al., Adv. Mater., **22**, 5517(2010).
35) M. Nakano et al., Nature, **487**, 459(2012).
36) M. Nakano et al., Appl. Phys. Lett., **103**, 153503(2013).
37) J. Jeong et al., Science, **339**, 1402(2013).
38) K. Shibuya and A. Sawa, Adv. Electron. Mater., **2**, 201500131(2016).
39) K. Ueno et al., Nature Nanotech., **6**, 408(2011).

7

酸化物薄膜の不揮発性メモリ応用

本書では，ここまで酸化物の電子デバイス応用として，トンネル接合，FET などを紹介してきた．その中には，IGZO-TFT のようにすでに実用化されているものもある．他にも，TiO_2 が光触媒，PZT 等の圧電体がセンサ，アクチュエータ，モータ等の MEMS（Micro-Electro-Mechanical Systems）デバイス，$LiCoO_2$ や $LiMn_2O_4$ 等がリチウムイオン二次電池の正極として実用化されており，また固体酸化物型燃料電池（Solid Oxide Fuel Cell；SOFC）では，正極（空気極）や電解質にペロブスカイト型遷移金属酸化物が用いられるなど，酸化物はエレクトロクス，エネルギー，環境等の分野で幅広く利用されている．それら全ての実用例を紹介することはできないため，ここでは，本書の中心テーマである酸化物接合型の電子デバイスの中から，すでに実用化されている強誘電体メモリと酸化物抵抗変化メモリの二つの不揮発性メモリを紹介する．

7.1 強誘電体メモリ

7.1.1 キャパシタ型 FeRAM

酸化物の持つ機能性を利用した代表的な電子デバイスの一つに，強誘電体の自発分極を利用した不揮発性メモリの強誘電体メモリ（Ferroelectric Random Access Memory；FeRAM）がある[1,2]．誘電体の一種である強誘電体は，外部から電場を与えなくても電気双極子が整列して自発分極が発生し，その自発分極の向きを外部から電場を印加することにより反転することができる材料である．代表的な酸化物強誘電体のペロブスカイト型 Ti 酸化物（例えば $BaTiO_3$ や $Pb(Zr, Ti)O_3$）を例に説明すると，**図 7.1** に示すように，Ti^{4+} イオンが結晶構造の中心からわずかに変位することで電気双極子を形成し，その Ti^{4+} イオンの変位の方向が印加する外部電場の極性によって変わることで，自発分極の向きが変化する．このような自発分極の向きの変化を，データの 0 と 1 に対応させて不揮発に記憶するのが FeRAM である．FeRAM は，代表的な固体素子

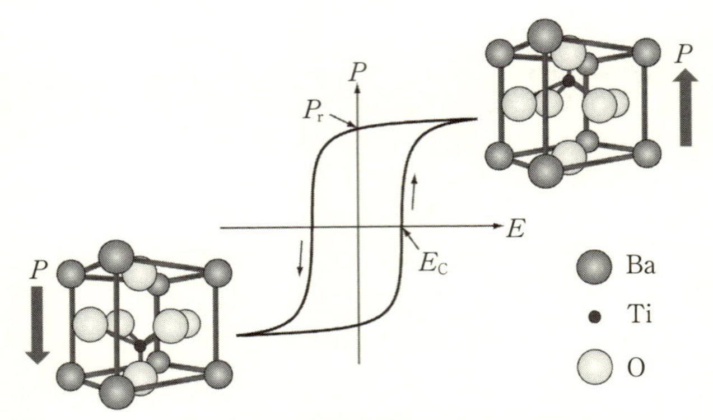

図 7.1　ペロブスカイト型 Ti 酸化物強誘電体の結晶構造と P-E ヒステリシスカーブの模式図．P_r は自発分極(残留分極)，E_C は抗電界．

の不揮発性メモリであるフラッシュメモリ*1 と比べて書き換え速度，書き換え耐性が優れているといった特長があるが，最大の特長は消費電力が小さい点である．その特長を活かして，電磁誘導による給電で動作する集積回路が組み込まれたスマートカード(IC カードとも呼ばれる)など，省電力性が必要とされる回路・機器に搭載する不揮発性メモリとして用いられている．

FeRAM は，素子構造と動作原理が異なる二つのタイプがある．一つは，強誘電体キャパシタと MOSFET を組み合わせた 1T1C 型 FeRAM である(T はトランジスタ，C はキャパシタを意味し，他に 2T2C 型 FeRAM もある)．現在，IC カードなどで実用化されているのは，このキャパシタ型 FeRAM である．デバイス構造は，選択トランジスタの MOSFET とプレート線の間に強誘電体キャパシタが配置されている(**図 7.2**)．プレート線に，強誘電体キャパシタの抗電圧以上の正または負のパルス電圧を印加することで，強誘電体キャパシタに $-P$ または $+P$ の分極状態，すなわち “0” または “1” のデータを書き込むことができる．書き込んだデータの読み出しは，プレート線に正のパルス電圧を印加し，回路に流れる電流をセンスアンプで計測して読み出す．$-P$

*1　フラッシュメモリは，ゲート絶縁層内に浮遊ゲートを有する MOSFET 構造の不揮発性メモリで，浮遊ゲートに電荷(電子)を蓄積した場合と蓄積していない場合で伝達特性の閾値電圧が変化することを利用してデータを記憶する．

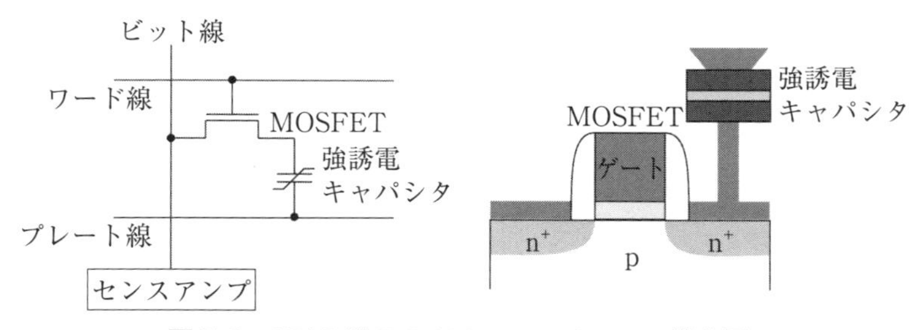

図 7.2 1T1C 型 FeRAM のメモリセルの模式図.

(“0”)の状態に正のパルス電圧を印加しても分極は反転しないため，理想的には回路に電流は流れない(実際にはキャパシタに電荷が蓄積されるので，少し電流が流れる)．一方，$+P$ (“1”)の状態に正のパルス電圧を印加すると，分極が反転して $-P$ (“0”)の状態になるため，回路に電流が流れる．このような方法でデータを読み出す 1T1C 型 FeRAM では，データを読み出すたびにデータが破壊されてしまう(このようなデータの読み出し方を“破壊読み出し”と言う)．そのため，データを読み出した後に，再度，データを書き込む動作が必要である．また，データを正確に読み出すためには，ある程度の電流が回路を流れる必要がある．電流量は，強誘電体キャパシタの面積と，用いる強誘電体の自発分極(残留分極)の大きさにより決定されるため，素子(＝強誘電体キャパシタ)を微細化するには，素子面積に反比例して自発分極を大きくする(自発分極の大きな強誘電体を用いる)必要がある．しかし，物質固有の物性値である自発分極を大きくするのは不可能なため，1T1C 型 FeRAM の微細化には限界があり，大幅な高密度化は望めない．

7.1.2 トランジスタ型 FeRAM

1T1C 型 FeRAM の欠点であるデータの破壊読み出しと微細化限界を解決できるもう一つの FeRAM が，MOSFET のゲート絶縁層を誘電体から強誘電体に置き換えた 1T 型 FeRAM(または FeFET)である(**図 7.3**)．データの書き込みは，ゲート電極に正または負の電圧を印加することにより，強誘電ゲート層を $-P$ または $+P$ の分極状態にすることにより行う．分極状態に応じて，半導体チャネル層のバンドベンディングが変化するため，ソース・ドレイン間

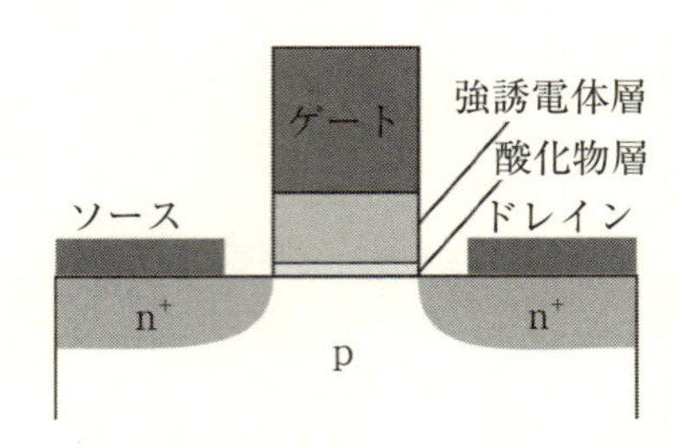

図 7.3　1T 型 FeRAM のメモリセルの模式図.

に流れる電流(ドレイン電流)が変化する．別の言い方をすると，分極状態に応じて，FET の伝達特性(ドレイン電流-ゲート電圧特性)におけるゲート閾値電圧が変化する．このようなドレイン電流の変化を計測することで，強誘電ゲート層の分極状態を変化させることなく，データを読み出すことが可能である．また，1T1C 型 FeRAM のような微細化の制限もない．

1T 型 FeRAM の作製における課題の一つは，チャネル層の半導体 Si と強誘電体酸化物の界面の作製の困難さである．強誘電体酸化物を Si の上に直接製膜すると，界面での相互拡散や Si の酸化(SiO_2 層の形成)などの反応が起き，強誘電性の劣化や，不純物散乱やトラップによる Si チャネルの伝導特性の劣化が起きる．また，界面の SiO_2 層や dead layer と呼ばれる界面で強誘電性が消失した層(常誘電層)の存在と，ゲート電極と Si チャネルの遮蔽長(電荷が蓄積される領域の厚さ)の違いは，強誘電体ゲート内に減分極電界(depolarization field)を誘起する．この減分極電界が生じると，強誘電体ゲートの残留分極は時間経過とともに減少してしまう．これは，時間経過とともにデータが消失してしまうことを意味しており，減分極電界を抑制してデータ保持特性(retention)を向上することが，1T 型 FeRAM を実用化する上での課題の一つとなっている．このデータ保持特性に関して，Si チャネルと $SrBi_2Ta_2O_9$ (SBT) 強誘電体ゲートの間に，10 nm 程度の厚さの Hf-Al-O 複合酸化物をバッファー層として挿入することで，30 日以上(外挿値では 10 年以上)のデータ保持特性が報告されている(**図 7.4**)[3]．今後，このような界面制御により，さらに特性を向上させることができれば，大容量で低消費電力の FeRAM が実現される可能性がある．

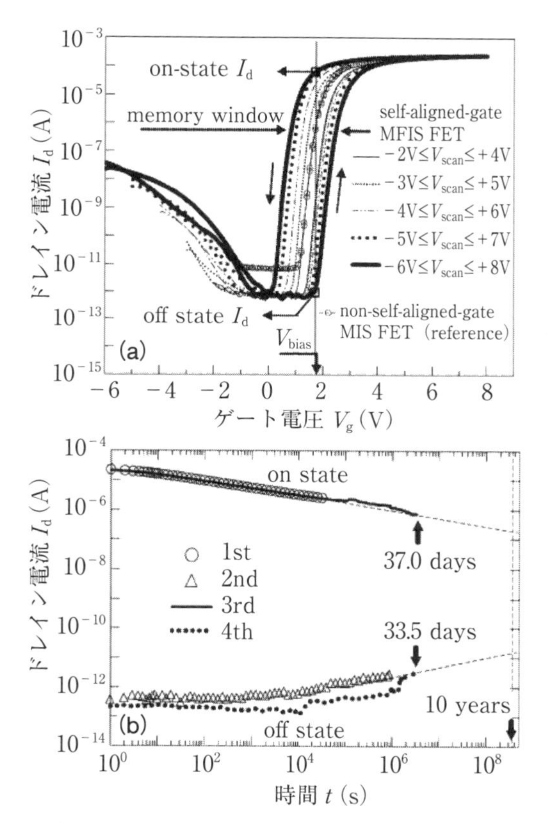

図 7.4 Hf-Al-O 複合酸化物バッファー層を有する $SrBi_2Ta_2O_9$ 強誘電体ゲート FeRAM のメモリセルの伝達特性とデータ保持特性[3].

7.1.3 FeRAM 用強誘電材料

FeRAM に用いられる強誘電体薄膜には，低い動作電圧を実現するために小さな抗電界(分極を反転するのに必要な電界)，微細化と大きな ON/OFF 比を実現するために大きな自発分極，安定動作を実現するために小さなリーク電流などが要求される．自発分極については，1T1C 型 FeRAM では 10 μC/cm^2 以上が必要と言われている．このような要求を満たす材料として，1T1C 型 FeRAM には Pb(Zr, Ti)O_3(PZT)や SBT などのペロブスカイト型酸化物がよく用いられている[1,2]．一方，研究開発段階の1T型FeRAMでは，PZT，(Pb, La)(Zr, Ti)O_3(PLZT)，SBTなどが用いられている[1,2]．また，第6章で紹介したSiや希土類をドープしたHfO_2系の強誘電体を用いて，1T型FeRAMが開発されている[4]．HfO_2系材料は，MOSFETのhigh-kゲートとしてすでに実用化されているように，CMOSプロセスとの親和性もよく，エッチングなどの微細加工プロセスも開発されていることから，従来材料のペロブスカイト型酸化物を置き換えると期待される．

7.1.4　特性劣化

先に述べた1T型FeRAMのデータ保持特性の他にも，FeRAMの実用化の主な課題として，ファティーグ(分極疲労)やインプリント(分極の優先配向性)等の特性劣化の改善がある．ファティーグとは，分極反転動作を繰り返し行うことにより残留分極が減少する現象である(**図7.5**(a))．これは，単位格子当たりの自発分極の大きさが変化しているのでなく，強誘電ドメイン壁のピン止めにより，外部電圧に反応して分極反転する強誘電ドメインの数(面積)が，分極反転動作の繰り返しとともに減少するためである[5]．ファティーグの原因は，電極と強誘電体の界面における電荷注入や，酸素欠陥の増加などであり，

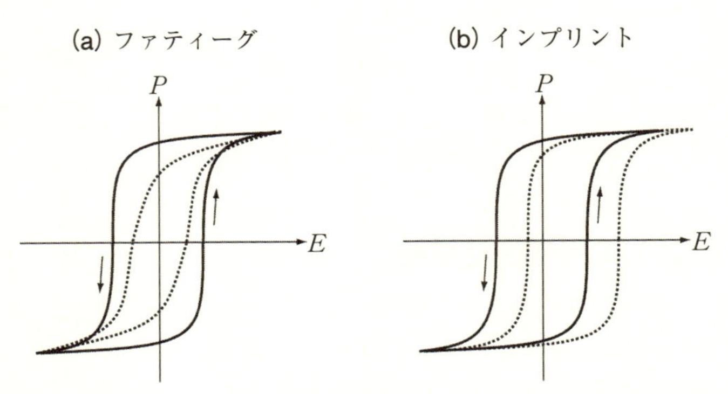

図7.5　FeRAMの(a)ファティーグと(b)インプリントによるP–Eヒステリシスカーブ変化の模式図．ファティーグでは分極反転動作を繰り返し行うことにより残留分極が減少．インプリントではP–Eヒステリシスカーブがシフト．

中でも酸素欠陥が主要な原因と考えられている．1T1C 型 FeRAM では，この課題を解決する方法として，IrO_2，RuO_2，$SrRuO_3$ などの酸化物金属材料が電極に用いられるようになった[2,6,7]．酸化物を電極に用いることにより，電界により酸素イオンが強誘電体から電極側に移動するのを抑制できる．また，電極中の余剰酸素により，強誘電体の酸素欠陥を補償することができる．これらの効果により，帯電した酸素欠陥の生成を抑制でき，酸素欠陥による強誘電ドメインのピン止めが抑制される．

インプリントとは，分極がある方向に優先的に向いてしまう現象であり，P-E ヒステリシスカーブを測定すると，ヒステリシスカーブのシフトとして観測される(図 7.5(b))．このインプリントが発生すると，分極の反転，すなわちデータの書き込み(または消去)ができなくなる．インプリントも，やはり強誘電体中の酸素欠陥などの欠陥が関係しており，界面の正に帯電した酸素欠陥や欠陥にトラップされた電子による強誘電ドメインのピン止め，正に帯電した酸素欠陥と負に帯電したイオンまたは欠陥が複合欠陥を形成し，固定された分極のように振る舞うことなどが原因として考えられている．ファティーグの場合と同様に，酸化物金属材料を電極に用いて酸素欠陥の生成を抑制することで，特性が改善することが報告されている[1,2]．

7.2　抵抗変化不揮発性メモリ

7.2.1　抵抗変化不揮発性メモリの歴史と特徴

絶縁体または半導体の金属酸化物を金属電極で挟んだキャパシタ型素子に，電圧パルスを印加すると，素子の抵抗が可逆かつ不揮発に数けた変化する抵抗スイッチング現象が発現する(**図 7.6**)[8,9,10]．この酸化物の抵抗スイッチング現象は，1960 年代に Al_2O_3 を金属電極で挟んだ素子で最初に報告され[11]，その後，SiO_x，NiO などの他の 2 元系酸化物でも報告されている．このように，20 世紀の中ごろから知られていた現象であるが，この現象を利用した集積回路メモリである抵抗変化不揮発性メモリ(Resistance Random Access Memory；ReRAM)が作製されるようになったのは，21 世紀に入ってからである．2002 年にシャープとヒューストン大学のグループが報告した最初の ReRAM では，スイッチング層に(Pr, Ca) MnO_3 が用いられていた[12](この報告で

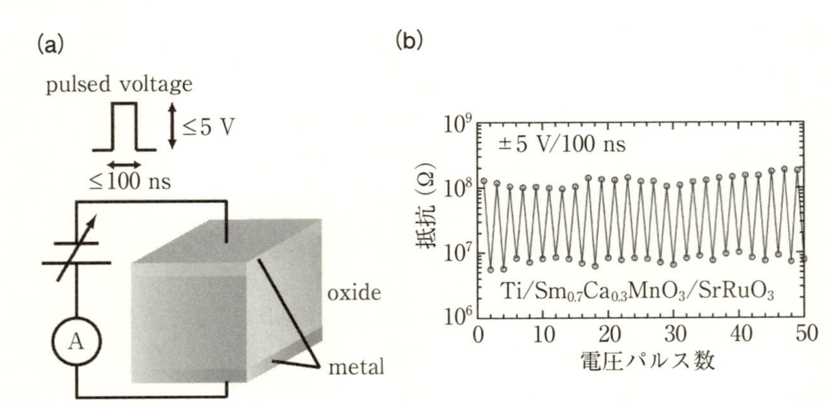

図 7.6　(a)ReRAM のセル構造(キャパシタ構造 + 回路). (b)パルス電圧による抵抗スイッチング[9].

シャープは RRAM と命名し，商標登録を行ったため，一般的な名称として ReRAM が使用されている). この報告がきっかけとなって，ReRAM が新規不揮発性メモリとして注目を浴びるようになり，さらに 2004 年に半導体メモリ大手のサムスンが NiO をスイッチング層に用いた ReRAM を報告したことで[13]，世界中で精力的に研究開発が行われるようになった. その後，2013 年にパナソニックが ReRAM を搭載したマイクロコントローラ(マイコン)を世界で初めて量産化している[14].

ReRAM は，従来型の不揮発性メモリであるフラッシュメモリと比べて書き換え速度が速く，低消費電力であるなどの特長を有している[8,9,10]. これらの特長は，同じキャパシタ型のメモリセル構造を有する 1T1C 型 FeRAM と同様であるが，ReRAM にはデータが非破壊で読み出せるという利点がある. 他の利点として，印加する電圧パルスの大きさと時間幅を調整することにより，複数の抵抗値に設定することができ，これにより，一つのメモリセルに複数のデータを記憶できる，いわゆる多値化が可能という点もある. また，**図 7.7** に示すようなクロスポイントアレー構造を採用することにより，最小加工線幅を F としたときに $4F^2$ のセル面積が実現でき，さらに，クロスポイントアレーの積層化と，上述の多値化を組み合わせることで，高密度・大容量の不揮発性メモリができると期待されている.

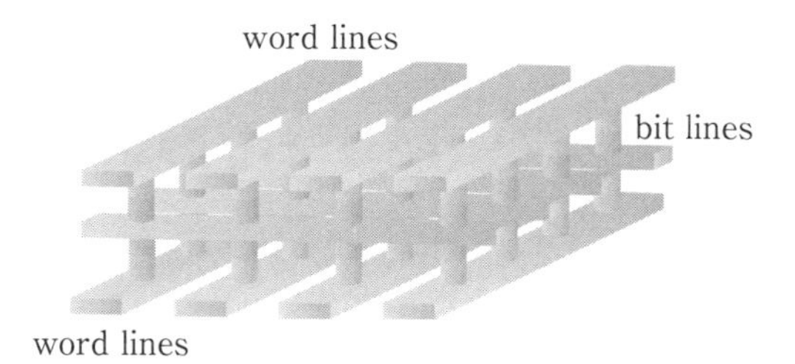

図 7.7　ReRAM の積層型クロスポイントアレーの模式図.

7.2.2　酸化還元型 ReRAM

先に述べたように，抵抗スイッチング現象は Al_2O_3，SiO_x，NiO などの 2 元系酸化物の他，(Pr, Ca)MnO_3 や元素ドープした $SrTiO_3$ などの複合酸化物でも観測されており，特定の酸化物に限定された特殊な現象ではないことがわかる．また，スイッチング層に用いる酸化物の種類や，電極材料と酸化物の組み合わせにより，異なった電流-電圧特性や，抵抗値のセル面積依存性の違いなどが報告されている．このような抵抗スイッチング特性の違いが見られることから，研究開発が活発化した当初から，抵抗スイッチング現象には複数の動作メカニズムがある可能性が議論されてきた．そして，理論および実験の精力的な研究の結果，ほとんどの抵抗スイッチング現象は酸化物の酸化還元反応を起源としており，酸化還元反応を引き起こす要因の違いと，酸化還元反応がセル全体または局所的に起きているのかの違いが，抵抗スイッチング特性の違いを生み出していることが明らかになっている．以下に，動作メカニズムと抵抗スイッチング特性の関係について詳しく説明する．

・電流-電圧特性の分類

抵抗スイッチング現象は，酸化物のキャパシタ型セルに電圧を印加すると，セルの抵抗が変化する現象であるが，その本質は，**図 7.8** に示すような電流-電圧特性のヒステリシス（履歴効果）である．これは，セルにある閾値以上の電圧を印加すると，その閾値以下の電圧において，電圧を印加する前後でセルに流れる電流が変化することを示している．抵抗スイッチング現象で観測されるヒステリシスを伴った電流-電圧特性は，ヒステリシスの現れ方の違いにより，

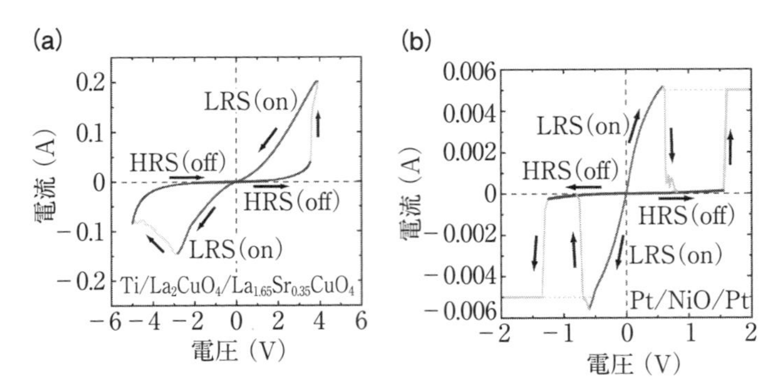

図7.8　ReRAMの電流-電圧特性の分類．（a）バイポーラ型と（b）ユニポーラ型の電流-電圧特性[9]．

二つに分類される．一つは，印加する電圧の極性により高抵抗状態と低抵抗状態を切り替えるバイポーラ型であり，もう一つは，電圧の極性によらず電圧値で抵抗状態を切り替えるユニポーラ型(ノンポーラ型とも呼ばれる)である．このような電流-電圧特性の違いは，抵抗スイッチング現象の起源である酸化還元反応を引き起こす要因の違いに起因しており，前者は酸素イオン(または空孔)のエレクトロマイグレーション，後者はジュール熱が酸化還元反応を引き起こす主要因となっている．

・バイポーラ型：酸素イオンのエレクトロマイグレーション

酸素イオン(または空孔)のエレクトロマイグレーションのメカニズムでは，負に帯電した酸素イオン(または正に帯電した酸素空孔)が，電圧印加により酸化物中を移動することにより，酸化物中の酸素空孔の密度分布が変化する．酸素空孔の密度が大きくなることは，酸化物が還元されたことに対応し，それによる酸化物中の金属イオンの価数変化が，酸化物自体の抵抗変化や，金属電極と酸化物の界面に形成したバリア(ショットキーバリアやトンネルバリアなど)の高さや幅の変化を引き起すことにより，抵抗スイッチング現象が発現する．エレクトロマイグレーションによる酸素空孔の密度分布の変化が最も大きいのは，金属電極と酸化物の界面であることから，バイポーラ型では，後で述べるフィラメント型と界面型のどちらの場合においても，抵抗スイッチング現象は界面で発現する.

・ユニポーラ型：ジュール熱による酸化還元

次に，ジュール熱の動作メカニズムは，主にフィラメント型の抵抗スイッチング現象を引き起こす動作メカニズムである．絶縁体の酸化物中にナノメートルスケールの導電性フィラメントが形成していると，電流は主に導電性フィラメントを流れ，それによりジュール熱が発生する．そのジュール熱による導電性フィラメントの温度上昇が，導電性フィラメントを形成している金属または酸化物の酸化反応または還元反応を引き起こすことで，導電性フィラメントの一部が切断または接続され，抵抗スイッチング現象が発現する．このような温度上昇を引き越すジュール熱の発生は，印加する電圧の極性に依存しないため，ユニポーラ型の電流-電圧特性になることが理解できる.

・導電パスの分類

図7.9に示すように，ReRAMには，そのセルの抵抗値がセル面積に依存するものとしないものがある[15)]．この結果は，抵抗値がセル面積に依存しないセルでは，抵抗スイッチング現象がセルの局所的な領域で発現していること，

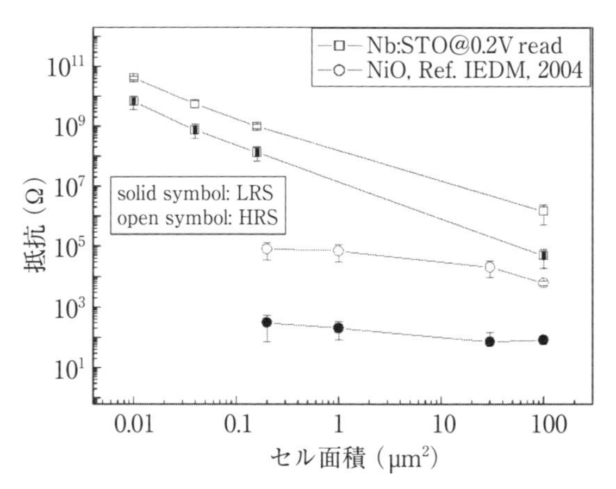

図7.9　NiOとNbドープ$SrTiO_3$を用いたReRAMセルの抵抗値のセル面積依存性[15)].

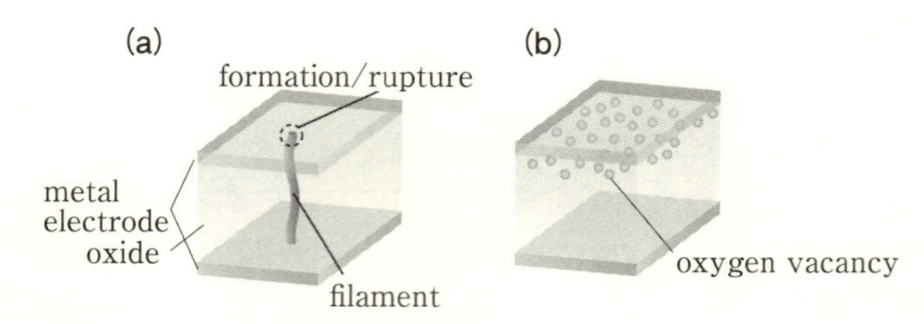

図7.10　ReRAMセルの導電パスの分類．(a)フィラメント型と，(b)界面型の概念図．

一方，セル面積に依存するセルでは，セル全体が抵抗スイッチング現象の発現に関与していることを意味している．これまでの研究により，前者では，抵抗スイッチング現象は酸化物中に形成した導電性フィラメント中で，後者では，金属電極と酸化物の界面全体で発現していることが明らかになり，それぞれフィラメント型と界面型と呼ばれている(**図7.10**)．

・フィラメント型

フィラメント型の抵抗スイッチング現象には，バイポーラ型とユニポーラ型の電流-電圧特性を示すものがある．これは，先に述べたように酸化還元反応を引き起こす主な要因に依存している．酸化還元反応の要因にかかわらず，フィラメント型の抵抗スイッチング現象が発現するためには，通常，フォーミングプロセスと呼ばれる初期設定動作をセルに施す必要がある(**図7.11**)．このフォーミングプロセスは，誘電体の絶縁破壊に類似の現象と理解されており，絶縁体の酸化物に電圧を印加することにより，その一部でソフトな絶縁破壊が発生し，その領域に導電性のフィラメントが形成する．その際，絶縁破壊が素子全体で発生しないように，電圧を印加するソースメータに，あらかじめセルに流れる電流の上限値(電流コンプライアンス)を設定してから，電圧を印加する．フォーミングプロセス後は，ジュール熱または酸素イオンのエレクトロマイグレーションにより，導電性フィラメントの一部で酸化還元反応が起き，抵抗スイッチング現象が発現する(図7.11)．

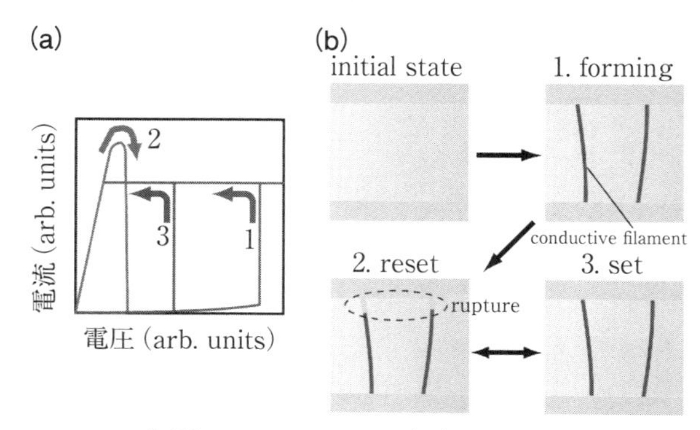

図 7.11　フィラメント型 ReRAM セルの(a)ユニポーラ型電流-電圧特性と(b)動作メカニズム．電流-電圧特性の数字は 1：フォーミング，2：リセット，3：セットプロセスに対応．

・界面型

界面型の抵抗スイッチング現象は，酸素イオンのエレクトロマイグレーションにより，金属電極と酸化物の界面で酸素空孔密度が変化することで引き起こされる．そのため，界面型はバイポーラ型の電流-電圧特性を示す．先に述べたように，酸素空孔密度の変化は酸化物中の金属イオンの価数変化を引き起こす．界面型の場合，金属イオンの価数変化は，界面に形成したバリアの高さや幅の変化を引き起こし，それにより界面のキャリア伝導が変化し，抵抗スイッチング現象が発現する．そのようなバリアの変化の一例が，**図 7.12** に示すような金属電極と Nb ドープ $SrTiO_3$ の界面に形成したショットキーバリアの変化である．n 型半導体である Nb ドープ$SrTiO_3$において，酸素空孔はドナーとして働く．そのため，エレクトロマイグレーションにより界面に酸素空孔が集まると，ドナー密度が高くなる．第 3 章で述べたように，ドナー密度が高くなるとショットキーバリア(空乏層)の厚さは薄くなる．このようなショットキーバリアの厚さの変化は，界面の伝導特性の変化を引き起こし，それにより抵抗スイッチング現象が発現する(例えば，高抵抗状態の熱電子放出から，低抵抗状態の Fowler-Nordheim トンネル伝導への変化)．

ジュール熱と酸素イオンのエレクトロマイグレーション，フィラメント型と界面型など，抵抗スイッチング現象の動作メカニズムの違いは，酸化物を構成

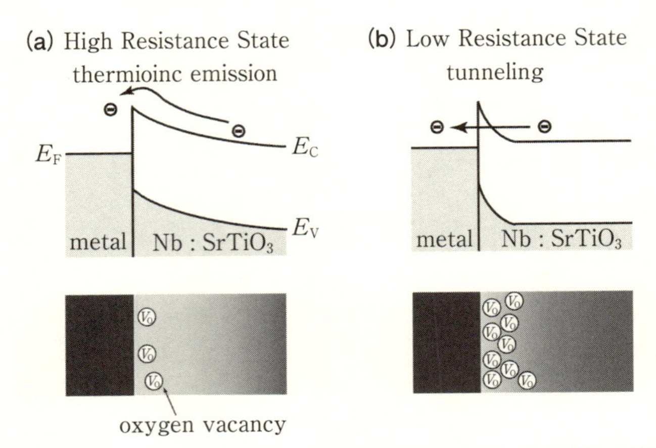

図7.12　金属/Nb ドープ $SrTiO_3$ 界面のバンド構造．(a)高抵抗状態，(b)低抵抗状態．

する金属の電気陰性度，酸素空孔の形成エネルギー，電気伝導率など，さまざまな要因により生じていると推察される．それらの要因が，動作メカニズムと，それに起因する抵抗スイッチング特性にどのような影響を与えているのかを明らかにすることが，ReRAM の動作特性の設計・制御の指針を得る手がかりになる．そのため，現在でも，詳細な動作メカニズムの解明を目指した研究が精力的に行われている．

7.2.3　その他の ReRAM

・原子スイッチ

酸化物の酸化還元反応を起源とする抵抗スイッチング現象について詳しく述べたが，起源の異なる抵抗スイッチング現象もいくつか報告されている．その一つが，原子スイッチまたは導電性ブリッジ(conducting bridge)と呼ばれるタイプの抵抗スイッチング現象である[16,17]．固体電解質の酸化物を，Ag や Cu などのイオン化しやすい金属と，不活性な Pt などの金属の電極でサンドイッチして作製したキャパシタに電圧印加すると，電気化学反応によりイオン化しやすい金属の電極から金属がイオン化して固体電解質中に溶け出してくる(**図7.13**)[17]．溶け出した金属イオンは電界により不活性な金属でできた電極

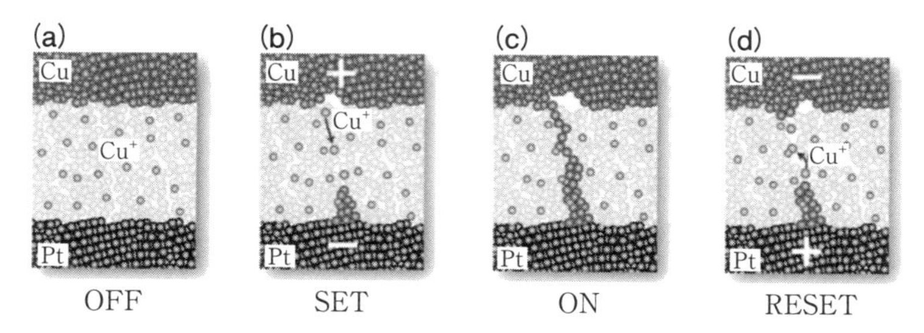

図 7.13 原子スイッチ(導電性ブリッジ)型 ReRAM の動作モデル．薄い灰色とやや濃い灰色の丸は Cu のイオンと金属原子を表している[17]．

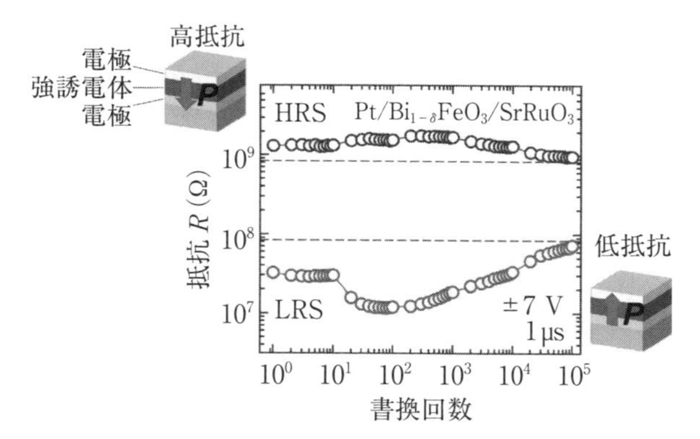

図 7.14 $Pt/Bi_{1-\delta}FeO_3/SrRuO_3$ 強誘電抵抗変化メモリの概念図と電圧パルス印加によるデータ書換特性[22]．

側へと移動し，そこで再び金属化する．この反応が連続して起こることで，固体電解質中に金属の架橋(導電性フィラメント)が形成され，それが電極間でつながると素子が低抵抗化する．逆向きの電圧を印加すると，導電性フィラメントを形成した金属が再びイオン化され，電界により元の電極へと戻っていくことで，導電性フィラメントが切断され再び高抵抗化する．

・強誘電抵抗変化メモリ

他にも，強誘電体キャパシタのリーク電流が，強誘電体の分極の向きに依存して変化する現象を利用した強誘電抵抗変化メモリも，近年，精力的に研究されている(**図7.14**)．この強誘電抵抗変化メモリは，リーク電流の起源により，トンネル型とダイオード型に分類される．トンネル型はTunnel Electroresistance(TER)とも呼ばれ，強誘電体の極薄膜(膜厚数nm)を金属電極で挟んだトンネル接合に流れるトンネル電流がリーク電流の起源である[18,19,20]．ダイオード型は，酸素欠損や金属元素の欠損により強誘電体が半導体化し，それによる半導体的なバンド伝導がリーク電流の起源となっているものである．半導体化したため，強誘電体と金属電極との界面にショットキー的な障壁が形成し，電流-電圧特性にダイオード特性(整流性)が現れる[21,22]．

トンネル型とダイオード型のどちらの場合も，抵抗スイッチング現象が発現するためには，キャパシタ型の素子が電極間で非対称なポテンシャル分布を持つ必要がある．非対称なポテンシャル分布が発生する原因として，**図7.15**に示すような三つのモデルが提案されている[23]．一つ目は，トンネル型のメカニズムを説明するために提案されたモデルで，キャパシタを構成する二つの金属電極の仕事関数と遮蔽長が異なることにより，強誘電体のバンドが傾くというモデルである(図7.15(b))[24]．この場合，分極が反転すると金属電極の遮蔽領域のバンドベンディング向きが入れ替わるため，実効的なトンネル障壁の高さが分極の向きに依存して変化する．このトンネル障壁の高さの変化がトンネル電流の大きさ，すなわち，トンネル素子の抵抗値に変化を与える．

二つ目は，金属電極と強誘電体の界面に薄い常誘電層が存在するモデルである(図7.15(c))[25]．金属電極と強誘電体を接合すると，界面に強誘電性が消失したdead layerと呼ばれる常誘電層が形成することが知られており，このdead layerの形成を考慮したモデルである．Dead layerの存在しない理想的な強誘電キャパシタでは，分極が界面に作る分極電荷は，金属電極の界面に蓄積される遮蔽電荷により補償される．そのため，理想的な強誘電キャパシタの内部にはポテンシャル分布は発生しない(**図7.16**(a))[26]．一方，界面に常誘電層(dead layer)が存在すると，分極電荷と遮蔽電荷が空間的に分離されてしまう(図7.16(b))．このような空間電荷の分離が起きると，マクスウェル方程式から，その間に電界が生じることがわかる．この電界は，キャパシタ全体に非対称なポテンシャル分布を誘起する．分極が反転すると，分極電荷と遮蔽電荷の符号が反転するため，ポテンシャル分布も反転する．このようなポテンシャル分布の反転は，実効的なトンネル障壁の高さの変化を引き起こすため，

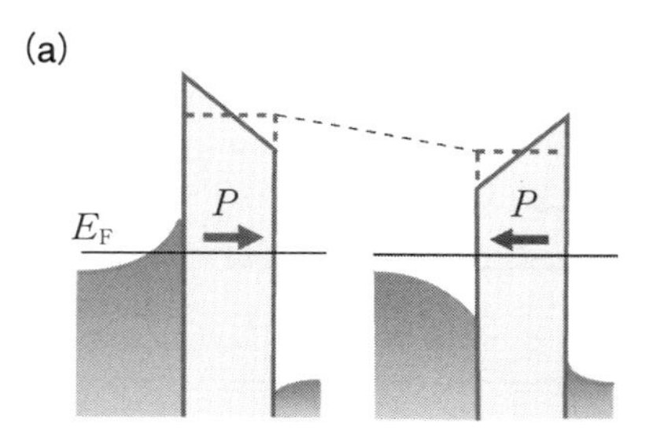

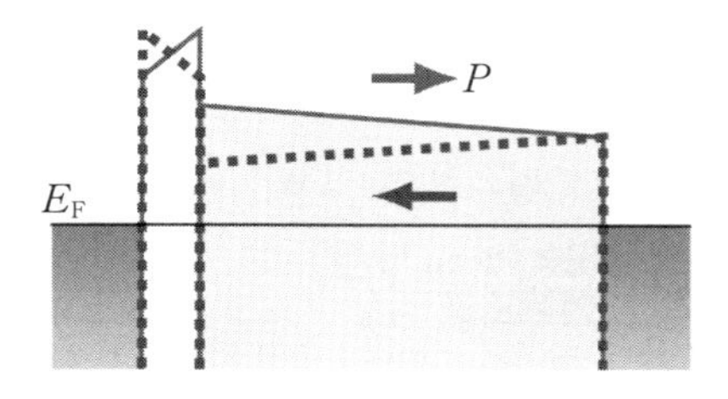

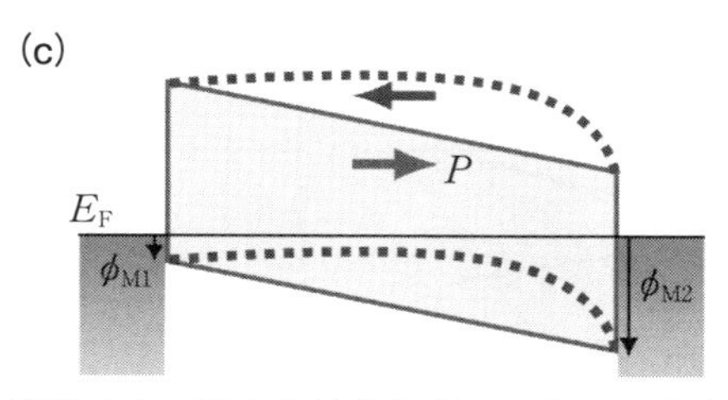

図 7.15 強誘電抵抗変化メモリの非対称なポテンシャル分布の発生メカニズムのモデル．(a)非対称金属電極モデル，(b)界面常誘電層モデル，(b)ショットキー障壁モデル[23]．

抵抗スイッチングが発現する．

三つ目は，先に述べたダイオード型のメカニズムを説明するために提案されたモデルで，強誘電体が半導体化したため，金属電極との界面にショットキー的な障壁が形成するモデルである(図 7.15(d))[21]．ショットキー障壁は，それ自体が非対称なポテンシャル分布となっており，分極の反転により，そのポテンシャル分布が変化する．

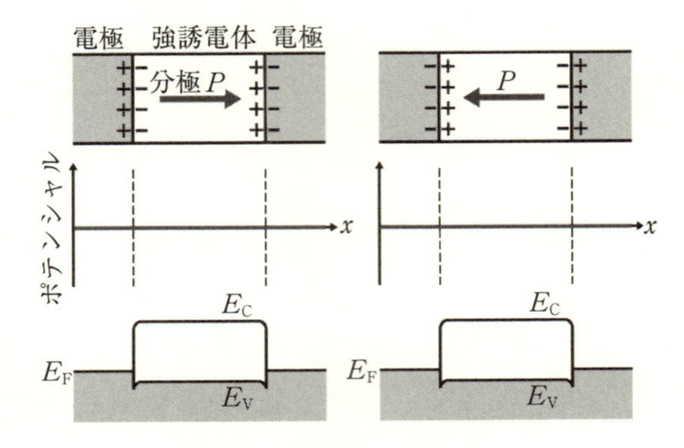

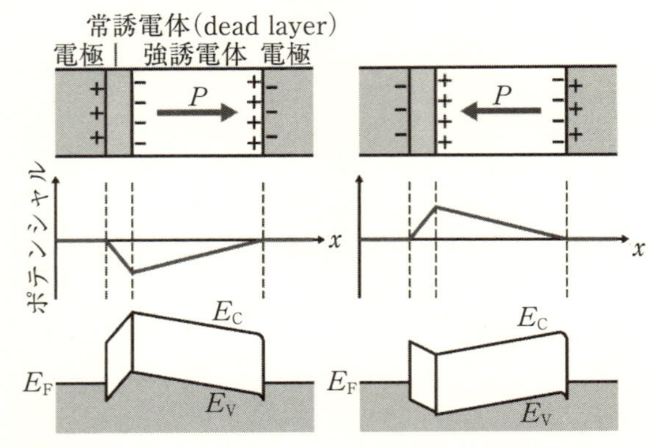

図 7.16　(a)理想的な強誘電キャパシタ(金属/強誘電体/金属)と(b)dead layerなどの界面常誘電層のある強誘電キャパシタの構造(電荷を含む)，ポテンシャル分布，バンド構造[26]．

強誘電抵抗変化メモリは，従来型のFeRAMと同様に，電圧による分極反転を利用する電圧動作型の素子であることから，消費電力が小さいことが特長である．また，酸化還元や金属イオンの移動など化学反応または電気化学反応をメカニズムとするReRAMと異なり，電子的な機構に基づくため，信頼性の面でも優れている可能性がある．

7.2.4 ニューロモルフィックデバイス

抵抗スイッチング素子の抵抗値を連続かつ不揮発に変化させることができる特長を利用して，抵抗スイッチング素子を使った脳や神経細胞の機能を模倣したニューロモルフィックデバイスの研究開発が展開されている．特に，シナプスの機能を模倣したデバイス(synaptic device)の研究開発が精力的に行われている(**図 7.17**)[27]．

神経細胞の接合部であるシナプスは，ニューロン間の信号の受け渡しを行っている．シナプスにはいくつかの機能があるが，その一つが，スパイク時刻依存シナプス可塑性(Spike-Timing-Dependent Plasticity；STDP)である．シナプスには，シナプスがつなぐ二つのニューロン(一方をプレニューロン，もう一方をポストニューロンと呼ぶ)からパルス状のシグナルが入力される．この現象は発火と呼ばれ，プレニューロンとポストニューロンの発火のタイミングにより，シナプスの結合強度(信号伝達効率)が変化する．具体的には，プレニューロンの発火の直後にポストニューロンの発火が起きると，結合強度が増強される．入力する電圧パルスの大きさに依存して抵抗値が変化する抵抗スイッチング素子を用いると，発火により入力されるシグナルを電圧パルス，シナプスの結合強度を抵抗スイッチング素子の伝導率に対応させることで，このSTDP 機能を実現することができる．**図 7.18** は，TiO_2 を用いた抵抗スイッチング素子を用いて STDP 機能を実証した例であり，入力する電圧パルスの

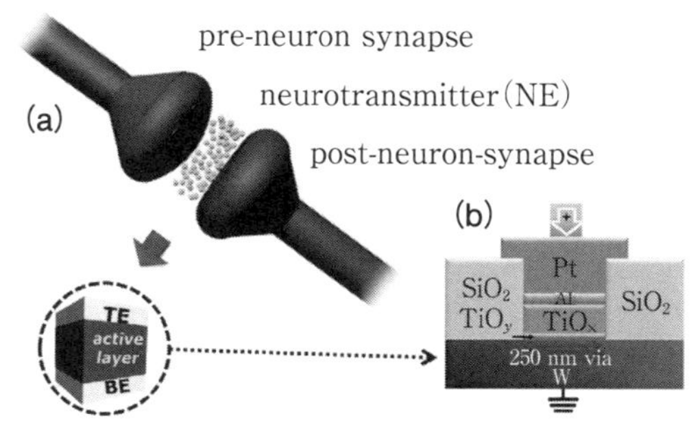

図 7.17 (a)シナプスと(b)シナプスの機能を模倣する抵抗スイッチング素子の模式図[27]．

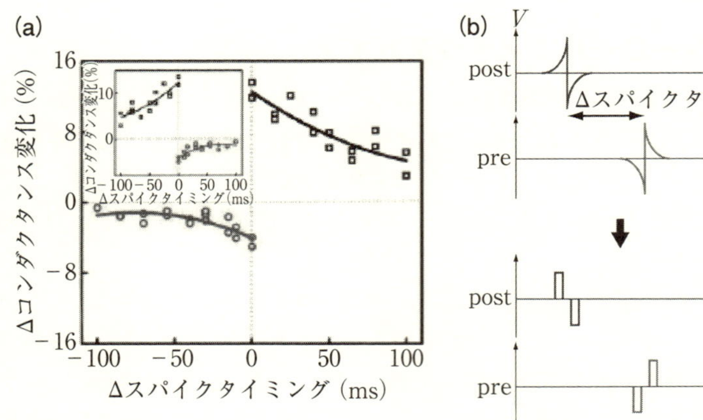

図7.18　(a) TiO_2 を用いた抵抗スイッチング素子を用いてSTDP機能を実証した例[27]．(b)入力電圧パルスのタイミング．上は理想的なシナプスの入力シグナル，下は実際に素子に入力している電圧パルス．

間隔に依存して伝導率が変化している[27]．

STDP機能の他にも，アレー構造を用いた学習・記憶機能も実証されており，それらの機能を利用して，パターン認識の研究も行われている[28]．今後，抵抗スイッチング素子とCMOS等のシリコンテクノロジを融合したニューロモルフィックデバイス・システムの研究が発展していくものと期待される．

参考文献

1) J. F. Scott著，田中均洋，三浦薫，磯辺千春訳，強誘電体メモリ，シュプリンガー・フェアラーク東京(2013)．
2) 石原宏 監修，強誘電体メモリーの新展開，シーエムシー出版(2004)．
3) M. Takahashi and S. Sakai, Jpn. J. Appl. Phys., **44**, L800(2005)．
4) H. Mulaosmanovic et al., Tech. Dig. Int. Electron Devices Meet.(2015) p. 688.
5) M. Dawber, K. M. Rabe, and J. F. Scott, Rev. Mod. Phys., **77**, 1083(2005)．
6) R. Ramesh et al., Appl. Phys. Lett., **61**, 1537(1992)．
7) T. Nakamura et al., Appl. Phys. Lett., **65**, 1522(1994)．

8) R. Waser and M. Aono, Nature Mater., **6**, 833(2007).
9) A. Sawa, Mater. Today, **11**, 28(2008).
10) R. Waser et al., Adv. Mater., **21**, 2632(2009).
11) T. W. Hickmott, J. Appl. Phys., **33**, 2669(1962).
12) W. W. Zhung et. al., Tech. Dig. Int. Electron Devices Meet.(2002) p. 193.
13) I. G. Baek et al., Tech. Dig. Int. Electron Devices Meet.(2004) p. 587.
14) パナソニック・プレスリリース「ReRAM をマイコンに搭載し世界で初めて量産」(2013 年 7 月 30 日).
15) H. Sim et al., Tech. Dig. Int. Electron Devices Meet.(2005) p. 777.
16) T. Hasegawa, Adv. Mater., **24**, 252(2012).
17) I. Valov and M. N. Kozicki, J. Phys. D : Appl. Phys., **46**, 074005(2013).
18) V. Garcia et al., Nature, **460**, 81(2009).
19) A. Gruverman et al., Nano Lett. **9**, 3539(2009).
20) V. Garcia and M. Bibes, Nat. Commun., **5**, 4289(2014).
21) P. W. M. Blom et al., Phys. Rev. Lett., **73**, 2107(1994).
22) A. Tsurumaki et al., Adv. Funct. Mater., **22**, 1040(2012).
23) A. Sawa and R. Meyer, Interface-Type Switching, in Resistive Switching : From Fundamentals of Nanoionic Redox Processes to Memristive Device Applications, Eds. D. Ielmini and R. Waser, Wiley-VCH, Germany (2016) pp. 457-482.
24) M. Y. Zhuravlev et al., Phys. Rev. Lett., **94**, 246802(2005).
25) M. Y. Zhuravlev et al., Appl. Phys. Lett., **95**, 052902(2009).
26) A. Tsurumaki-Fukuchi, H. Yamada, and A. Sawa, Appl. Phys. Lett., **103**, 152903 (2013).
27) K. Seo et al., Nanotechnology, **22**, 254023(2011).
28) T. Ohno et al., Nature Mater., **10**, 591(2011).

総 索 引

欧字先頭語索引

著者略歴

澤　彰仁（さわ　あきひと）
1967 年　鳥取県生まれ
1989 年　筑波大学第三学群基礎工学類卒業
1991 年　筑波大学大学院理工学研究科修士課程修了
1991 年　通商産業省工業技術院電子技術総合研究所 研究官
2001 年　筑波大学 博士(工学)
2001 年　(独)産業技術総合研究所 主任研究員
2002 年～2003 年　アウグスブルク大学 客員研究員
2008 年　(独)産業技術総合研究所 研究グループ長
2015 年　(国研)産業技術総合研究所 副研究部門長

2017 年 4 月 25 日　第 1 版発行

検印省略

物質・材料テキストシリーズ

酸化物薄膜・接合・超格子
界面物性と電子デバイス応用

著　者 © 澤　彰仁
発行者　内田　学
印刷者　山岡 景仁

発行所　株式会社　**内田老鶴圃**　〒112-0012 東京都文京区大塚3丁目34番3号
電話（03）3945-6781（代）・FAX（03）3945-6782
http://www.rokakuho.co.jp/
印刷・製本/三美印刷 K. K.

Published by UCHIDA ROKAKUHO PUBLISHING CO., LTD.
3-34-3 Otsuka, Bunkyo-ku, Tokyo, Japan

ISBN 978-4-7536-2309-9 C3042　　U. R. No. 633-1